21世纪高等院校规划教材

Visual C++ & Android 程序设计综合实训（第二版）

主　编　梁建武

副主编　覃业瞧　程　资

中国水利水电出版社
www.waterpub.com.cn

内 容 提 要

本书是《Visual C++程序设计教程》（第二版）的配套教材，主要介绍 Visual C++编程技术以及 Android Eclipse 在实际工程中的应用。按教材的章节设置把两个大型工程分为若干小工程，第一个大型工程采用 MFC 技术开发，内容包括工程概述（需求分析），工程主菜单设计，对话框与控件设计，访问数据库，绘图与多线程应用，文件的读写，界面美观设计，高级控件，打印和打印预览，注册发行等；第二个大型工程采用 Android、MFC 和 Flash 技术开发，内容包括 Android Eclipse 工程概述（需求分析），Android 控件使用及界面设计，SQLite3 数据库使用，Android 绘图库，Android 网络编程，无线组网与 MFC 网络编程，JSON 数据传输，MFC 和 Flash 的交互。

本书以两个实际工程作为编程实例，内容丰富，讲解清晰，几乎覆盖教材所有知识点。工程开发分步进行，每步都建立一个工程，并可单独编译运行，有助于初学者仿效理解、把握问题精髓和对应用程序框架的整体认识，还能为读者开发大型程序提供范例。

本书可作为高等院校计算机或相关专业学习 Visual C++程序设计和 Android 程序设计的辅导教材或参考书，也可供广大工程技术人员学习参考。

本书所配的程序全部运行通过，读者可以从中国水利水电出版社网站以及万水书苑上下载，网址为：http://www.waterpub.com.cn/softdown/和 http://www.wsbookshow.com。

图书在版编目（CIP）数据

Visual C++ & Android程序设计综合实训 / 梁建武主编. -- 2版. -- 北京：中国水利水电出版社，2016.1
21世纪高等院校规划教材
ISBN 978-7-5170-4018-7

Ⅰ. ①V… Ⅱ. ①梁… Ⅲ. ①C语言－程序设计－高等学校－教材②移动终端－应用程序－程序设计－高等学校－教材 Ⅳ. ①TP312②TN929.53

中国版本图书馆CIP数据核字(2015)第321544号

策划编辑：雷顺加　　责任编辑：李炎　　加工编辑：韩莹琳　　封面设计：李佳

书　名	21世纪高等院校规划教材 Visual C++ & Android 程序设计综合实训（第二版）
作　者	主　编　梁建武 副主编　覃业瞧　程资
出版发行	中国水利水电出版社 （北京市海淀区玉渊潭南路1号D座　100038） 网址：www.waterpub.com.cn E-mail: mchannel@263.net（万水） 　　　　sales@waterpub.com.cn 电话：（010）68367658（发行部）、82562819（万水）
经　售	北京科水图书销售中心（零售） 电话：（010）88383994、63202643、68545874 全国各地新华书店和相关出版物销售网点
排　版	北京万水电子信息有限公司
印　刷	三河市鑫金马印装有限公司
规　格	184mm×260mm　16开本　18.25印张　449千字
版　次	2006年7月第1版　2006年7月第1次印刷 2016年1月第2版　2016年1月第1次印刷
印　数	0001—3000册
定　价	36.00元

凡购买我社图书，如有缺页、倒页、脱页的，本社发行部负责调换

版权所有·侵权必究

前　　言

过去，Windows 编程是一项非常复杂且难以驾驭的任务。如今，这已成为历史，由于强大开发工具 Visual C++的出现，编程技术的更新，使得编写类似于 Windows 这样的图形用户界面应用程序不再是不可能的事情，用户可以非常容易地创建出像菜单栏、工具栏、按钮、对话框、窗口等高级而又通用的图形元素，可以充分体验编程的乐趣，将自己的研究成果以专业的水准提供给别人。

随着移动互联网的飞速发展，智能手机已经成为人们生活中必不可少的通信娱乐设备，正因为智能手机有着巨大的市场，智能手机所使用的 Android 系统也吸引着越来越多的开发者投身其中，开发出一个又一个方便人们生活的智能手机应用程序。未来将是移动互联网的时代，因此学习 Android 应用程序的开发将显著提升技术人员的竞争力。

本书主要针对 Windows XP/Windows 7 系统，介绍了应用程序的 Visual C++编程和 Android 编程。

本书是《Visual C++程序设计教程》（第二版）的配套教材，书中所有实例均是在 Windows XP/Windows 7 环境下用 Visual C++ 6.0 和 Android Eclipse 开发的，并且均调试通过，读者可按照所附工程源代码重建应用。由于书中是两个大型综合实例，按章节分为若干个实训，每做完一个实训保存，下一个实训再在此基础上做，对单个实训录入的工作量并不大，所以既非常适于仿效学习，正确理解教材的内容，又让读者学会怎样开发大型的应用程序。这两个实训均是具有代表性的实际工程的综合实例，基本贯穿本书的全部内容，它们的创新之处在于按教材的内容把一个大的工程分为若干个小工程来完成。

本书的侧重点是理论与实践相结合，遵循循序渐进、由浅入深的认知特点来安排各个章节的内容顺序，从而使读者达到学以致用的目的。通过学习本书，读者不仅将学会如何编写基本的 Windows 程序和 Android 程序，也将学到如何在程序中添加一些必要的内容以达到特定的目的。同时，在第一个大型工程中将学会如何设计事件驱动程序来响应 Windows 消息、创建定制对话框、绘制窗口、打印文档、显示位置图以及常用的菜单、工具栏等操作；在第二个大型工程中将学会使用 Eclipse 集成开发环境开发 Android 应用程序，同时掌握 Android 控件、SQLite3 数据库、Android 绘图库、Android 网络编程、无线组网、MFC 网络编程、JSON 数据传输、MFC 和 Flash 之间的交互等专业知识。除此之外，本书还介绍数据库、多线程、动态库等高级技术的应用。

本书的内容及安排适合于以下学习 Visual C++编程和 Android Eclipse 编程的不同对象：对于初学者，完全可以一步一步地仿效学习，达到正确理解书的内容，同时学会实际运用的目的；对于有一定基础的读者，则提供了一个实际的开发平台，很多编程技巧可按照所附工程源代码重建应用，同时为开发大型应用软件打下良好的基础。

全书共 17 章。主要内容包括：工程概述（需求分析）、工程主菜单设计、对话框与控件设计、访问数据库、绘图与多线程应用、文件的读写、界面美观设计、高级控件、打印和打印预览、注册发行、Android Eclipse 工程概述、注册登录界面设计、SQLite3 数据库、Android

绘图库、Android 网络编程、无线组网与 MFC 网络编程、MFC 和 Flash 的交互等。

  本书由梁建武任主编，覃业瞧、程资任副主编，梁建武负责全书的体系结构和全书统稿，程资负责全书的审核和编排。本书主要编写人员分工如下：梁建武编写了第 3 章至第 13 章，覃业瞧编写了第 14 章至第 17 章，程资编写了第 1 章至第 2 章，参加本书编写工作的还有施荣华、杜伟、刘秀娟、刘卫国、曹刚、王鹰、张伟、赵锋、张雷、付世凤、何志斌、刘军军、李华伟、谭海龙、文拯等。

  在本书编写过程中，得到了许多专家和同仁的热情帮助和大力支持，在此向他们表示最真挚的感谢！

编　者
2015 年 10 月于中南大学

目　　录

前言

第1章　工程概述 ……………………………… 1
实训 1.1　Visual C++ 6.0 集成开发环境 …… 1
实训 1.2　Visual C++ 6.0 工程及其文件构成 … 6
实训 1.3　生物电波应用程序框架简介 ……… 9

第2章　工程主菜单设计 …………………… 14
实训 2.1　新建应用程序框架 ………………… 14
实训 2.2　添加菜单栏 ………………………… 17
实训 2.3　设计键盘快捷键和加速键 ………… 21
　实训 2.3.1　添加键盘快捷键和加速键 …… 21
　实训 2.3.2　修改加速键表 ………………… 23
实训 2.4　添加菜单的消息映射函数 ………… 25

第3章　对话框与控件设计 ………………… 27
实训 3.1　创建对话框资源 …………………… 27
实训 3.2　添加控件资源 ……………………… 29
　实训 3.2.1　控件的手工编辑 ……………… 29
　实训 3.2.2　设置控件的跳表顺序 ………… 34
实训 3.3　创建对话框类 ……………………… 35
实训 3.4　各种控件的使用 …………………… 37
　实训 3.4.1　控件建立相关联的成员变量 … 37
　实训 3.4.2　列表控件简介 ………………… 38
　实训 3.4.3　成员变量的初始化 …………… 40
实训 3.5　重载控件的响应函数 ……………… 42
实训 3.6　通用对话框 ………………………… 43

第4章　访问数据库 ………………………… 45
实训 4.1　建立数据库 ………………………… 45
实训 4.2　连接数据源 ………………………… 48
实训 4.3　建立与数据库相连的记录集 ……… 50
实训 4.4　实现数据访问（添加病历） ……… 52
实训 4.5　实现数据访问（病历的显示） …… 54
　实训 4.5.1　实现病历显示 ………………… 54
　实训 4.5.2　实现病历的排序 ……………… 56
实训 4.6　实现数据访问（数据查询和删除） … 58

　实训 4.6.1　参数化记录集 ………………… 58
　实训 4.6.2　实现数据查询 ………………… 59
　实训 4.6.3　删除记录 ……………………… 60
实训 4.7　实现数据访问（病历修改） ……… 61
　实训 4.7.1　弹出修改记录对话框 ………… 61
　实训 4.7.2　修改记录 ……………………… 63

第5章　绘图与多线程应用 ………………… 66
实训 5.1　数据采集对话框 …………………… 66
　实训 5.1.1　加入数据采集对话框 ………… 66
　实训 5.1.2　改变对话框控件的布局 ……… 67
实训 5.2　绘图 ………………………………… 69
　实训 5.2.1　绘图基础 ……………………… 69
　实训 5.2.2　绘制文本 ……………………… 71
　实训 5.2.3　画线 …………………………… 72
实训 5.3　实现数据采集 ……………………… 73
　实训 5.3.1　多线程基础 …………………… 73
　实训 5.3.2　实现线程函数 ………………… 75
　实训 5.3.3　启动线程执行 ………………… 77

第6章　文件的读写 ………………………… 79
实训 6.1　保存波形 …………………………… 80
实训 6.2　打开波形 …………………………… 84
　实训 6.2.1　加入"波形选段"对话框 …… 84
　实训 6.2.2　重载对话框的其他函数 ……… 86
　实训 6.2.3　加入显示病历资料对话框 …… 91
　实训 6.2.4　重载对话框的其他函数 ……… 92
实训 6.3　选择波形 …………………………… 94
　实训 6.3.1　加入选段确认对话框 ………… 94
　实训 6.3.2　添加鼠标消息 ………………… 95
　实训 6.3.3　重载选段确认对话框的函数 … 97
实训 6.4　波形测量 …………………………… 99
　实训 6.4.1　加入"波形测量"对话框 …… 99
　实训 6.4.2　重载其他函数 ………………… 100

第7章 界面美观设计 ………………… 110
实训7.1 为对话框添加状态栏 …………… 110
实训7.2 为对话框添加工具栏 …………… 112
　　实训7.2.1 添加工具栏资源 …………… 112
　　实训7.2.2 实现工具栏 ………………… 113
　　实训7.2.3 为工具栏添加提示信息 …… 115
　　实训7.2.4 实现工具栏更新 …………… 117
实训7.3 为对话框添加菜单更新 ………… 119
　　实训7.3.1 使对话框的菜单更新 ……… 119
　　实训7.3.2 菜单更新 …………………… 120
实训7.4 其他 ……………………………… 123
　　实训7.4.1 为控件添加背景色 ………… 123
　　实训7.4.2 为主对话框添加上下文菜单 … 125

第8章 高级控件 …………………… 126
实训8.1 动画控件的使用 ………………… 126
　　实训8.1.1 动画控件简介 ……………… 126
　　实训8.1.2 加入动画控件 ……………… 128
实训8.2 滑动条控件和进度条控件 ……… 130
　　实训8.2.1 滑动条控件简介 …………… 130
　　实训8.2.2 进度条控件简介 …………… 131
　　实训8.2.3 滑动条控件和进度条控件的
　　　　　　 使用 ……………………… 132
实训8.3 添加消息循环 …………………… 134
　　实训8.3.1 与消息有关的函数 ………… 134
　　实训8.3.2 实现消息循环 ……………… 137

第9章 打印和打印预览 …………… 140
实训9.1 实现打印 ………………………… 142
　　实训9.1.1 加入打印预览父对话框 …… 142
　　实训9.1.2 加入打印预览子对话框 …… 143
　　实训9.1.3 实现打印 …………………… 144
　　实训9.1.4 打印父对话框代码的实现 … 154
　　实训9.1.5 打印子对话框代码的实现 … 161
实训9.2 滚动条的实现 …………………… 164
　　实训9.2.1 滚动条控件简介 …………… 164
　　实训9.2.2 与滚动条相关的API函数
　　　　　　 ScrollWindow() …………… 167
　　实训9.2.3 滚动条代码的实现 ………… 167
实训9.3 添加鼠标滚动 …………………… 170
　　实训9.3.1 与窗口有关的API函数 …… 170
　　实训9.3.2 鼠标滚动的实现 …………… 172
实训9.4 加入"页面跳转"对话框 ……… 174
　　实训9.4.1 上下控件简介 ……………… 174
　　实训9.4.2 加入"页面跳转"对话框资源 175
　　实训9.4.3 代码实现 …………………… 176

第10章 注册发行 …………………… 179
实训10.1 读取网卡序列号 ……………… 179
　　实训10.1.1 NetBIOS编程基础 ………… 179
　　实训10.1.2 获取网卡序列号 …………… 182
实训10.2 读取硬盘序列号和计算注册码 … 185
　　实训10.2.1 读取硬盘序列号和计算注
　　　　　　　册码 ……………………… 185
　　实训10.2.2 显示客户号 ………………… 186
实训10.3 加密机 ………………………… 187
　　实训10.3.1 添加对话框资源 …………… 187
　　实训10.3.2 得到注册码 ………………… 188
实训10.4 注册发行 ……………………… 189
　　实训10.4.1 动态注册数据源 …………… 189
　　实训10.4.2 发行 ………………………… 191

第11章 Android Eclipse 工程概述 …… 193
实训11.1 Android Eclipse 集成开发环境 … 193
实训11.2 Android Eclipse 工程及其文件
　　　　 构成 …………………………… 196
实训11.3 无线团体放松应用程序框架简介 … 199

第12章 注册登录界面设计 ………… 203
实训12.1 新建Android工程 …………… 203
实训12.2 启动界面设计 ………………… 207
实训12.3 设计注册界面 ………………… 213
实训12.4 登录界面设计 ………………… 217

第13章 SQLite3 数据库 …………… 221
实训13.1 使用SQLite3完成注册功能 … 221
实训13.2 使用SQLite3完成登录功能 … 225

第14章 Android 绘图库 …………… 232
实训14.1 生理指标显示界面设计 ……… 232
实训14.2 绘制生理指标曲线图 ………… 236
实训14.3 音乐播放器的实现 …………… 241

第15章 Android 网络编程 ………… 250
实训15.1 Android 网络编程 …………… 250
实训15.2 JSON 数据传输 ……………… 254

第 16 章　无线组网与 MFC 网络编程……………257
　　实训 16.1　无线组网………………………………257
　　实训 16.2　MFC 界面设计…………………………259
　　实训 16.3　MFC 网络编程…………………………264
　　实训 16.4　接收 JSON 数据………………………269

第 17 章　MFC 和 Flash 的交互……………………274
　　实训 17.1　MFC 播放 Flash………………………274
　　实训 17.2　MFC 和 Flash 的交互…………………278
　　实训 17.3　Flash 脚本简介………………………282

参考文献……………………………………………284

第 1 章 工程概述

本章介绍了 Visual C++ 6.0 集成开发环境的界面以及本书开发的应用实例的项目需求。

实训 1.1　Visual C++ 6.0 集成开发环境

随着计算机多媒体技术的发展，可视化编程已成为当今程序设计的主流，而 Visual C++ 是可视化编程语言中的佼佼者。Visual C++ 系列是微软公司在多年不断改进的基础上推出的一组功能强大的开发工具，其最主要的技术特点是可视化编程环境和支持面向对象的编程技术。

Visual C++ 6.0 的开发环境 Developer Studio 包括文本编辑器、资源编辑器、项目建立工具、优化编译器、增量连接器、源代码浏览器和集成调试器等。

在 Visual C++ 6.0 中，主要使用向导（Wizard）、Microsoft 基本类库（Microsoft Foundation Class Library，MFC）和活动模板库（Active Template Library，ATL）来开发应用程序。

Visual C++ 6.0 的各种向导能帮助用户在数秒内生成可运行的 Windows 应用程序的外壳，帮助用户生成各种不同类型的应用程序的基本框架。创建完应用程序的基本框架后，可以使用 ClassWizard 来创建新类（Class），定义消息处理函数（Message Handler），覆盖虚拟函数（Virtual Function），从对话框（Dialog Box）的空间中获取数据并验证数据的合法性等。

对于以 Visual C++ 6.0 进行 Windows 编程为主题的内容是很广泛的，本书将应用具体的实例，一步步来学习其方方面面的功能。总的来说，这些实例涉及到菜单的制作、工具栏和状态栏的添加、对话框和控件的设计、数据库的开发以及文件的读写和打印，其中穿插着绘图方面的应用，尽可能地利用到该软件的各种控件和功能，以期使读者得到更加全面的提高。本书实例的重点是基于 Windows 系统下进行的基础编程、数据库开发、多线程应用和文件读写，相信读者在认真读完本书后在这些方面会有较大的提高。当然作为实例，尽管它涉及的方面很多，但在其他方面本书也将进行详尽的介绍。下面就开始进入 Visual C++ 6.0 的神奇世界！

从 Windows 的启动菜单上找到并执行 Microsoft Visual C++ 6.0，可以启动 Visual C++ 6.0。Visual C++ 6.0 启动后，便可进入 Microsoft Developer Studio 开发环境，如图 1-1 所示。

Developer Studio 由标题栏、菜单栏、工具栏、项目工作区窗口、客户区编辑窗口、输出窗口和状态栏组成。它们的作用如下：

- 标题栏：用于显示应用程序名和打开的文件名。
- 菜单栏：完成 Developer Studio 中的所有功能。
- 工具栏：对应某些菜单项或命令的功能，简化用户操作。
- 项目工作区窗口：用于组织文件、项目和项目配置。
- 客户区编辑窗口：用于编辑程序源代码。
- 输出窗口：用于显示项目建立过程中所产生的错误信息。
- 状态栏：给出当前操作或所选择的命令的提示信息。

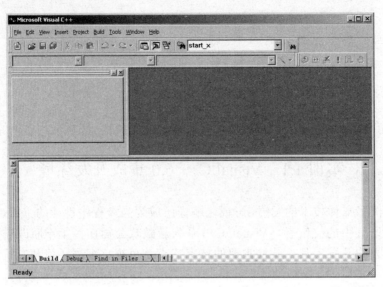

图 1-1 Microsoft Developer Studio 开发环境

Visual C++ 6.0 开发界面的菜单栏包含了 Visual C++ 6.0 的绝大部分功能，因此用户可以通过选取各个菜单项执行各种操作。在一般情况下，Visual C++ 6.0 开发界面的主菜单如图 1-2 所示。

图 1-2 Visual C++ 6.0 的标准菜单

下面简要介绍一下菜单项的功能，通过了解这些菜单项，用户可以对 Visual C++ 6.0 所拥有的功能有一个大致的了解。

1. "文件"菜单（File 菜单）

"文件"菜单如图 1-3 所示。

图 1-3 Visual C++ 6.0 的"文件"菜单

第一部分的 3 个菜单项 New、Open、Close 用来对各种类型的文件进行操作，包括项目文件、源程序文件和资源文件。

第二部分用于对工作区进行操作。注意，因为 Visual C++一次只能打开一个工作区，所以如果使用 Open Workspace 打开一个工作区，原来打开的工作区将被关闭。此外，Save Workspace 只是保存本工作区的设置信息，并不保存源程序文件。

第三部分 Save、Save As、Save All 用于对当前正编辑的文件进行保存。

Page Setup 和 Print 两个选项用来打印文件。

Recent Files 和 Recent Workspaces 可以重新打开最近打开的文件或工作区。

Exit 用于退出 Visual C++集成界面。

2. "编辑"菜单（Edit 菜单）

"编辑"菜单如图 1-4 所示。

图 1-4　Visual C++ 6.0 的"编辑"菜单

"编辑"菜单包含了用户需要的大部分编辑操作，随着当前正在编辑的文件类型不同，这个菜单所具有的菜单项也会随之不同。最下面的 4 项是 Visual C++ 6.0 新增加的功能：List Members 项可以自动列出一个对象的所有成员；Type Info 项可以显示出一个变量的类型；Parameter Info 项可以显示出一个函数的参数个数和每个参数的类型；Complete Word 项可以帮助用户自动拼写一个单词。有了这 4 项功能可以大大减少查找 API 帮助文件的次数，还可以减少拼写错误，提高编程效率。

3. "查看"菜单（View 菜单）

"查看"菜单如图 1-5 所示。

通过"查看"菜单，用户可以显示或隐藏一些窗口。单击 ClassWizard 项可以调出 ClassWizard 对话框；单击 Resource Symbols 项将调出 Resource Symbols 对话框，这个对话框是用来管理资源 ID 的使用的。通过这个对话框可以浏览所有的资源 ID，增加新的 ID，改变已有 ID 的值，删除未使用的 ID 等；Full Screen 项用于隐藏主菜单、各种工具栏和状态栏，把工作区区域调整到全屏幕。

Workspace 和 Output 项分别用于改变工作区窗口和输出窗口的显示状态；Debug Windows 子菜单控制各种调试窗口的显示状态，这些菜单项只有在调试程序期间才能使用。

4. "插入"菜单（Insert 菜单）

"插入"菜单如图 1-6 所示。

图 1-5　Visual C++ 6.0 的"查看"菜单

图 1-6　Visual C++ 6.0 的"插入"菜单

New Class 可以帮助用户创建一个新类，不过这个类最好不是 MFC 类，如果是 MFC 类，应该用 ClassWizard 创建；New Form 可以创建一个新的对话框资源和一个基于该资源并从 CDialog 类派生的新类；单击菜单项 Resource，出现 Insert Resource 对话框，在这个对话框中可以新建一个资源或者从文件中导入一个资源；File As Text 可以把一个文件插入到当前正在编辑的文件中；New ATL Object 可以在一个项目中增加 ATL（ActiveX Template）对象。

5. "项目管理"菜单（Project 菜单）

"项目管理"菜单如图 1-7 所示。

Set Active Project 是一个子菜单，标记的是当前活动的项目；Add To Project 子菜单的最后一项是 Components and Controls，选择后将启动一个叫组件廊（Components and Controls Gallery）的对话框，利用它可以为项目增加新的 Visual Studio 组件和 ActiveX 控件；Insert Project into Workspace 可以把一个 Project（.dsp 文件）及其相关文件加入到当前的 Workspace 中。

6. "编译执行"菜单（Build 菜单）

"编译执行"菜单如图 1-8 所示。

图 1-7　Visual C++ 6.0 的"项目管理"菜单

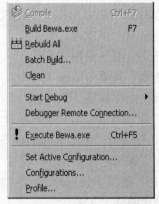

图 1-8　Visual C++ 6.0 的 Build 菜单

用户可以通过使用 Build 菜单来编译一个文件或者编译整个项目、执行程序或者启动调试器。Compile 项编译的对象是一个 CPP 文件或 C 文件；Build 项将当前需要编译的文件链

接成可执行文件或其他最终模块（DLL 或 OCX）；Rebuild All 项将删除全部临时文件，重新编译所有源程序；Profile 项用来进行程序优化，但这个菜单项只有当用户在项目设置中已经选中 Enable profiling（选择 Projects | Settings…，单击 Link 标签，在 Enable profiling 选项前打勾，如图 1-9 所示）复选框，并且重新编译过项目时才能打开 Profile 对话框。

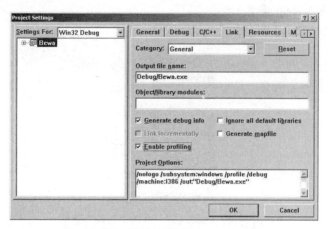

图 1-9　为工程项目设置 Enable profiling

7．"工具"菜单（Tool 菜单）

"工具"菜单如图 1-10 所示。

"工具"菜单分成四部分。第一部分是关于 Source Browser 的。使用 Source Browser 可以方便地查看本项目中各个标识符的出现位置、函数的调用关系等。第二部分是 Visual Studio 6.0 的部分实用工具。第三部分的两个菜单项中，Customize 调出定制对话框，可以让用户自定义菜单和工具栏，增加/删除菜单项或工具栏按钮，改变快捷键，还可以设置本菜单第二部分中的实用工具；Options 主要用来设置编辑器的样式，通用的 Include 目录和 Lib 目录等。第四部分是管理宏用的。

8．"窗口"菜单（Window 菜单）

"窗口"菜单如图 1-11 所示。

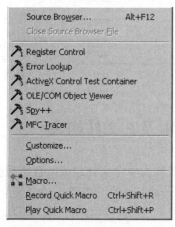

图 1-10　Visual C++ 6.0 的"工具"菜单

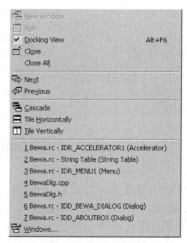

图 1-11　Visual C++ 6.0 的"窗口"菜单

Cascade 项以层叠方式排列全部编辑窗口；Tile Horizontally 项横向平铺全部编辑窗口；Tile Vertically 项纵向平铺全部编辑窗口；Next 项激活下一个编辑窗口，Previous 项激活上一个编辑窗口，这两个功能在打开很多个编辑窗口时特别有用；Docking View 项用来改变一个窗口的显示方式，只适用于工作区窗口、输出窗口等可以相互依靠的窗口，不能用在编辑窗口上。

9. "帮助"菜单（Help 菜单）

"帮助"菜单如图 1-12 所示。

图 1-12　Visual C++ 6.0 的"帮助"菜单

Contents 项在 MSDN 中列出帮助的目录，如图 1-13 所示。

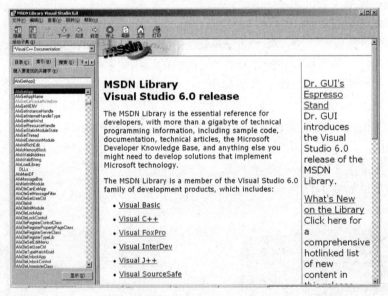

图 1-13　MSDN 窗口

实训 1.2　Visual C++ 6.0 工程及其文件构成

现在的应用程序，尤其是 Windows 应用程序，一般都由多个文件组成，包括源程序文件、头文件、资源文件等，所以有必要引入工程的概念。将一个应用程序作为一个工程，用工程化管理，使组成应用程序的所有文件形成一个有机的整体。工程包含用户打开、编译、连接和调试应用程序时所需的所有文件，这些文件可以产生一些程序或二进制文件。下面详细介绍

Visual C++中这些不同类型的文件分别所起的作用，在此基础上对 Visual C++如何管理应用程序所用到的各种文件有一个全面的认识。

首先要介绍的是扩展名为.dsw 的文件类型，这种类型的文件在 Visual C++中是级别最高的，称为 Workspace 文件。在创建一个工程工作空间时，系统会产生一个工程文件。此文件用来存储位于工作空间一级的信息，包括：源文件清单、编译选择、连接选择、路径选择及系统需求等设置。

在 Visual C++中，应用程序是以 Project 的形式存在的，Project 文件以.dsp 为扩展名，在 Workspace 文件中可以包含多个 Project，由 Workspace 文件对它们进行统一的协调和管理。

与.dsw 类型的 Workspace 文件相配合的一个重要文件类型是以.opt 为扩展名的文件，这个文件中包含的是在 Workspace 文件中要用到的本地计算机的有关配置信息，所以这个文件不能在不同的计算机上共享。当打开一个 Workspace 文件时，如果系统找不到需要的.opt 类型文件，就会自动创建一个与之配合的包含本地计算机信息的.opt 文件。

上面提到 Project 文件的扩展名是.dsp，这个文件中存放的是一个特定的工程，也就是特定的应用程序的有关信息，每个工程都对应一个.dsp 类型的文件。

以.clw 为扩展名的文件是用来存放应用程序中用到的类和资源信息的，这些文件是 Visual C++中的 ClassWizard 工具管理和使用类的信息来源。

对应每个应用程序有一个 readme.txt 文件，这个文件中列出应用程序用到的所有文件的信息，打开并查看其中的内容就可以对应用程序的文件结构有一个基本的认识。

在应用程序中大量应用的是以.h 和.cpp 为扩展名的文件，其中以.h 为扩展名的文件称为头文件，以.cpp 为扩展名的文件称为实现文件。一般说来，以.h 为扩展名的文件与以.cpp 为扩展名的文件是一一对应配合使用的。在以.h 为扩展名的文件中包含的主要是类的定义，而在以.cpp 为扩展名的文件中包含的主要是类成员函数的实现代码。

在应用程序中经常要使用一些位图、菜单之类的资源，Visual C++中以.rc 为扩展名的文件称为资源文件，其中包含了应用程序中用到的所有 Windows 资源，需要指出的一点是，.rc 文件可以直接在 Visual C++集成环境中以可视化的方法进行编辑和修改。

以.ico、.bmp 等为扩展名的文件是具体的资源，产生这种资源的途径有很多。使用.rc 资源文件的目的就是为了对程序中应用到的大量资源进行统一的管理。

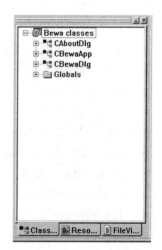

图 1-14　工程工作空间窗口

在创建好一个工作空间后,工程工作空间窗口包含了一组标签面板，如图 1-14 所示。

单击 FileView 标签，可以查看到用户已创建的工程。扩展其中的文件夹可以显示工程中的所有文件：

- Source Files：源文件
- Header Files：头文件
- Resource Files：资源文件
- Readme.txt：文本文件

如图 1-15 所示的是 New 对话框的 Files 选项卡，通过 Files 选项卡可以创建多种类型的文件：

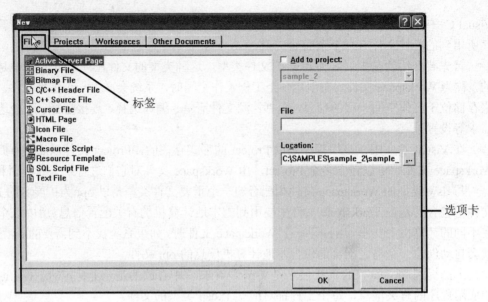

图 1-15　New 对话框的 Files 选项卡

- Active Server Page：活动服务器页文件
- Binary File：二进制文件
- Bitmap File：位图文件
- C/C++ Header File：C 或 C++头文件
- C++ Source File：C++源文件
- Cursor File：光标文件
- HTML Page：HTML 超文本文件
- Icon File：图标文件
- Macro File：宏文件
- SQL Script File：SQL 脚本文件
- Resource Script：资源脚本文件
- Resource Template：资源模板文件
- Text File：文本文件

打开 New 对话框的 Projects 选项卡，可以看到用户能够创建的工程有：

- ATL COM AppWizard：ATL 应用程序
- Cluster Resource Type Wizard：资源动态链接库及超级扩展动态链接库
- Custom AppWizard：自定义 AppWizard
- Database Project：数据库工程
- DevStudio Add-in Wizard：自动化宏
- Extended Stored Proc Wizard：用于访问 SQL Server 的动态链接库
- ISAPI Extension Wizard：Internet 服务器或过滤器
- Makefile：Make 文件
- MFC ActiveX ControlWizard：ActiveX 控件程序
- MFC AppWizard（dll）：MFC 动态链接库

- MFC AppWizard（exe）：MFC 应用程序
- New Database Wizard：SQL 数据库服务器
- Utility Project：空白实用工程
- Win32 Application：Win32 应用程序
- Win32 Dynamic-Link Library：Win32 动态链接库
- Win32 Console Application：Win32 控制台应用程序
- Win32 Static Library：Win32 静态库

实训 1.3　生物电波应用程序框架简介

在本实训中，将创建一个生物电波应用程序。这个应用程序的编写主要是针对医院的一些生物电波采集仪器，并结合现代医学、生理学原理与临床应用的实际需要设计的。医生在生物电波采集设备的帮助下，通过计算机上简单的操作界面，对患者身体某部位的生物电波进行采样，进而对得到的数据进行分析和测量。其中数据采集部分的数据是利用随机函数产生的。

启动生物电波应用程序后，得到如图 1-16 所示的简洁的操作界面。

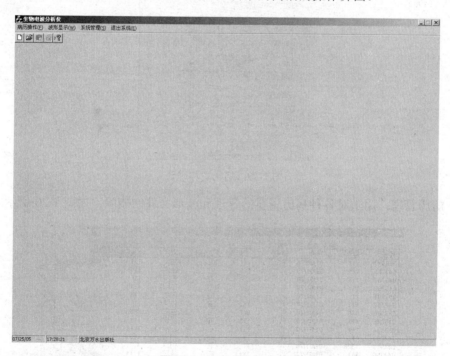

图 1-16　应用实例的界面

"病历操作"菜单中包括：

- 新建病历：在进行采样操作前，必须先进行该项操作。单击"病历操作"|"新建病历"菜单项，在显示窗口中会立即弹出"添加病历"对话框，如图 1-17 所示。
- 打开病历：打开原病历记录。单击菜单栏中"病历操作"|"打开病历"菜单项，在显示窗口中会立即弹出病历窗口，其操作同 Windows 下的文件打开相同，如图 1-18 所示。

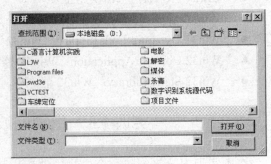

图 1-17 "添加病历"对话框　　　　　图 1-18 打开病历

选择文件后会弹出"病历资料"对话框,如图 1-19 所示,用以确认打开的文件是否正确。

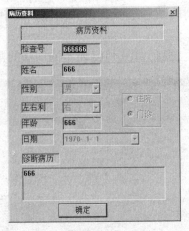

图 1-19 病历资料确认

- 病历管理:用于对各种病历资料的管理和波形文件的删除,如图 1-20 所示。

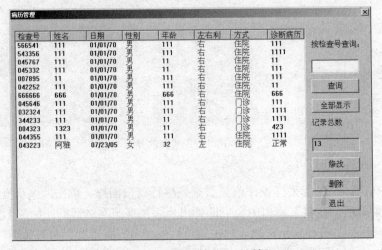

图 1-20 "病历管理"对话框

"波形显示"菜单中包括：
- 数据采集：单击菜单栏中"波形显示"｜"数据采集"菜单项进入实时采样，如图 1-21 所示。单击"开始"按钮，数据采集开始；单击"停止"按钮，数据采集停止；单击"保存"按钮，弹出消息框显示采集点数（如图 1-22 所示），等出现保存完毕的消息对话框后（如图 1-23 所示），表示采集的数据已保存；单击"退出"按钮，退出数据采集窗口。

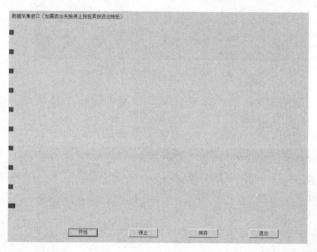

图 1-21 数据采集窗口

图 1-22 显示采集点数　　　　　　　　　　图 1-23 保存完毕

- 波形选段：单击菜单栏中"波形显示"｜"波形选段"菜单项，进入"波形选段"对话框，如图 1-24 所示，单击确定起点，右击确定终点。

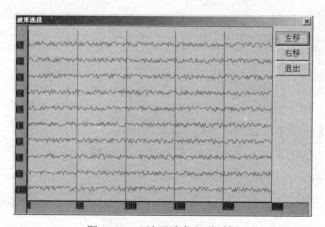

图 1-24 "波形选段"对话框

选段完成后会弹出"选段确认"对话框，如图 1-25 所示，注意最多允许选 5 段。

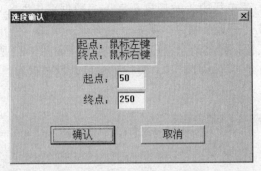

图 1-25 "选段确认"对话框

- 波形测量：单击菜单栏中"波形显示"|"波形测量"菜单项，进入如图 1-26 所示的"波形测量"对话框。

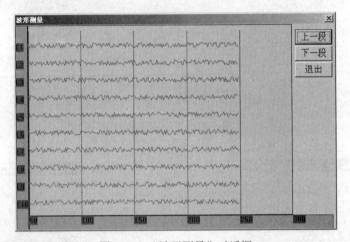

图 1-26 "波形测量"对话框

鼠标拖动选择区域，放大后测量波形数据，如图 1-27 所示。

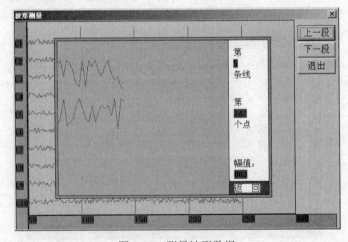

图 1-27 测量波形数据

"系统管理"菜单中包括"数字滤波"子菜单,打开该子菜单,出现如图 1-28 所示的"数字滤波"对话框。

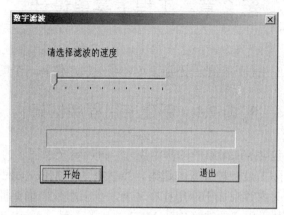

图 1-28　"数字滤波"对话框

"退出系统"菜单中包括:
- 退出系统:正常退出生物电波分析工作系统。
- 关于生物电波分析仪:介绍有关应用程序的版本信息。

从下一章开始,我们就来介绍如何创建这个应用程序。

第 2 章 工程主菜单设计

本章的任务是建立应用程序框架，添加菜单、相关加速键和一个简单的消息映射函数。

实训 2.1 新建应用程序框架

应用程序框架不仅包含 Visual C++的基本类库，而且定义了程序的结构，具有统筹控制应用程序运行的能力，实际上是一种类库的超集。当生成基于 MFC 的应用程序时，Visual C++将把应用程序框架的有关内容附加于应用程序之上，且应用程序框架拥有主控权。

AppWizard 是一个基于用户的选择创建 MFC 项目的工具。AppWizard 创建承载了一个框架项目所需要的所有源文件，此框架项目是应用程序的起始点。AppWizard 可以用于创建单文档、多文档或基于对话框的应用程序。

- Single Document Interface（SDI，单文档界面）：这种类型的应用程序一次只允许打开一个文档。文档自动充满应用程序的主窗口，不为其他的文档留下空间。如 Windows 的 NotePad（写字板）就是一个 SDI 应用程序。当选择从 File | Open 菜单打开一个新的文件时，当前打开的文件就被关闭。
- Multiple Document Interface（MDI，多文档界面）：这种类型的应用程序允许同时打开多个文档，如大家所熟悉的 Microsoft Office 产品。Word 或 Excel 中，一次可以打开多个文档，每个文档都具有自己的窗口。在 MFC 中，如果要一个文档有多个视图（view），必须创建一个支持 MDI 的应用程序。
- Dialog based（基于对话框）：这种类型的应用程序使用一个对话框作为其主窗口。基于对话框的应用程序常用于简单的应用程序中，例如 Windows 95 中设置 Date/Time Properties（日期/时间属性）的应用程序，字符映射工具或计算器一类的应用程序等。Visual C++提供对对话框编辑器进行访问的方式，以便可以设计基于对话框应用程序的外观。基于对话框应用程序包含的类不多，所以初学起来比较容易理解。

基于对话框的应用程序是以对话框为形式的应用程序，它对于那些涉及文档较少、主要是交互式操作的应用程序来说比较合适。从下面的例子可以看出，基于对话框的应用程序框架和上面介绍的基于文档的应用程序框架有很大的区别。

下面用 AppWizard 来创建一个基于对话框的应用程序。

（1）在 Visual C++ 6.0 的启动界面中，选择 File 菜单中的 New... Ctrl+N，在弹出的 New 对话框中单击 Projects 标签。选中 MFC AppWizard [exe] 项，在 Location: 编辑框中输入要建立的工程所在的目录 C:\BEWA，在右上方的 Project name: 编辑框中输入工程名称：Bewa，如图 2-1 所示。

（2）单击 OK 按钮，打开 MFC AppWizard-Step 1 对话框，如图 2-2 所示，选中 Dialog based 单选按钮。

（3）单击 Next> 按钮，打开 MFC AppWizard-Step 2 对话框，在如图 2-3 所示的 Please enter a title for your dialog 编辑框中输入标题栏的名称：生物电波分析仪。

第 2 章　工程主菜单设计

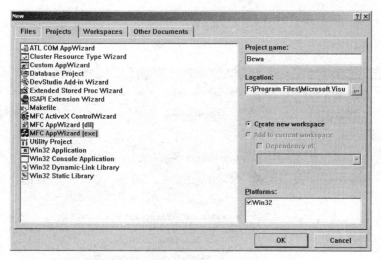

图 2-1　新建 MFC AppWizard 应用程序

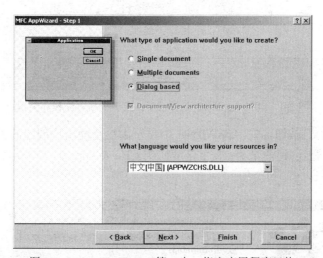

图 2-2　MFC AppWizard 第一步：指定应用程序风格

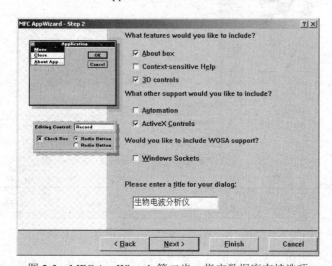

图 2-3　MFC AppWizard 第二步：指定数据库支持选项

（4）单击 Next> 按钮，打开 MFC AppWizard-Step 3 对话框，在这里选择系统默认的选项，如图 2-4 所示。

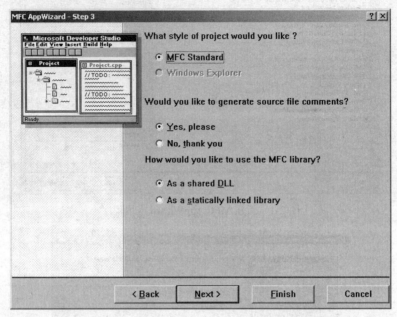

图 2-4　MFC AppWizard 第三步：窗口风格、注释和类型

（5）单击 Next> 按钮，在 AppWizard 中显示出将帮助用户创建的类及属性。在这个基于对话框的应用中只能创建两个类：一个是应用类 CBewaApp，另一个是对话框类 CBewaDlg，如图 2-5 所示。

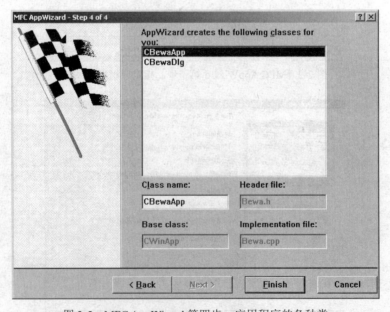

图 2-5　MFC AppWizard 第四步：应用程序的各种类

（6）单击 Finish 按钮，弹出如图 2-6 所示的 New Project Information 对话框。

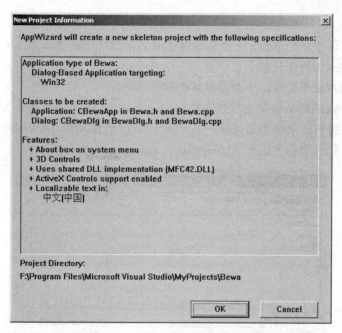

图 2-6　New Project Information 对话框

至此，整个应用程序的基本框架已经建立完毕。编译、连接后的第一次运行结果如图 2-7 所示。

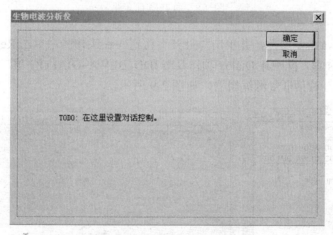

图 2-7　实训 1.1 运行结果

实训 2.2　添加菜单栏

在 Visual C++中提供了一个资源编辑器——App Studio，可以对资源进行可视化的编辑，这些资源包括加速键（Accelerator）、对话框（Dialog）、图标（Icon）、菜单（Menu）、字符串表（String Table）、工具栏（Toolbar）以及版本（Version）等。其中，菜单是用户接口的重要组成部分。菜单为所有的 Windows 应用程序提供了一致的接口方式，是 Windows 中最重要的资源之一。此外，菜单允许用户以一种逻辑的、容易寻找的方式来安排命令，它使得用户的编程操作更加方便。

在这一节的实训中，为 Bewa 这个基于对话框的应用程序框架添加菜单。

由于所创建的应用程序是基于对话框的（Dialog based），因此工程中并不包含菜单资源，但可以为对话框插入菜单资源。下面是具体的操作步骤：

（1）从 Windows 的启动菜单上找到并执行 Microsoft Visual C++ 6.0。在 Microsoft Developer Studio 开发环境中的 File 菜单中选择 Open... Ctrl+O，会弹出如图 2-8 所示的"打开"对话框，在"文件类型"下拉列表框中选择 Workspaces（.dsw;.mdp）文件类型。

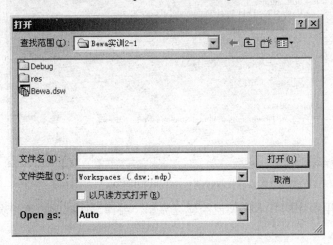

图 2-8　打开原有文件

（2）选中 Bewa.dsw 文件，并单击"打开"按钮。在工作区中单击 ResourceView 标签，展开 Bewa resources 项，再展开 Dialog 项，双击 IDD_BEWA_DIALOG 项，则客户区中会打开"生物电波分析仪"对话框资源编辑器，如图 2-9 所示。

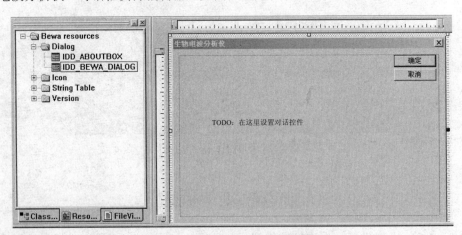

图 2-9　打开对话框资源编辑器

（3）在图 2-9 显示的对话框中有两个按钮控件："确定"和"取消"，一个文本编辑控件"TODO：在这里设置对话控件"，分别选中后按 Delete 键删除。

（4）右击 Bewa resources 项，在弹出的快捷菜单中选择 Insert…项，如图 2-10 所示。

第 2 章 工程主菜单设计

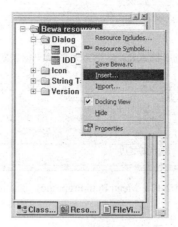

图 2-10　在资源编辑器中加入新的资源

（5）在弹出的 Insert Resource 对话框中选择 Menu，然后单击 New 按钮，如图 2-11 所示。可以为 Bewa resources 资源库添加 Menu 文件夹。

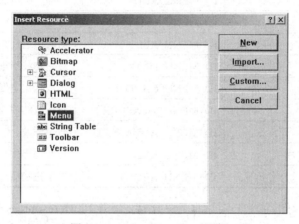

图 2-11　Insert Resource 对话框

（6）系统已经在客户区打开了 Menu 文件夹下的 IDR_MENU1 菜单编辑器，依次双击菜单编辑器中的矩形框，在弹出的 Menu Item Properties 对话框中将顶层菜单的名称输入到 Caption: 编辑框中，如图 2-12 所示，这样就创建好了主菜单。

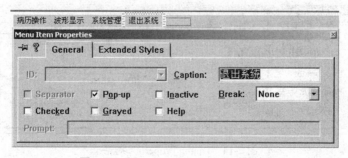

图 2-12　Menu Item Properties 对话框

接下来，为每一个顶层菜单创建下一级子菜单。

（1）单击"病历操作"菜单下的矩形框，编辑子菜单的属性，如图 2-13 所示。

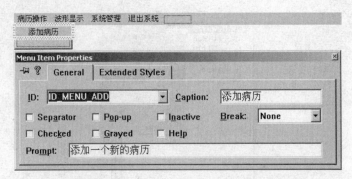

图 2-13 Menu Item Properties 对话框

对子菜单的设计如表 2-1 所示。

表 2-1 菜单属性表

主菜单名	子菜单名：Caption	ID	Prompt
病历管理	添加病历	ID_MENU_ADD	添加一个新的病历
	打开病历	ID_MENU_OPEN	打开一个旧病历
	病历管理	ID_MENU_ALL	对病历进行查询、删除等管理操作
波形显示	数据采集	ID_MENU_DATA	对生物波形进行实时采样
	波形选段	ID_MENU_CHOOSE	选取指定宽度的波段
	波形测量	ID_MENU_MEASURE	对选取的波段进行分析测量
系统管理	打印模板	ID_MENU_ADVANCED	数字滤波
退出系统	退出系统	ID_MENU_EXIT	正常退出生物波形分析系统
	关于生物波形分析仪	ID_MENU_ABOUT	关于生物波形分析仪

（2）下面将创建好的菜单与对话框建立连接。展开 Bewa resources 项，再展开 Dialog 项，双击 IDD_BEWA_DIALOG，然后右击客户区中"生物电波分析仪"对话框资源编辑器，在弹出的快捷菜单中选择 Properties。

（3）在 Dialog Properties 对话框中，单击 Menu: 编辑框中的下拉箭头，从下拉列表中选择 IDR_MENU1，如图 2-14 所示。

图 2-14 Dialog Properties 对话框

重新编译、连接应用程序，运行结果如图 2-15 所示。

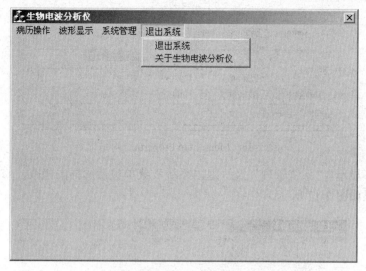

图 2-15　实训 2.2 运行结果

实训 2.3　设计键盘快捷键和加速键

对于顶层的菜单，只要同时按下 Alt 键和某个带有下划线的字符键，就会激活该菜单，弹出子菜单，这就是键盘快捷键。当弹出子菜单后，只要按下其中的某个带下划线的字符键，或者按下为其添加的键盘加速键，即可选择该菜单项。

键盘加速键应用程序定义了键盘上的某一个键或 2～3 个键的组合，给用户提供一种选择菜单项和执行某些任务的快速方法。

键盘加速键可以和菜单项关联，也可以定义某些菜单上没有提供的命令。

通常键盘加速键与某些重要或者常用的菜单项相关联，可让用户不必选择菜单而快速激活相应的命令，类似某些应用程序定义的"热键"功能。例如 Visual C++中 Edit 菜单中的 Copy 菜单项对应 Ctrl+C 加速键（一般 Windows 应用程序对这种很通用的菜单项定义的加速键都相同，以保持一致性），此外如 Build 菜单项对应 F7 键，Execute 菜单项对应 Ctrl+F5 键等。

如果某键盘加速键与某个菜单项关联，则它们的 ID 相同，而当该菜单项被禁止时，相应的加速键也变为无效键。

实训 2.3.1　添加键盘快捷键和加速键

下面来为 Bewa 应用程序添加键盘快捷键和加速键。

（1）启动 Visual C++ 6.0，从 File 菜单中选择 Open... Ctrl+O，打开 Bewa.dsw 文件。

（2）展开 Bewa resources 项，再展开 Menu 项，双击 IDR_MENU1，在客户区中出现菜单编辑区。

（3）双击"病历操作"菜单，在它的属性对话框中修改 Caption: 编辑框的内容，如图 2-16 所示。在编辑框中输入菜单标题："病历操作（&F）"，其中"&"字符的作用是使其后的字符加上下划线，从而可以让用户使用键盘来选择菜单。

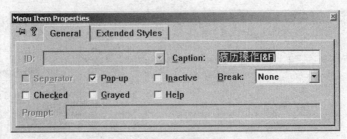

图 2-16　Menu Item Properties 对话框

（4）"波形显示""系统管理"及"退出系统"菜单也做同样的修改，修改后重新编译、连接，运行结果如图 2-17 所示。

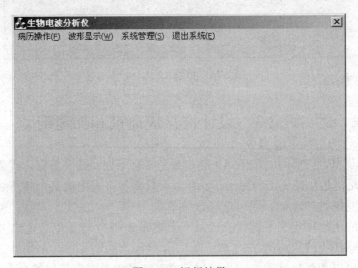

图 2-17　运行结果

接下来为子菜单添加键盘加速键。

（1）双击"病历操作"菜单下的"添加病历"菜单项。在属性对话框中修改 Caption: 编辑框中的内容，如图 2-18 所示。

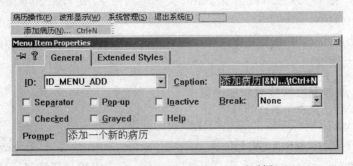

图 2-18　Menu Item Properties 对话框

在编辑框中输入的"..."表示选择此菜单项后会弹出一个对话框。"\t"符号的作用是分隔符。类似地，修改"打开病历"和"病历管理"两个菜单项的属性，分别如图 2-19 和图 2-20 所示。

图 2-19　Menu Item Properties 对话框的 Caption 属性

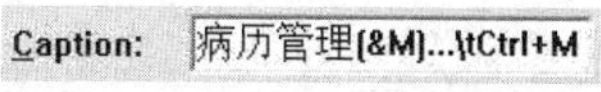

图 2-20　Menu Item Properties 对话框的 Caption 属性

（2）修改"波形显示"菜单下的"数据采集"菜单项的属性，如图 2-21 所示。

图 2-21　Menu Item Properties 对话框的 Caption 属性

（3）修改"系统管理"菜单下的"数字滤波"菜单项的属性，如图 2-22 所示。

图 2-22　Menu Item Properties 对话框的 Caption 属性

（4）修改"退出系统"菜单下的"退出系统"和"关于生物电波分析仪"两个子菜单的属性，如图 2-23 和图 2-24 所示。

图 2-23　Menu Item Properties 对话框的 Caption 属性

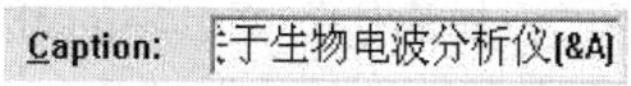

图 2-24　Menu Item Properties 对话框的 Caption 属性

实训 2.3.2　修改加速键表

下面要让这些加速键工作起来。

（1）右击 Bewa resources，在弹出的快捷菜单中选择 Insert…项，如图 2-25 所示。

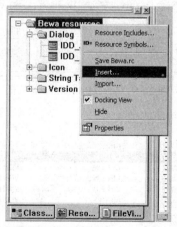

图 2-25　在资源编辑器中加入新的资源

（2）在弹出的 Insert Resource 对话框中选择 Accelerator，然后单击 New 按钮，为 Bewa resources 资源库添加 Accelerator 文件夹。

（3）双击项目工作区窗口 Accelerator 文件夹下的 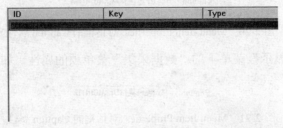 图标，打开加速键编辑器，如图 2-26 所示。

图 2-26　加速键编辑器

（4）双击最后一行的空白项，由于基于对话框的应用程序中没有默认的加速键，所以第一次加入的时候，双击空白处的第一行，打开 Accel Properties 对话框，如图 2-27 所示。

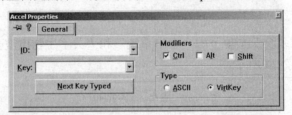

图 2-27　Accel Properties 对话框

（5）在 ID: 下拉列表框中选择"添加病历"菜单项的 ID：ID_MENU_ADD。在 Key: 下拉列表中输入 N，在 Modifiers 组中默认选中 Ctrl 复选框。关闭对话框，把 Ctrl+N 加入到"添加病历"菜单项中。

（6）重复步骤（4）、步骤（5），为菜单项添加所有的加速键。在设置"退出系统"的加速键 Alt+F4 时，在 Key 下拉列表中选择 VK_F4，如图 2-28 所示。

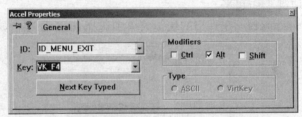

图 2-28　Accel Properties 对话框

如图 2-29 所示为设置好后的加速键表。

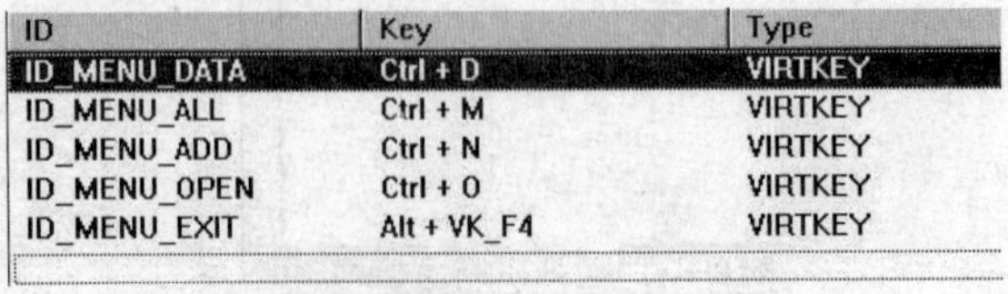

ID	Key	Type
ID_MENU_DATA	Ctrl + D	VIRTKEY
ID_MENU_ALL	Ctrl + M	VIRTKEY
ID_MENU_ADD	Ctrl + N	VIRTKEY
ID_MENU_OPEN	Ctrl + O	VIRTKEY
ID_MENU_EXIT	Alt + VK_F4	VIRTKEY

图 2-29　加速键表

（7）重新编译、链接和运行。这样就添加好了菜单项。

实训 2.4 添加菜单的消息映射函数

在实训 2.3 中创建的是顶层菜单及下一级子菜单，这样整个菜单的可视化外观设计就完成了，如果想让菜单项都允许使用，并实现一定的功能，还必须用 ClassWizard 添加消息映射函数。本节的实训就来为"退出系统"菜单项添加消息映射函数。

（1）启动 Visual C++ 6.0，从 File 菜单中选择 Open... Ctrl+O，打开 Bewa.dsw 文件。

（2）选择 View 菜单下的 ClassWizard... Ctrl+W 菜单项，弹出 MFC ClassWizard 对话框，如图 2-30 所示。

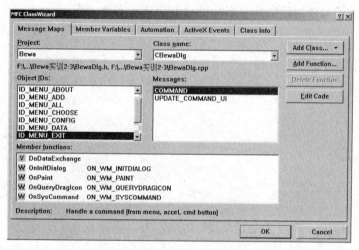

图 2-30 MFC ClassWizard 对话框

（3）在 Class name: 下拉列表框中选择视图类 CBewaDlg，在 Object IDs: 列表框中选择 ID_MENU_EXIT，双击 Messages: 列表框中的 COMMAND 消息，或单击，然后单击 Add Function 按钮，弹出如图 2-31 所示的 Add Member Function 对话框。

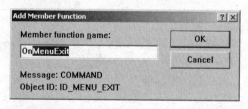

图 2-31 Add Member Function 对话框

（4）单击 OK 按钮，使用其默认的函数名 OnMenuExit，返回 MFC ClassWizard 对话框，可以看见在 Member functions 列表框中新添加了一个函数，如图 2-32 所示。

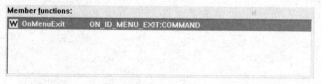

图 2-32 Member functions 列表框

（5）在 Member functions 列表框中双击新添加的函数，或者单击 MFC ClassWizard 对话框右边的 `Edit Code` 按钮，退出 ClassWizard 转入到文本编辑，为该函数添加执行代码。

```
void CBewaApp::OnMenuExit()
{
    // TODO: Add your command handler code here
    exit(0);          //正常退出应用程序
}
```

（6）重新编译、链接和运行应用程序后，单击"退出系统"下的子菜单"退出系统"，可以退出应用程序。选择顶层菜单"退出系统"之后，按下快捷键 X，也可以退出系统，相同的操作是按下 Alt+F4 组合键。

其他菜单项的消息映射函数将在以后的章节中逐步实现。

第 3 章 对话框与控件设计

本章介绍对话框和控件的定义及使用。在 Windows 程序中，对话框是显示信息和取得用户数据的最重要单元，用户可以采用在编辑框输入、选择单选按钮、标记复选框等方式来输入数据。一个应用程序可以拥有几个对话框，这些对话框从用户那里接收特定类型的信息，对于每一个在屏幕上面出现的对话框都需要创建对话框资源和对话框类，对话框资源用于在屏幕上绘出对话框及其上的控件；对话框类则保存对话框的值，类中有的成员函数使得对话框可以在屏幕上显示出来，两者的配合使得用户和程序的交互更加简单。

可以使用资源编辑器创建对话框资源，向其中添加控件，调整对话框的布局及使对话框更加便于使用。使用 ClassWizard 可以帮助用户创建一个对话框类，自定义对话框一般由类派生出来，并使资源与类相联系，以管理其资源。对话框资源的控件一般与类中的成员变量一一对应。对话框的操作可以通过调用对话框类的成员函数来实现，对话框中的控件默认值或用户输入保存在类的成员变量中。

对话框大致可以分为以下两种：
- 模态对话框。模态对话框弹出后，独占系统资源，用户只有在关闭模态对话框后，才可以继续执行应用程序其他部分的代码。模态对话框一般要求用户做出某种选择。
- 非模态对话框。非模态对话框弹出后，程序可以在不关闭对话框的情况下继续执行，在转入到应用程序其他部分的代码时不需要用户做出响应。非模态对话框一般用来显示信息或者实时地进行一些设置。

模态对话框和非模态对话框在创建资源时是一致的，只是在显示对话框之前调用的函数不一样。模态对话框调用的是 DoModal()函数，而非模态对话框调用的是 Create()函数。

一般对话框的创建与使用流程可以大体分为以下步骤：
（1）创建对话框资源。
（2）创建与对话框资源相关的对话框类的派生类。
（3）创建有关控件的消息响应。
（4）创建与控件相关联的变量。
（5）在程序中创建对话框类派生类的对象。
（6）调用 DoModal()或 Create()函数显示对话框。

实训 3.1　创建对话框资源

打开 Bewa.dsw 文件，在工作区中单击 Resource View 标签，展开 Bewa resources 项，再选中 Dialog 项，在 Dialog 项上右击，在弹出的快捷菜单中选择 Insert Dialog 项，如图 3-1 所示。

此时客户区中打开资源编辑器显示新建的对话框资源以供修改，编辑器中的对话框是

MFC 标准的对话框模板，其形式如图 3-2 所示。

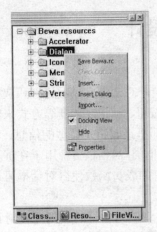
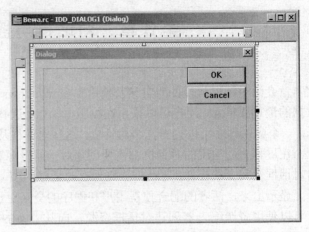

图 3-1　加入新的对话框资源　　　　　图 3-2　MFC 提供的标准对话框模板

这个标准对话框模板中使用了两个按钮控件。可以设置对话框的属性，右击整个对话框的背景，选择 Properties 项，如图 3-3 所示。

图 3-3　选择 Properties 项

在弹出的对话框中修改此对话框的 ID 为 IDD_DIALOG1，在 Caption 项的编辑框中输入"口令问讯"，如图 3-4 所示。

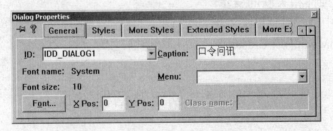

图 3-4　Dialog Properties 对话框

按照上面的方法可以加入其他的对话框资源，并分别修改它们的 Properties 项，对于第二个对话框，如图 3-5 所示。

图 3-5　Dialog Properties 对话框

选择 Extended Styles 标签，选中 Client edge 复选框，如图 3-6 所示。

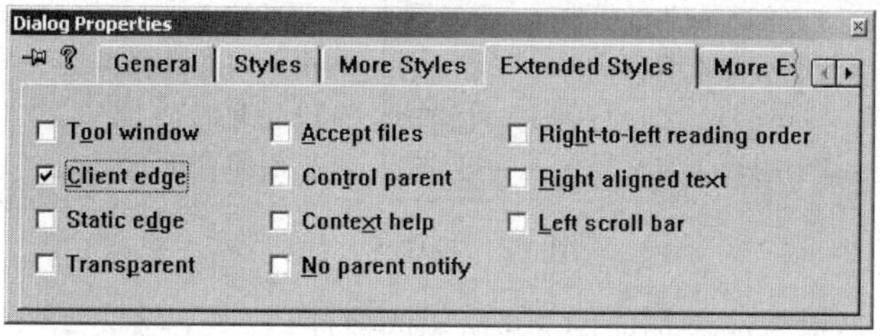

图 3-6　Dialog Properties 对话框

第三个对话框的属性设置如图 3-7 所示。

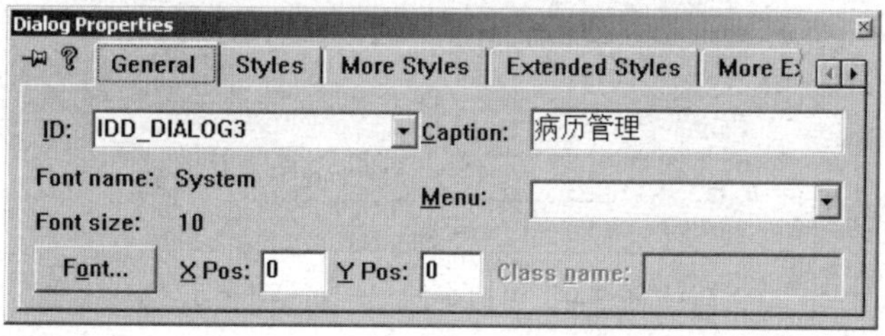

图 3-7　Dialog Properties 对话框

实训 3.2　添加控件资源

最基本的控件及其相应的 MFC 类有：静态控件 CStatic，按钮控件 CButton，滑动条控件 CScrollBar，编辑框控件 CEdit，列表框控件 CListBox，组合框控件 CComboBox 等。

控件大多用在对话框中。使用控件最常用的方法就是在资源编辑器中创建一个对话框资源，然后在上面设置所需要的控件，这种布局方式下的控件又称为静态创建控件。当然控件也可以动态创建，每一类控件都提供了 Create()函数，允许控件的动态创建。

实训 3.2.1　控件的手工编辑

在实际应用中，可以通过对话框工具栏和控件工具栏手工编辑控件。单击菜单 Tool | Customize 可以打开对话框工具栏和控件工具栏，如图 3-8 所示。

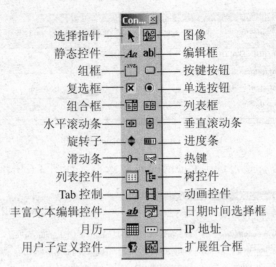

图 3-8 控件工具栏

- 为第一个对话框资源添加如图 3-9 所示的控件。

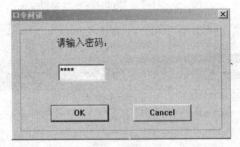

图 3-9 "口令问讯"对话框

各控件的属性如图 3-10 和图 3-11 所示。

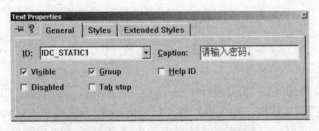

图 3-10 Text Properties 对话框

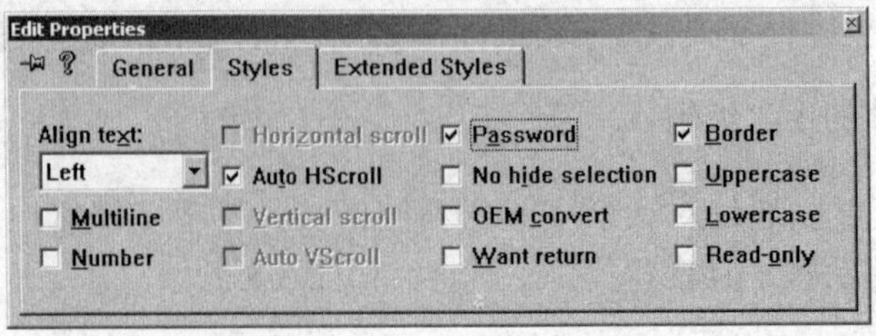

图 3-11 Edit Properties 对话框

- 为第二个对话框资源添加控件，如图 3-12 所示。

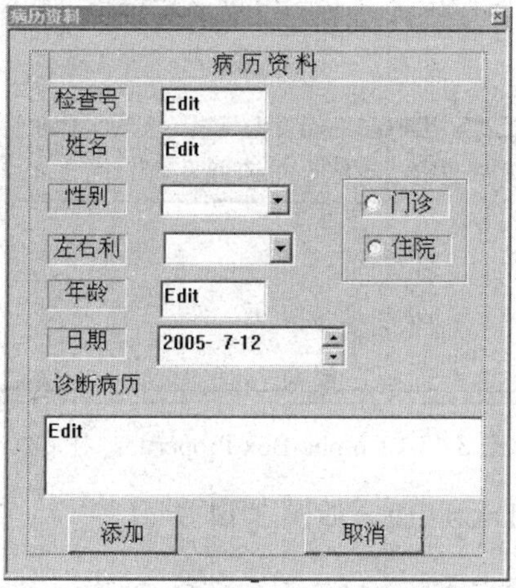

图 3-12 "病历资料"对话框

其中，各控件的属性如表 3-1 所示。

表 3-1 添加病历对话框资源中各控件属性

控件类型	资源 ID	标题	其他属性
按钮控件	IDOK	添加	默认属性
	IDCANCEL	取消	
静态控件	IDC_STATIC1	检查号	
	IDC_STATIC2	姓名	
	IDC_STATIC3	性别	
	IDC_STATIC4	左右利	
	IDC_STATIC5	年龄	
	IDC_STATIC6	日期	
	IDC_STATIC7	诊断病历	
编辑框控件	IDC_EDIT1		
	IDC_EDIT2		
	IDC_EDIT3		
	IDC_EDIT4		Multiline 属性为 true
组合框控件	IDC_COMBO1		
	IDC_COMBO2		
组框	IDC_STATIC8		Group 属性为 true，即选中 Group
日期控件	IDC_DATETIMEPICKER1		
单选按钮	IDC_RADIO1	住院	Group 属性为 false，即不选中 Group
	IDC_RADIO2	门诊	

接下来，为组合框控件 IDC_COMBO1 添加初始数据。

输入第一个数据"男"之后，按下 Ctrl+Enter 组合键，输入第二个数据"女"，如图 3-13 所示。

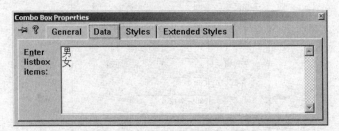

图 3-13　Combo Box Properties 对话框

然后，修改 Type 属性为 Drop List，如图 3-14 所示。

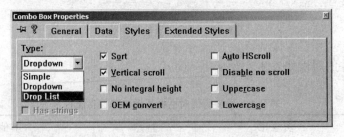

图 3-14　Combo Box Properties 对话框

用鼠标拖动编辑框的边框可以增加编辑框的尺寸，如图 3-15 所示。

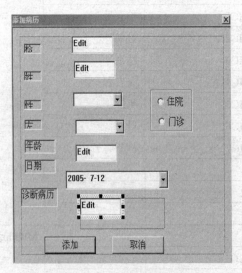

图 3-15　增加编辑框尺寸

刚刚添加的各种控件放在一起会显得杂乱无章，需要使用对话框工具将它们放置整齐，对话框工具栏在整个开发环境的左下角，如图 3-16 所示。

可以利用对话框工具栏的功能使对话框中各控件的排列如图 3-12 所示。

● 为第三个对话框资源添加如图 3-17 所示的控件，其属性如表 3-2 所示。

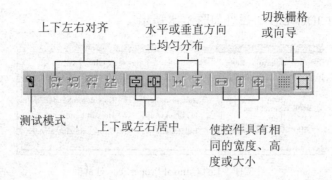

图 3-16　对话框工具栏

图 3-17　"病历管理"对话框

表 3-2　"病历管理"对话框资源中各控件属性

控件类型	资源 ID	标题	其他属性
按钮控件	IDC_BUTTON 1	查询	默认属性
	IDC_BUTTON 2	全部显示	
	IDC_BUTTON 3	修改	
	IDC_BUTTON 4	删除	
	IDC_BUTTON 5	退出	
静态控件	IDC_STATIC1	按检查号查询	
	IDC_STATIC2	记录总数	
编辑框控件	IDC_EDIT1		
	IDC_EDIT2		Read-only 属性为 true
列表框控件	IDC_LIST1		

修改列表框控件 IDC_LIST1 属性如图 3-18 所示。

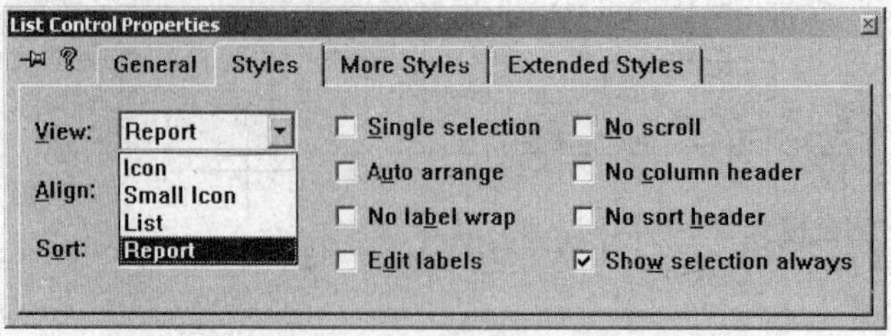

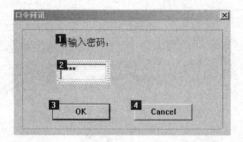

图 3-18 List Control Properties 对话框

实训 3.2.2 设置控件的跳表顺序

现在设置控件的跳表顺序，对每个控件赋予顺序编号。选择 Layout 菜单的 TabOrder 命令或按 Ctrl+D 组合键来设置跳表顺序。然后对话框编辑器在每个控件上放一个表示当前跳表顺序的数字。为了改变跳表顺序，需要根据自己需要的顺序单击控件，此外，可以用 Esc 键删除数字。设计好的跳表顺序如图 3-19 所示。

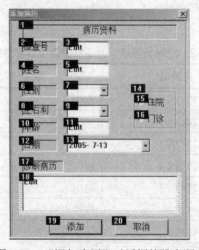

图 3-19 "口令问讯"对话框的跳表顺序

依照上述方法，可以设置其他对话框的跳表顺序，如图 3-20 和图 3-21 所示。

图 3-20 "添加病历"对话框的跳表顺序

另外加入一个新的"病历资料"对话框。各种控件的添加是与"添加病历"对话框中的操作相类似的，唯一的不同是编辑框控件 IDC_EDIT1 要选中 Read-only 属性。

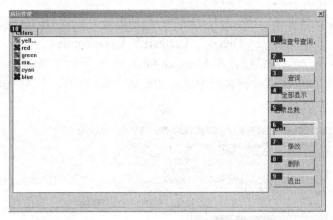

图 3-21 "病历管理"对话框的跳表顺序

实训 3.3　创建对话框类

当对话框资源完成以后,选择 View|ClassWizard,打开 ClassWizard,会弹出 Adding a Class 对话框,如图 3-22 所示。

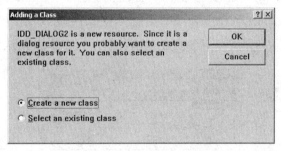

图 3-22　Adding a Class 对话框

如果没有与对话框资源相对应的对话框类,可以使用 ClassWizard 创建一个新类,如图 3-23 所示,填入类名,单击 OK 按钮就创建了一个新类。

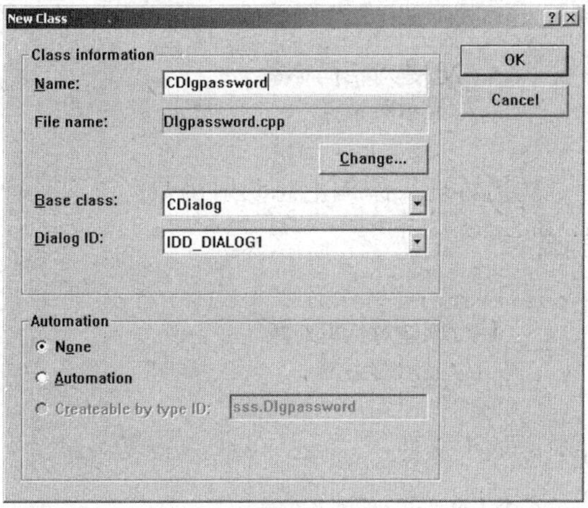

图 3-23　New Class 对话框

为其他 3 个对话框分别建立相应的对话框类：对话框资源 IDD_DIALOG2、IDD_DIALOG3、IDD_DIALOG4 对应的类分别是 CDlgadd、CDlgall 和 CDlgmodify。

打开 MFC ClassWizard 对话框，在 Message Maps 选项卡中的 Class name 的下拉列表框中选择 CBewaDlg，在 Object IDs 列表框中选择 ID_MENU_ADD，在 Messages 列表框中选择 COMMAND，如图 3-24 所示。

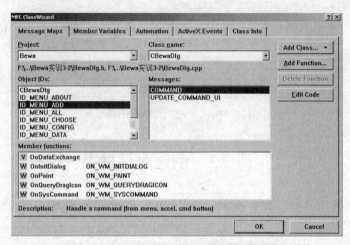

图 3-24　MFC ClassWizard 对话框

单击 Add Function 按钮，接受系统默认的函数名，如图 3-25 所示。

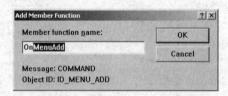

图 3-25　Add Member Function 对话框

单击 Edit Code 按钮，进入源程序，编辑函数如下：
```
void CBewaDlg::OnMenuAdd()
{
// TODO: Add your command handler code here
CDlgadd dlg;          //创建对话框对象
dlg.DoModal();        //显示对话框
}
```
按照上述方法为菜单"病历管理"添加消息映射函数：
```
void CBewaDlg::OnMenuAll()
{
// TODO: Add your command handler code here
CDlgall dlg;          //创建对话框对象
dlg.DoModal();        //显示对话框
}
```
在 CBewaDlg 源文件中增加头文件：
```
#include "Dlgall.h"
#include "Dlgadd.h"
```

这样保证编译器在编译文件时知道 CDlgall 和 CDlgadd 这两个类。

运行程序时，单击菜单栏中"病历操作"｜"添加病历"菜单，在显示窗口中会弹出"添加病历"对话框；单击"病历管理"子菜单，在显示窗口中会弹出"病历管理"对话框。

实训 3.4　各种控件的使用

每种控件都是一个窗口，相关的 MFC 类都是派生自 CWnd 类，所以这些类具有 CWnd 类的所有属性，同样也具有类似的操作方法。下面列举控件的 3 种操作方法：

- 使用 GetDlgItem()函数来获得与控件相关联 CWnd 对象的指针，然后通过该指针调用成员函数来实现同样的功能。例如可以利用成员函数 GetDlgItemText() 和 SetDlgItemText()来改变与控件相关的文本。
- 利用各种控件类的成员函数来控制各种控件。
- 对控件生成一个相应的成员变量。该变量可以是值（Value），用来取控件的值，常用在 Edit、Radio、Check 等控件上。该变量还可以作为控件用，这种方式相当于取得控件自身的句柄，可以对控件进行所有控件类和基类的操作。

对于静态创建的控件，编程时大多采用第 3 种方法来操作控件，而对动态创建的控件只能用前两种方法来操作控件。

对控件的操作和使用一般按以下步骤进行：
①在对话框资源中添加控件，通过属性对话框可以对控件的风格进行设置。
②定义与控件相关的控件类的对象或相应的数值变量。
③通过定义控件的消息响应函数，生成对话框类的成员函数。
④在消息响应函数中添加适当的代码。

实训 3.4.1　控件建立相关联的成员变量

打开 MFC ClassWizard，选中 Member Variables 选项卡中 Class name 项的 CDlgpassword，选中 Control IDs 项的 IDC_EDIT1，单击 Add Variables 按钮，将弹出 Add Member Variable 对话框。对话框中各个选项的设置如图 3-26 和图 3-27 所示。

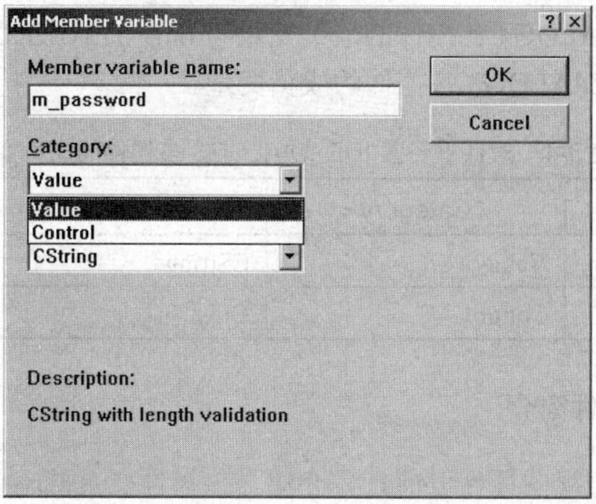

图 3-26　Add Member Variable 对话框

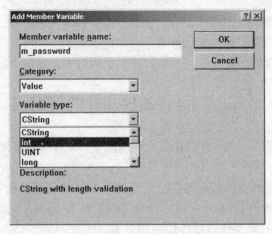

图 3-27 Add Member Variable 对话框

在 Add Member Variable 对话框中添加成员变量 m_password，与编辑控件 IDC_EDIT1 相关联，类型为 int，Category 为 Value，表示变量 m_password 是一个整数值。而 Category 为 Control 表示变量是一个对象，在变量类型中将会有与控件相对应的类供选择。

单击 OK 按钮，完成添加变量。

按照上述方法为其他对话框控件添加相关联的变量，表 3-3 列出要添加的变量的属性。

表 3-3 对话框资源 IDD_DIALOG2 各控件的成员变量

资源 ID	Category	Type	成员变量名
IDC_EDIT1	Value	CString	m_number
IDC_EDIT2	Value	CString	m_name
IDC_EDIT3	Value	int	m_age
IDC_EDIT4	Value	CString	m_bl
IDC_COMBO1	Control	CComboBox	m_sex
IDC_COMBO2	Control	CComboBox	m_list
IDC_DATETIMEPICKER1	Control	CTime	m_date

对话框资源 IDD_DIALOG4 各控件的成员变量与 IDD_DIALOG2 各控件的成员变量相同。表 3-4 列出了 IDD_DIALOG3 各控件的成员变量。

表 3-4 对话框资源 IDD_DIALOG3 各控件的成员变量

资源 ID	Category	Type	成员变量名
IDC_EDIT1	Value	CString	m_number
IDC_LIST1	Control	CListCtrl	m_list

实训 3.4.2 列表控件简介

在介绍如何使用列表视图控件以前，先介绍与该控件有关的一些数据类型。

（1）LV_COLUMN 结构。该结构仅用于报告式列表视图，用来描述表项的某一列。若想要在表项中插入新的一列，需要用到该结构。

LV_COLUMN 结构的定义如下：

```
typedef struct _LV_COLUMN {
UINT mask;              //屏蔽位的组合，表明哪些成员是有效的
int fmt;                //该列的表头和子项的标题显示格式(LVCF_FMT)
int cx;                 //以像素为单位的列的宽度(LVCF_FMT)
LPTSTR pszText;         //指向存放列表头标题正文的缓冲区(LVCF_TEXT)
int cchTextMax;         //标题正文缓冲区的长度(LVCF_TEXT)
int iSubItem;           //说明该列的索引(LVCF_SUBITEM)
} LV_COLUMN;
```

（2）LV_ITEM 结构。该结构用来描述一个表项或子项，它包含了项的各种属性，其定义为：

```
typedef struct _LV_ITEM {
UINT mask;              //屏蔽位的组合，表明哪些成员是有效的
int iItem;              //从 0 开始编号的表项索引（行索引）
int iSubItem;           //从 1 开始编号的子项索引（列索引）
UINT state;             //项的状态(LVIF_STATE)
UINT stateMask;         //项的状态屏蔽
LPTSTR pszText;         //指向存放项的正文的缓冲区(LVIF_TEXT)
int cchTextMax;         //正文缓冲区的长度(LVIF_TEXT)
int iImage;             //图标的索引(LVIF_IMAGE)
LPARAM lParam;          //32 位的附加数据(LVIF_PARAM)
} LV_ITEM;
```

其中 lParam 成员可用来存储与项相关联的数据，这在有些情况下是很有用的。stateMask 是用来说明要获取或设置哪些状态。

此外，CListCtrl 类提供了大量的成员函数。这里将结合实际应用介绍一些常用函数：

（1）列的插入和删除项。在初始化列表视图时，先要调用 InsertColumn 插入各个列，该函数的声明为：

```
int InsertColumn( int nCol, const LV_COLUMN* pColumn );
```

其中参数 nCol 是新列的索引，参数 pColumn 指向一个 LV_COLUMN 结构，函数根据该结构来创建新的列。若插入成功，函数返回新列的索引；否则返回-1。

要删除某列，应调用 DeleteColumn()函数，其声明为：

```
BOOL DeleteColumn ( int nCol );
```

（2）表项的插入。要插入新的表项，应调用 InsertItem。如果要显示图标，则应该先创建一个 CImageList 对象并使该对象包含用作显示图标的位图序列，然后调用 SetImageList 为列表视图设置位图序列。函数的声明为：

```
int InsertItem( const LV_ITEM* pItem );
```

参数 pItem 指向一个 LV_ITEM 结构，该结构提供了对表项的描述。若插入成功则函数返回新表项的索引；否则返回-1。

（3）函数 GetItemText()和 SetItemText()分别用于查询和设置表项及子项显示的正文。SetItemText 的一个重要用途是对子项进行初始化。函数的声明为：

```
int GetItemText( int nItem, int nSubItem, LPTSTR lpszText, int nLen ) const;
CString GetItemText( int nItem, int nSubItem ) const;
BOOL SetItemText( int nItem, int nSubItem, LPTSTR lpszText );
```

其中参数 nItem 是表项的索引（行索引），nSubItem 是子项的索引（列索引），若 nSubItem 为 0 则说明函数是针对表项的。参数 lpszText 指向正文缓冲区，参数 nLen 的值表征缓冲区的大小。第二个版本的 GetItemText 返回一个含有项的正文的 CString 对象。

实训 3.4.3　成员变量的初始化

成员变量的初始化需要重载对话框类的 OnInitDialog() 函数。OnInitDialog 是一个虚函数，它在对话框显示之前被调用，用户可以通过重载该函数对对话框中的各种控件进行初始化。这里只需要对 IDC_COMBO2 组合框控件进行初始化，以加入初始化信息。

打开 MFC ClassWizard，选中 Message Maps 选项卡中的 Object IDs 项的 CDlgadd，在 Messages 里选择 WM_INITDIALOG，单击 Add Function 按钮，然后单击 Edit Code 按钮，进入源程序，编辑 OnInitDialog() 函数。添加如下代码：

```
BOOL CDlgadd::OnInitDialog()
{
CDialog::OnInitDialog();
// TODO: Add extra initialization here
    m_Left.AddString("左");        //向组合框控件中添加字符串条目
    m_Left.AddString("右");
    m_Sex.SetCurSel(0);            //选中索引号为 0 条目
    m_Left.SetCurSel(0);

return TRUE; // return TRUE unless you set the focus to a control
             // EXCEPTION: OCX Property Pages should return FALSE
}
```

运行结果如图 3-28 所示。

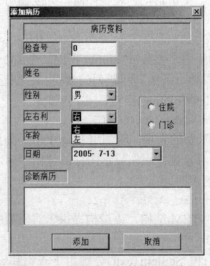

图 3-28　添加病历初始化运行结果

根据上述类似的方法，为类 CDlgall 增加初始化函数：

```
BOOL CDlgall::OnInitDialog()
{
```

```
    CDialog::OnInitDialog();
    // TODO: Add extra initialization here
    LV_COLUMN    lvc;
    char   *display[7]={ "检查号","姓名","日期","性别","年龄","左右利","方式","诊
断病历" };
    lvc.mask=LVCF_FMT|LVCF_TEXT|LVCF_SUBITEM|LVCF_WIDTH;
    lvc.fmt=LVCFMT_LEFT;            //设置对齐方式
    lvc.cx=80;                      //设置各列的宽度
    for(int i=0;i<7;i++)            //插入各列的表头
      {
          lvc.iSubItem=i;
          lvc.pszText=display[i];
          m_List.InsertColumn(i,&lvc);
      }
    m_List.SetExtendedStyle(m_List.GetExtendedStyle()|
    LVS_EX_FULLROWSELECT);          //改变列表控件显示风格为全部选中状态
    return TRUE;// return TRUE unless you set the focus to a control
                // EXCEPTION: OCX Property Pages should return FALSE
    }
```

运行结果如图 3-29 所示。

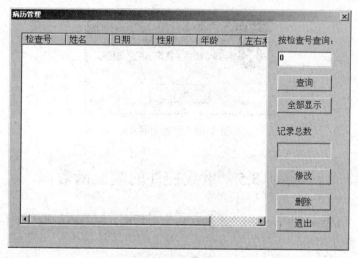

图 3-29　病历管理初始化运行结果

打开资源管理器，选择类标签，打开 CBewaApp，编辑函数 InitInstance()：

```
BOOL CBewaApp::InitInstance()
{
AfxEnableControlContainer();
#ifdef _AFXDLL
Enable3dControls();// Call this when using MFC in a shared DLL
#else
Enable3dControlsStatic();//Call this when linking to MFC statically
#endif
//口令问讯过程
```

```
CDlgpassword  dlgpass;            //创建对话框对象
if(dlgpass.DoModal()==IDOK)       //用户单击 OK 按钮
{
   if(strcmp(dlgpass.m_password,"12a"))
      {
          //如果口令不对，则显示出错信息，然后程序结束
          AfxMessageBox("口令错误,
          确定后将退出程序.",MB_OK|MB_ICONERROR);
          return FALSE;
      }
}
else                              //如果单击 Cancel 按钮，程序结束
return FALSE;
    ……
return FALSE;
}
```

最后，在源文件 CBewaApp 的开头添加：

```
#include "Dlgpassword.h"
```

运行程序，则会出现口令对话框，之后输入密码 12a 后弹出主对话框。如果输入的密码不正确，将会弹出如图 3-30 所示的对话框。

图 3-30 警告对话框

实训 3.5 重载控件的响应函数

单击菜单项"添加病历"，弹出"添加病历"对话框，填写各种控件的信息之后，需要收集有关控件的信息。

打开 MFC ClassWizard，选中 Message Maps 选项卡中 Class name 项的 CDlgadd，在 Object IDs 项中选择 IDOK，在 Messages 里选择 COMMAND，单击 Add Function 按钮，接受系统默认的函数名，然后单击 Edit Code 按钮，进入源程序，编辑函数如下：

```
void CDlgadd::OnOK()
{
// TODO: Add extra validation here
UpdateData(TRUE);                //将控件中的数值传递给对话框的成员变量
CString m_2="",m_1="",m_5="";
m_Sex.GetWindowText(m_1);        //获得控件被选中的条目
m_Left.GetWindowText(m_5);
UINT m_6=GetCheckedRadioButton(IDC_RADIO1,IDC_RADIO2);
```

```
//获得用户选中的单选按钮的ID号
if(m_6==IDC_RADIO1)
{m_2="住院";}
else
{m_2="门诊";}
CDialog::OnOK();
}
```

打开资源编辑器，选择 IDD_DIALOG2 资源，双击"取消"按钮，接受系统默认的函数名，进入编辑函数界面，系统默认的代码如下：

```
void CDlgadd::OnCancel()
{
// TODO: Add your control notification handler code here
CDialog::OnCancel();
}
```

上述代码中，通过 CWnd 类的成员函数 GetWindowText()来得到组合框的内容，然后判断所得到的省份信息，根据所得到的省份信息来确定要显示的城市信息。

获得的单选按钮的信息由以下代码来实现：

```
UINT m_6=GetCheckedRadioButton(IDC_RADIO1,IDC_RADIO2);
if(m_6==IDC_RADIO1)
{m_2="住院";}
else
{m_2="门诊";}
```

CWnd 类的成员函数 GetCheckedRadioButton()返回指定组中第一个选中的单选按钮的 ID，如果没有按钮选中则返回 0。

该成员函数的原型：

```
int GetCheckedRadioButton(int nIDFirstButton,int nIDLastButton);
```

第一个参数 nIDFirstButton 表示的是同一组中第一个单选按钮的 ID，nIDLastButton 表示的是同一组中最后一个单选按钮的 ID。

UpdateData()函数的参数取值可以为 TRUE 或 FALSE。当参数为 TRUE 时，将控件中的数值传递给对话框的成员变量；当参数为 FALSE 时，将对话框的成员变量中的数值传递给控件。

实训 3.6　通用对话框

Windows 操作系统提供了通用对话框，MFC 也提供了相应的类，用来操作这些通用对话框。这个类就是 CCommonDialog 类，它是从 CDialog 类中派生而来的，用户可以像使用其他对话框一样使用通用对话框。例如在单文档应用程序中，它已经提供了一些默认的菜单项，诸如"文件打开""另存为""打印"等，这就用到了系统提供的通用对话框。通用对话框包括"文件"对话框、"打印"对话框、"颜色"对话框和"查找和替换"对话框等。这里只讲述最常用的"文件"对话框。

与"文件"对话框相对应的类是 CFileDialog 类，它用于打开新文件或选择文件，以及进行另存为操作等。为了使用类，首先应该调用有多个参数的构造函数 CFileDialog()，函数原型如下：

```
CFileDialog(
BOOL b OpenFileDialog,
LPCTSTR lpszDefExt=NULL,            //为用户指定一个缺省的扩展名
LPCTSTR lpszFileName= NULL,         //指定对话框中出现的初始文档名
DWORD dwFlags-OFN_HIDEREADONLY | OFN_OVERWRITEPROMPT,
//设置不同的标志来规范对话框的行为
LPCTSTR lpszFilter=NULL,
//允许用户指定过滤器来选择在文档列表中出现过的文档
CWnd*pParentWnd=NULL                //指向父对话框的指针
);
```

函数的第一个参数是一个标志位，当它为 TRUE 时，则创建"文件打开"对话框；当它为 FALSE 时，则创建"另存为"对话框。

在构造 CFileDialog 对象之后，可以调用函数 DoModal()以显示对话框。

打开 MFC ClassWizard，在 Message Maps 选项卡中的 Class name 项中选择 CBewaDlg，在 Object IDs 项中选择 IDD_MENU_OPEN，并在 Messages 中选择 COMMAND，单击 Add Function 按钮，接受系统默认的函数名，然后单击 Edit Code 按钮，进入源程序，编辑函数如下：

```
void CBewaDlg::OnMenuOpen()
{
// TODO: Add your command handler code here
CString fnames;                     //创建 CString 对象
CFileDialog  dlg(true);             //创建文件对话框对象
int dlgResult=dlg.DoModal();        //显示对话框
if(dlgResult ==1)                   //如果单击"打开"按钮
{
fnames=dlg.GetPathName();           //将选择的路径存入 CString 对象 fnames 中
}
}
```

运行程序，结果如图 3-31 所示。

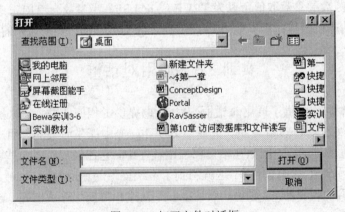

图 3-31 打开文件对话框

第 4 章 访问数据库

数据库是当前计算机应用最广泛的领域之一,几乎每一个商业部门都使用数据来记录信息。应用程序与数据库相连,将大量的数据提交数据库管理,可以获得迅速的数据访问和查询,并能在多用户、多应用程序的情况下获得较高的灵活性。

Visual C++给程序员提供了 4 种不同的访问数据库的方法,分别是:ODBC(Open Database Connectivity)、DAO(Data Access Objects)、OLE DB 和 ActiveX 数据对象 ADO(ActiveX Data Objects)。

在本章将通过实训讲解如何使用 ODBC 接口访问数据库。

ODBC 是开放数据库互连的简称,它是由 Microsoft 公司于 1991 年提出的一个用于访问数据库的统一界面标准,是应用程序和数据库系统之间的中间件。它通过操作平台的驱动程序与应用程序的交互实现对数据库的操作,避免了在应用程序中直接调用与数据库相关的操作,从而使得数据库具有独立性。

ODBC 主要由驱动程序和驱动程序管理器组成。驱动程序是一个用以支持 ODBC 函数调用的模块(在 Windows 下通常是一个 DLL),每个驱动程序对应于相应的数据库,当应用程序从基于一个数据库系统移植到另一个时,只需更改应用程序中由 ODBC 管理程序设定的与相应数据库系统对应的别名即可。驱动程序管理器(包含在 ODBC32.DLL 中)可连接到所有 ODBC 应用程序中,它负责管理应用程序中 ODBC 函数与 DLL 中函数的绑定。

实训 4.1 建立数据库

本例以 Microsoft Access 作为开发工具建立数据库。打开 Microsoft Access,出现如图 4-1 所示的界面,选择"空 Access 数据库"单选按钮,单击"确定"按钮。

图 4-1 Microsoft Access 对话框

弹出如图 4-2 所示的"文件新建数据库"对话框,在"文件名"中输入 db,单击"创建"按钮。

图 4-2 "文件新建数据库"对话框

弹出"database:数据库"对话框,如图 4-3 所示。

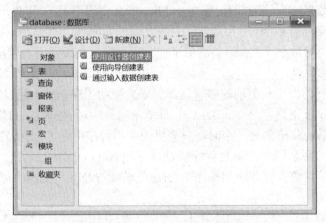

图 4-3 database:数据库对话框

双击"使用设计器创建表",打开表的创建界面,如图 4-4 所示。单击空白处,即可输入字段名称和数据类型。

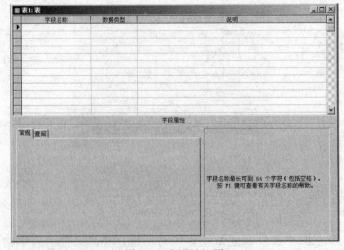

图 4-4 表设计视图

其中字段即表的属性，表中的每一行叫作一个记录，表与表之间通过关键字相关联，一张表中每个记录的唯一标识称为主关键字。

以病历表的建立为例，为了下一步程序设计方便，字段名均取英文名称，并在说明栏中对英文名称的意思略做解释。数据类型表示数据以何种数据结构存储，即元组的各属性值在数据库中是怎么存储的。"文本"表示该字段以字符串的形式存储，"数字"表示该字段以整数、长整型、单精度型、双精度型、字节型或小数形式存储。此外，数据类型还有货币型、时间/日期型、备注型、通用型（OLE 对象）、布尔型及超链接形式，具体请查阅相关文献。字段（属性列）也有自己的属性，比如字段大小（标志该字段所占的最大存储空间）、默认值、有效性文本（指定有效的取值范围、表达式）、是否必填字段、有无索引（用于元组排序）等。这些属性可以在图 4-5 中下部所示的字段属性中设置。

图 4-5　bingli 表的各字段和数据类型

考虑到没有两个检查号是同名的，所以设定检查号为主键，在图中以 number 旁边的小钥匙形状表示。选中字段 number，右击即可选中主键。

保存表的设计视图，弹出如图 4-6 所示的对话框。

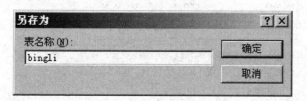

图 4-6　保存表

在建立数据表之后，表中是空的，不含任何记录。在图 4-7 所示窗口中双击该数据表，便可看到包含各个属性字段的空数据表。这时可以直接在表中加入记录。

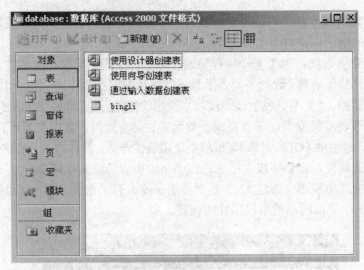

图 4-7 数据表

实训 4.2 连接数据源

数据源是应用程序与数据库系统连接的桥梁，它为 ODBC 应用程序指定运行数据库系统的服务器名称，以及用户的默认连接参数等，所以在开发 ODBC 应用程序时应首先建立数据源。

ODBC 驱动程序可以建立、配置或删除数据源，并查看系统当前所安装的数据驱动程序。

从控制面板的管理工具中双击"数据源（ODBC）"图标，启动 ODBC 驱动程序，其数据源管理器的界面如图 4-8 所示。

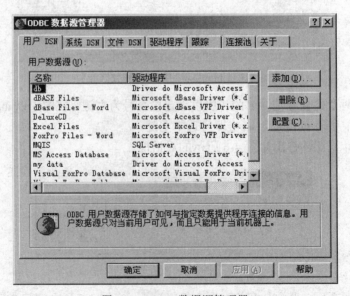

图 4-8 ODBC 数据源管理器

建立数据源，首先要了解系统是否已经安装了所要操作的数据库的驱动程序，从"ODBC

数据源管理器"对话框中选择"驱动程序"标签,如图 4-9 所示,它显示了系统目前所安装的所有数据库驱动程序。

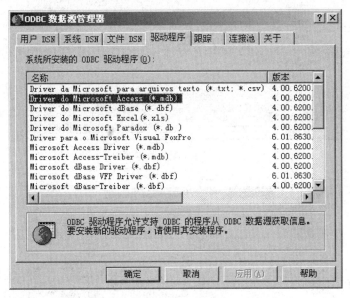

图 4-9　查看系统安装的 ODBC 驱动程序

可以按如下步骤使用数据源管理器建立数据源:

（1）在图 4-8 所示的的"ODBC 数据源管理器"对话框中单击"添加"按钮,打开"创建新数据源"对话框,如图 4-10 所示。

图 4-10　创建新数据源

（2）在所列出的驱动程序中选择正确的驱动程序以后,单击"完成"按钮,进入下一步,如图 4-11 所示。

（3）输入数据源的名字 my data 以及说明文字"病历数据库",单击"选择(S)"按钮,弹出如图 4-12 所示的对话框,在系统中找到要访问的数据库。

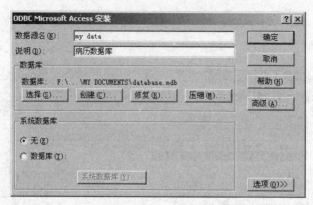

图 4-11　配置数据源

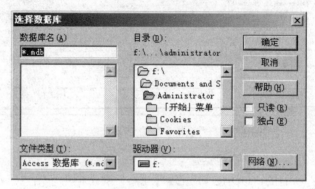

图 4-12　选择数据库

（4）单击"确定"按钮，返回到图 4-11 所示中配置数据源的对话框，再单击"确定"按钮，在"用户 DSN"选项卡中可以看到相应的数据源。关闭数据源管理器，这样便建立了一个新的数据源，ODBC 应用程序可使用它来访问数据库系统。

实训 4.3　建立与数据库相连的记录集

Visual C++的 MFC 类库中集成了许多 ODBC 类。当使用 AppWizard 创建一个数据库应用程序时，在该程序中就已经加入了许多不同的 ODBC 类，例如 CDatabase、CRecordset、CRecordView、CDBException 和 CFieldExchange，其中最重要的三个类是 CDatabase、CRecordset、CRecordView。这些类封装了 ODBC SDK 函数，从而使用户无须了解 SDK 函数就可以很方便地操作支持 ODBC 的数据库。

- CDatabase 类：封装了应用程序与需要访问的数据库之间的连接，控制事务的提交和执行 SQL 语句的方法。
- CRecordset 类：封装了大部分操纵数据库的方法，包括浏览、修改记录，控制游标移动，排序等操作。

CRecordset 类的对象提供了从数据源中提取出的记录集。CRecordset 对象通常用于两种形式：动态行集（dynasets）和快照集（snapshots）。动态行集能与其他用户所做的更改保持同步，快照集则是数据的一个静态视图。每一种形式在记录集被打开时都提供一组记录，所不同的是，当在一个动态行集里滚动到一条记录时,由其他用户或应用程序中的其他记录集对该记录所做的更改会相应地显示出来。

- CRecordView 类:提供了与 CRecordset 对象相连接的视图,可以建立视图中的控件与数据库数据的对应,同时支持移动游标、修改记录等操作。
- CDBException 类:提供了对数据库操作的异常处理,可以获得操作异常的相关返回代码。
- CFieldExchange 类:提供了用户变量与数据库字段之间的数据交换,如果不需要使用自定义类型,将不用直接调用该类的函数,MFCWizard 自动为程序员建立连接。

在创建一个数据库应用程序之前,必须先注册将作为数据源并能通过 ODBC 驱动程序进行访问的数据库。下面就为应用程序加入一个数据记录集类。

打开 Bewa.dsw 文件,在工作区中单击 ClassView 标签,选中 Bewa Classes 项,在 Bewa Classes 项上右击,在弹出的右键菜单中选择 New Class 项,如图 4-13 所示。

图 4-13　建立一个新类

弹出 New Class 对话框,如图 4-14 所示。在对话框中输入新类的名称 CSetdata,并选择基类为 CRecordset。

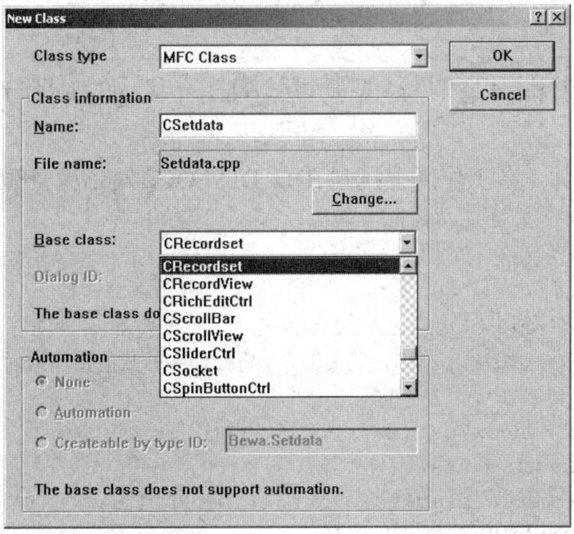

图 4-14　New Class 对话框

单击 OK 按钮，弹出 Database Options 对话框，如图 4-15 所示。

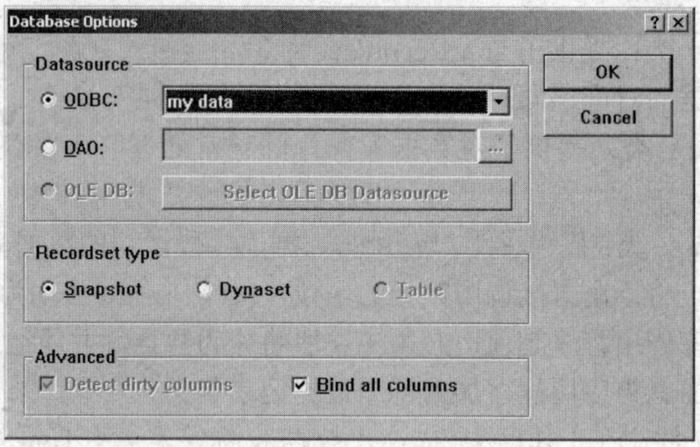

图 4-15 Database Options 对话框

在 Database Options 对话框中，确定使用的数据源类型为 ODBC，然后在下拉列表中选择配置过的数据源 my data，在 Recordset type（记录集类型）组中选择 Snapshot 或 Dynaset 单选按钮。选择数据表如图 4-16 所示。

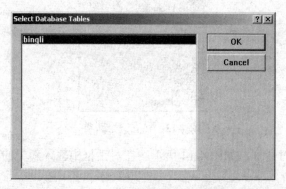

图 4-16 选择数据库中的表

实训 4.4 实现数据访问（添加病历）

打开 Bewa.dsw 文件，在工作区中找到 IDD_DIALOG2 对话框资源，双击"添加"按钮，修改函数代码如下：

```
void CDlgadd::OnOK()
{
// TODO: Add extra validation here
    UpdateData(TRUE);                    //将控件中的数值传递给对话框的成员变量
    CString m_2="",m_1="",m_5="";
    m_Sex.GetWindowText(m_1);     //获得控件被选中的条目
    m_Left.GetWindowText(m_5);
    UINT m_6=GetCheckedRadioButton(IDC_RADIO1,IDC_RADIO2);
    //获得用户选中的单选按钮的 ID 号
    if(m_6==IDC_RADIO1)
```

```cpp
        {
            m_2="住院";
        }
    else
        {
            m_2="门诊";
        }
    bool add=true;
    if((m_age==0)||(m_number.IsEmpty())||(m_1.IsEmpty())
||(m_bl.IsEmpty())||  (m_2.IsEmpty())||(m_5.IsEmpty()))
        //信息没有填写完整
        AfxMessageBox("请填写完整信息");
    else
    {
        CSetdata * pset=new CSetdata();
        pset->Open();                    //打开记录集
        if(pset->GetRecordCount()!=0) //记录集不为空时
        {
            for(int i=0;!pset->IsEOF();i++)
                if(!strcmp(pset->m_number,m_number))
        //检查是不是关键字相同,若相同则显示出错
                {
                    AfxMessageBox("此检查号已存在");
                    add=false;   //置位不需要添加
                }
                pset->MoveNext();   //移动到下一条记录
        }
    }
    if(add)
    {
    //下面将检查号置为6位,如果不足6位则添加零
    int l=strlen(m_number);       //得到检查号位数
        char temp[10];
    switch(l)        //根据检查号位数在检查号前加零
    {
        //确定应该添加几个零
        case 1: strcpy(temp,"00000");break;
         case 2: strcpy(temp,"0000");break;
        case 3: strcpy(temp,"000");break;
        case 4: strcpy(temp,"00");break;
        case 5: strcpy(temp,"0");break;
        default:strcpy(temp,"");
        }
    strcat(temp,m_number);        //将字符串m_number添加到temp后
        m_number=temp;
    filenamesave=temp;
```

```
                pset->AddNew();        //添加新的记录
            pset->m_number=m_number;
            pset->m_name=m_name;
        pset->m_age=m_age;
            pset->m_mode=m_2;
        pset->m_zy=m_5;
            pset->m_sex=m_1;
        pset->m_bl=m_bl;
        pset->m_date=m_date;
        pset->Update();        //更新记录集
        pset->Close();         //关闭记录集
        CDialog::OnOK();
        }
    }
```

在 CDlgadd 的源文件的开头加入:
```
#include "Setdata.h"
```
在 CSetdata 的源文件的开头加入:
```
#include "afxdb.h"
```
在 StdAfx 的源文件的开头加入:
```
#include "afxdb.h"
```
运行程序,添加病历数据,打开数据库的 bingli 表可以看到添加的数据。

实训 4.5 实现数据访问(病历的显示)

实训 4.5.1 实现病历显示

打开 Bewa.dsw 文件,在工作区中找到 IDD_DIALOG3 对话框资源,双击"全部显示"按钮,修改函数名如图 4-17 所示。

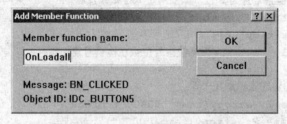

图 4-17 Add Member Function 对话框

```
void CDlgall::OnLoadall()
{
    // TODO: Add your control notification handler code here
    char buffer[256];
    m_List.DeleteAllItems();         //清空所有条目
    if(!pset->IsOpen())
    pset->Open();                    //打开记录集
    LV_ITEM lvi;
```

```
            lvi.mask=LVIF_TEXT;
            lvi.iSubItem=0;
            CString str1;
            pset->MoveFirst();

            for(int i=0;!pset->IsEOF();i++)//插入表项
               {
                  m_List.InsertItem(i,LPCTSTR(pset->m_number),0);
                  m_List.SetItemText(i,1,LPCTSTR(pset->m_name));
                  str1=pset->m_date.Format("%x");
                  m_List.SetItemText(i,2,str1);
                  m_List.SetItemText(i,3,LPCTSTR(pset->m_sex));
                  m_List.SetItemText(i,4,LPCTSTR(
                      ltoa(pset->m_age,buffer,10)));
                  m_List.SetItemText(i,5,LPCTSTR(pset->m_zy));
                  m_List.SetItemText(i,6,LPCTSTR(pset->m_mode));
                  m_List.SetItemText(i,7,LPCTSTR(pset->m_bl));
                  pset->MoveNext();
               }
            SetDlgItemText(IDC_EDIT2,ltoa(pset->
                  GetRecordCount(),buffer,10));//显示总的记录数
            pset->Close();
      }
```

在对话框的初始化函数中调用 OnLoadall()函数：

```
      BOOL CDlgall::OnInitDialog()
      {
            CDialog::OnInitDialog();
            // TODO: Add extra initialization here
            LV_COLUMN lvc;
            char *display[8]={"检查号","姓名","日期","性别","年龄",
                  "左右利","方式","诊断病历"};
            lvc.mask=LVCF_FMT|LVCF_TEXT|LVCF_SUBITEM| LVCF_WIDTH;
            lvc.fmt=LVCFMT_LEFT;
            lvc.cx=80;
            for(int i=0;i<8;i++)              //插入各列
               {
                  lvc.iSubItem=i;
                  lvc.pszText=display[i];
                  m_List.InsertColumn(i,&lvc);
               }
            CDlgall::OnLoadall();             //显示所有记录
      return TRUE;// return TRUE unless you set the focus to a control
                  // EXCEPTION: OCX Property Pages should return FALSE
      }
```

在 CDlgall 的源文件的开头加入：

```
      #include "Setdata.h"
```

在源文件的各种函数实现前加入：
```
CSetdata* pset=new CSetdata();
```

实训 4.5.2　实现病历的排序

在 CDlgall.h 中加入 Sortlist(CString& str)的函数声明：
```
class CDlgall : public CDialog
{
    // Construction
    public:
        CDlgall(CWnd* pParent = NULL);   // standard constructor
        void CDlgall::Sortlist(CString& str);   //函数声明
    ……
}
```

Sortlist()函数的实现如下：
```
void CDlgall::Sortlist(CString& str)
{
    m_List.DeleteAllItems();        //清空所有条目
    pset->m_strSort=str;            //设定排序的字段
    CDlgall::OnLoadall();           //显示所有记录
    return;
}
```

为列表控件的 LVN_COLUMNCLICK 消息添加消息响应函数，如图 4-18 所示。

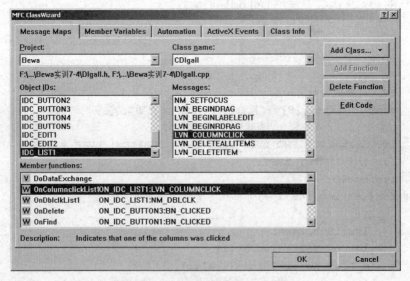

图 4-18　MFC ClassWizard 对话框

其实现代码如下：
```
void CDlgall::OnColumnclickList1(NMHDR* pNMHDR, LRESULT* pResult)
{
    NM_LISTVIEW* pNMListView = (NM_LISTVIEW*)pNMHDR;
    // TODO: Add your control notification handler code here
    //根据列字段排序
```

```
switch(pNMListView->iSubItem)
{
case 0:
Sortlist(CString("number"));
break;
case 1:
    Sortlist(CString("[name]"));
    break;
case 2:
Sortlist(CString("[date]"));
break;
case 3:
Sortlist(CString("[sex]"));
break;
case 4:
Sortlist(CString("[age]"));
break;
case 5:
Sortlist(CString("[zy]"));
break;
case 6:
Sortlist(CString("[mode]"));
break;
case 7:
Sortlist(CString("[bl]"));
break;
}
*pResult = 0;
}
```

OnColumnclickList1()函数调用 Sortlist(CString& str)函数实现数据的排序。运行程序，结果如图 4-19 所示。

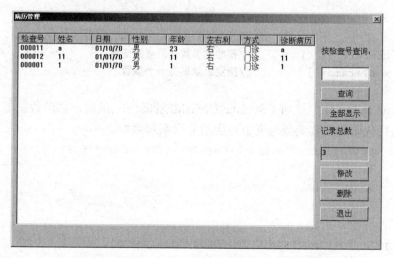

图 4-19　实训 4.5 运行结果

实训 4.6 实现数据访问（数据查询和删除）

实训 4.6.1 参数化记录集

打开 CSetdata.h，添加成员变量 number，这个变量的值将用于打开记录集时过滤记录。

```
class CSetdata : public CRecordset
{
public:
    CSetdata(CDatabase* pDatabase = NULL);
    DECLARE_DYNAMIC(CSetdata)
// Field/Param Data
    //{{AFX_FIELD(CSetdata, CRecordset)
……
    //}}AFX_FIELD
        CString number;                         //声明参数化记录集的变量
IMPLEMENT_DYNAMIC(CSetdata, CRecordset)
……
}
```

打开 CSetdata.cpp 文件，找到 CSetdata 的构造函数，在构造函数中初始化该变量。然后指定这个记录集有几个参数，即给 m_nParams 赋值，如果去掉这个参数，在调用 CRecordSet::Open() 函数时将会收到一个 ASSERT。

```
CSetdata::CSetdata(CDatabase* pdb)
    : CRecordset(pdb)
{
    //{{AFX_FIELD_INIT(CSetdata)
……
    //}}AFX_FIELD_INIT
    m_nDefaultType = snapshot;
    number=_T("");         //初始化参数记录集的变量
    m_nParams=1;           //指定记录集有一个参数
}
```

在 CSetdata.cpp 文件中找到 CSetdata::DoFieldExchange()函数，在函数结尾处添加下面几行代码。这几行代码将参数变量与表中对应的列联系起来。

```
void CSetdata::DoFieldExchange(CFieldExchange* pFX)
{
    //{{AFX_FIELD_MAP(CSetdata)
……
    //}}AFX_FIELD_MAP
    pFX->SetFieldType(CFieldExchange::param);
    RFX_Text(pFX, _T("[]"),number);
}
```

实训 4.6.2　实现数据查询

打开 Bewa.dsw 文件，在工作区中找到 IDD_DIALOG3 对话框资源，双击"查询"按钮，修改函数名如图 4-20 所示。

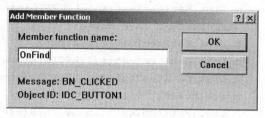

图 4-20　Add Member Function 对话框

编辑函数代码如下：

```
void CDlgall::OnFind()
{
    // TODO: Add your control notification handler code here
    m_List.DeleteAllItems();      //清空列表以显示查询到的记录
    UpdateData(TRUE);             //将控件的值传递给相应变量
    // 对 m_number  进行字符处理，根据检查号位数在检查号前加零
    int  l=strlen(m_number);
    char temp[10];
    switch(l)
       {
            case 1: strcpy(temp,"00000");break;
            case 2: strcpy(temp,"0000");break;
            case 3: strcpy(temp,"000");break;
            case 4: strcpy(temp,"00");break;
            case 5: strcpy(temp,"0");break;
            default:strcpy(temp,"");
       }
    strcat(temp,m_number);
    m_number=temp;
    //查找对应参数的记录
    CSetdata* pset=NULL;
    pset=new CSetdata();
    pset->m_strFilter="number=?";//设定过滤记录集的参数
    pset->Open();
    pset->number=m_number;
    pset->Requery();          //定位到找到的记录
    //在列表控件中显示记录
    CString  str1;
    if(!pset->IsEOF())
      {
      //以下为插入单条记录
            char buffer[256];
```

```
                    LV_ITEM lvi;
                    lvi.mask=LVIF_TEXT;
                    lvi.iSubItem=0;
                    int i=0;
                    m_List.InsertItem(i,LPCTSTR(pset->m_number),0);
                    m_List.SetItemText(i,1,LPCTSTR(pset->m_name));
                    str1=pset->m_date.Format("%x");
                    m_List.SetItemText(i,2,str1);
                    m_List.SetItemText(i,3,LPCTSTR(pset->m_sex));
                    m_List.SetItemText(i,4,LPCTSTR(ltoa(pset->
                    m_age,buffer,10)));
                    m_List.SetItemText(i,5,LPCTSTR(pset->m_zy));
                    m_List.SetItemText(i,6,LPCTSTR(pset->m_mode));
                    m_List.SetItemText(i,7,LPCTSTR(pset->m_bl));
                    pset->Close();
                }
                //若找不到则重新显示所有记录
                else
                {
                    CDlgall::OnLoadall();
                    AfxMessageBox(" 对不起，没有相关记录!");
                }
            }
```

运行程序，结果如图 4-21 所示。

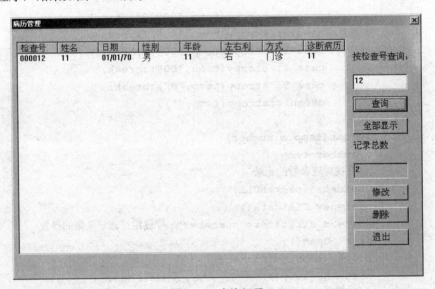

图 4-21　查询记录

实训 4.6.3　删除记录

打开 Bewa.dsw 文件，在工作区中找到 IDD_DIALOG3 对话框资源，双击"删除"按钮，修改函数名，如图 4-22 所示。

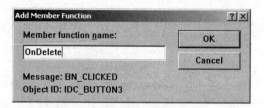

图 4-22　Add Member Function 对话框

编辑函数代码如下：

```
void CDlgall::OnDelete()
{
    // TODO: Add your control notification handler code here
    int i=m_List.GetNextItem(-1,LVNI_SELECTED);
        //得到选中条目的索引号
    CString  str1;
    if(i!=-1)
    str1=m_List.GetItemText(i,0);         //得到选中的条目
        CSetdata* pset=new CSetdata();
        pset->Open();
        pset->m_strFilter="number=?";     //查找该记录
        pset->number=str1;
        pset->Requery();                  //定位到该记录
        if(!pset->IsEOF())
        {
            pset->Delete();               //删除该记录
            pset->MoveNext();             //移动到下一条记录
        }
        else
            AfxMessageBox("找不到");
    pset->Close();
    ::Sleep(1000);                        //等待数据库更新记录
    CDlgall::OnLoadall();
    CString removename="d:\\"+str1;       //删除对应的波形文件
    remove(removename);
}
```

运行程序，单击某个记录，然后单击"删除"按钮，该记录就会被删除。

实训 4.7　实现数据访问（病历修改）

实训 4.7.1　弹出修改记录对话框

打开 Bewa.dsw 文件，在工作区中找到 IDD_DIALOG3 对话框资源，双击"修改"按钮，修改函数名，如图 4-23 所示。

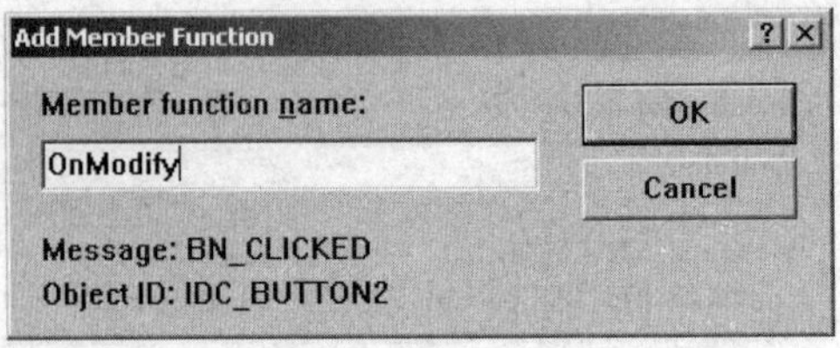

图 4-23　Add Member Function 对话框

编辑函数代码如下：

```
void CDlgall::OnModify()
{
// TODO: Add your control notification handler code here
    int i=m_List.GetNextItem(-1,LVNI_SELECTED);
    if(i!=-1)
    str=m_List.GetItemText(i,0);
    CDlgmodify  dlg;              //创建修改病历对话框的对象
    if(dlg.DoModal()==IDOK)       //单击"确定"按钮即已经修改完成
    {
    ::Sleep(1000);
    CDlgall::OnLoadall();         //重新显示修改过的记录
    }
}
```

在 CDlgall.cpp 的开头加入：

```
#include "Dlgmodify.h"
```

在 CDlgall.cpp 的函数实现之前加入：

```
extern CString  str="";
```
　　//此字符串对象用于传递所要修改记录的检查号

为列表控件的 NM_DBLCLK 消息添加消息响应函数，如图 4-24 所示。

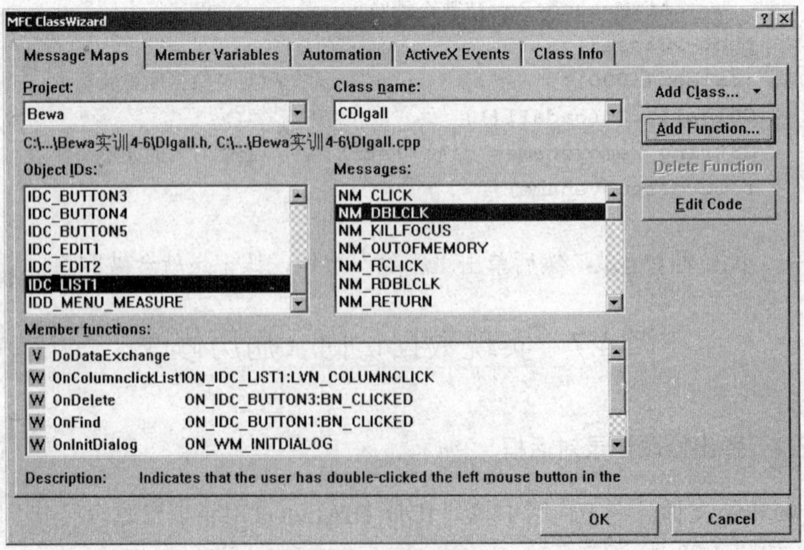

图 4-24　MFC ClassWizard 对话框

添加函数，编辑代码如下：

```
void CDlgall::OnDblclkList1(NMHDR* pNMHDR, LRESULT* pResult)
{
// TODO: Add your control notification handler code here
    CDlgall::OnModify();   //双击某条记录则表示要修改记录
*pResult = 0;
}
```

实训 4.7.2　修改记录

打开 Bewa.dsw 文件，在工作区中找到 IDD_DIALOG4 对话框资源，打开 MFC ClassWizard 对话框，如图 4-25 所示，重载 OnInitDialog()函数。

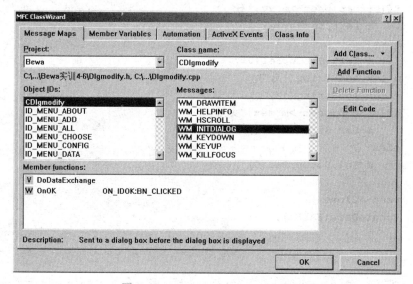

图 4-25　MFC ClassWizard 对话框

```
BOOL CDlgmodify::OnInitDialog()
{
    CDialog::OnInitDialog();
    // TODO: Add extra initialization here
    m_Left.AddString("左");   //向组合框中添加字符串条目
    m_Left.AddString("右");
    CSetdata* pset=new CSetdata();
    m_Left.AddString("左");   //向组合框中添加字符串条目
    m_Left.AddString("右");
    CSetdata* pset=new CSetdata();
    pset->Open();
    pset->m_strFilter="number=?";
    pset->number=str;
    pset->Requery();
    //定位到要修改的记录
    //显示要修改记录的原记录信息
    if(!pset->IsEOF())
```

```
        {
        m_name=pset->m_name;
        m_number=pset->m_number;
        m_age=pset->m_age;
        m_bl=pset->m_bl;
        m_date=pset->m_date;
        //根据数据库的数据决定应该选中哪个单选按钮
        if(strcmp(pset->m_bl,"门诊"))
            ((CButton*)GetDlgItem(IDC_RADIO2))->SetCheck(1);
        else
            ((CButton*)GetDlgItem(IDC_RADIO1))->SetCheck(1);
        //根据数据库的数据决定应该选中组合框的哪个条目
        if(strcmp(pset->m_zy,"右"))
            m_Left.SetCurSel(1);
        else
            m_Left.SetCurSel(0);
        m_Sex.AddString("男");
        m_Sex.AddString("女");
        if(strcmp(pset->m_sex,"男"))
            m_Sex.SetCurSel(1);
        else
            m_Sex.SetCurSel(0);
        }
        pset->Close();
        UpdateData(FALSE);
    return TRUE; // return TRUE unless you set the focus to a control
                // EXCEPTION: OCX Property Pages should return FALSE
    }
```

在工作区中找到 IDD_DIALOG4 对话框资源,双击"确认"按钮,接受系统默认的函数名,修改函数代码如下:

```
    void CDlgmodify::OnOK()
    {
        // TODO: Add extra validation here
            //得到修改以后的信息
            UpdateData(TRUE);
            CString m_2="",m_1="",m_5="";
            m_Sex.GetWindowText(m_1);
            m_Left.GetWindowText(m_5);
            UINTm_6=GetCheckedRadioButton(IDC_RADIO1,IDC_RADIO2);
            if(m_6==IDC_RADIO1)
              {
                m_2="住院";
              }
            else
              {
                m_2="门诊";
```

```
        }
    if((m_age==0)||(m_1.IsEmpty())||(m_bl.IsEmpty())||
       (m_2.IsEmpty())||(m_5.IsEmpty()))
            AfxMessageBox("请填写完整信息");
    else
      {
          //将修改后的信息存入数据库
            CSetdata* pset=new CSetdata();
            pset->Open();
            pset->m_strFilter="number=?";
            pset->number=str;
            pset->Requery();
            pset->Edit();              //编辑该记录
            pset->m_name=m_name;
            pset->m_number=m_number;
            pset->m_age=m_age;
            pset->m_mode=m_2;
            pset->m_zy=m_5;
            pset->m_sex=m_1;
            pset->m_bl=m_bl;
            pset->m_date=m_date;
            pset->Update();            //更新记录集
            pset->Close();
            CDialog::OnOK();
       }
}
```

在 CDlgmodify.cpp 的开头加入：

```
#include "CSetdata.h"
```

在 CDlgmodify.cpp 的变量声明处加入：

```
extern CString  str;                //此变量指 CDlgall 中的 str 变量
```

运行程序，选择"病历管理"子菜单，选择某条记录，单击"修改"按钮或是双击某条记录，便会弹出病历资料对话框以供修改，修改完成后会在列表控件中看到修改的结果。

第 5 章 绘图与多线程应用

实训 5.1 数据采集对话框

实训 5.1.1 加入数据采集对话框

打开 Bewa.dsw 文件，在工作区中单击 Resource View 标签，展开 Bewa resources 项，再选中 Dialog 项，在 Dialog 项上右击，在弹出的右键菜单中选择 Insert Dialog 项，添加对话框资源 IDD_DIALOG5。修改对话框资源的属性，如图 5-1 所示。

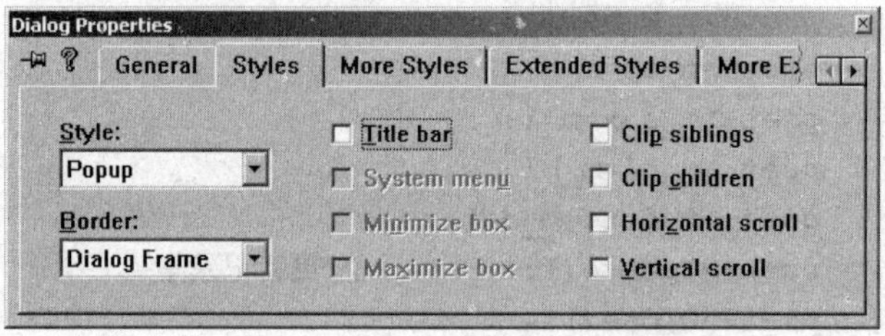

图 5-1 Dialog Properties 对话框

添加控件的属性如表 5-1 所示。

表 5-1 对话框资源 IDD_DIALOG5 的各控件和属性

控件类型	资源 ID	标题	其他属性
按钮控件	IDC_BEGIN	开始	默认属性
	IDC_STOP	停止	
	IDC_SAVE	保存	
	IDC_EXIT	退出	
静态控件	IDC_STATIC1	数据采集窗口（如需退出，先单击"停止"按钮，再单击"退出"按钮）	

按图 5-2 所示添加各控件。

为新的对话框资源增加相应的类 CDlgget，并为菜单"数据采集"添加消息响应函数，如图 5-3 所示。

```
void CBewaDlg::OnMenuGet()
{
    // TODO: Add your command handler code here
    CDlgget dlg;
    dlg.DoModal();
}
```

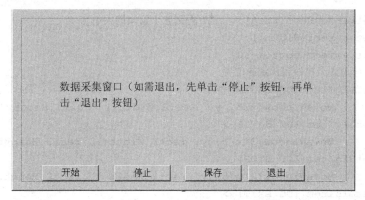

图 5-2　数据采集窗口

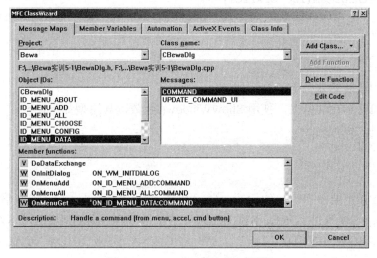

图 5-3　MFC ClassWizard 对话框

实训 5.1.2　改变对话框控件的布局

在 CBewaDlg.cpp 开头处加入：

```
#include Dlgget.h
```

重载 OnInitDialog() 以控制各控件在对话框中的布局：

```
BOOL CDlgget::OnInitDialog()
{
    CDialog::OnInitDialog();
    // TODO: Add extra initialization here
    ShowWindow(3);          //最大化窗口
    CRect rect,rect1,rect2,rect3,rect4,rect5;
    //得到各个控件本来的大小
    GetDlgItem(IDC_BEGIN)->GetWindowRect(rect1);
    GetDlgItem(IDC_STOP)->GetWindowRect(rect2);
    GetDlgItem(IDC_SAVE)->GetWindowRect(rect3);
    GetDlgItem(IDC_EXIT)->GetWindowRect(rect4);
    GetDlgItem(IDC_STATIC1)->GetWindowRect(rect5);
```

```
            GetWindowRect(rect);      //得到整个窗口的大小
            int x=rect.Width();
            int y=rect.bottom-50;
            //移动各个控件到预定的位置
            GetDlgItem(IDC_BEGIN)->
                    MoveWindow(x/5, y,  rect1.Width(), rect1.Height());
            GetDlgItem(IDC_SAVE)->
                    MoveWindow(3*x/5, y, rect3.Width(), rect3.Height());
            GetDlgItem(IDC_STOP)->
                    MoveWindow(2*x/5, y, rect2.Width(), rect2.Height());
            GetDlgItem(IDC_EXIT)->
                    MoveWindow(4*x/5, y, rect4.Width(), rect4.Height());
            GetDlgItem(IDC_STATIC1)->
                    MoveWindow(10, 10, rect5.Width(), rect5.Height());
    return TRUE;   // return TRUE unless you set the focus to a control
                   // EXCEPTION: OCX Property Pages should return FALSE
    }
```

上述代码中涉及的几个函数介绍如下：

- 把窗口显示在屏幕上，使用 ShowWindow()函数，其原型如下：
```
BOOL ShowWindow(
    HWND hWnd,
    int nCmdShow
);
```
参数 hWnd 指定要显示窗口的句柄，nCmdShow 表示窗口的显示方式，取值为：SW_HIDE、SW_MINIMIZE、SW_RESTORE、SW_SHOW、SW_SHOWMAXIMIZED、SW_SHOWMINIMIZED、SW_SHOWMINNOACTIVE、SW_SHOWNA、SW_SHOWNOACTIVATE、SW_SHOWNORMAL。

- 由于 ShowWindow()函数的执行优先级不高，所以当系统正忙着执行其他的任务时，窗口不会立即显示出来，此时调用 UpdateWindow()函数可以立即显示窗口。其函数原型如下：
```
BOOL UpdateWindow( HWND hWnd );
```

- CWnd* GetDlgItem(int nID)const;
  此函数用于得到对应 ID 控件的窗口指针。

- GetWindowRect 函数的原型为：
```
BOOL GetWindowRect (
    HWND hWnd,
    LPRECT lpRect
);
```
该函数返回窗口边框矩形的尺寸，这个尺寸是相对于屏幕左上角的屏幕坐标给出的。参数代表窗口句柄，是指向一个结构的指针，该结构接收窗口的左上角和右下角的屏幕坐标。如果函数成功，返回值为零。

- MoveWindow()的函数原型如下：
```
void MoveWindow( int x, int y, int nWidth, int nHeight,
```

```
                BOOL bRepaint = TRUE );
    void MoveWindow( LPRECT lpRect, BOOL bRepaint = TRUE );
```
参数主要用于表示窗口需要移动到的坐标和窗口的大小。

打开 IDD_DIALOG5 对话框资源，双击"退出"按钮，接受系统默认的函数名，编辑函数代码如下：

```
void CDlgget::OnExit()
{
    // TODO: Add your control notification handler code here
    CDialog::OnCancel();    //调用对话框的OnCancel()函数，退出对话框
}
```

运行程序，运行结果如图 5-4 所示。

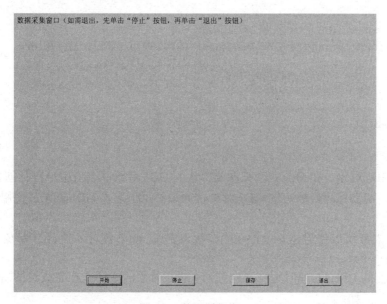

图 5-4　数据采集窗口

实训 5.2　绘图

在应用程序中经常需要在窗口中显示一些图形数据，因此，图形功能在所有的 Windows 程序中具有重要的地位。而由于 Windows 是一个与设备无关的操作系统，不允许直接访问硬件，如果用户想将文本和图形绘制到显示器或其他某个设备，必须通过"设备环境"这个抽象层与硬件进行通信。Windows 应用程序必须利用设备环境（Device Context，DC），才能完成在某一设备中的图形绘制工作。

实训 5.2.1　绘图基础

（1）CClientDC：CClientDC 对象封装了窗口客户区的设备环境。在 CClientDC 的构造函数中调用了 Windows 的 GetDC()函数，在析构函数中调用了 ReleaseDC()函数。CClientDC 对象总是和某个单独的主框架窗口的"子窗口"相关联，通常该子窗口还具有工具栏、状态栏和

滑动条，作为视图的用户区域，它当然并不包括主窗口用户区域的其他部分。如果窗口含有工具栏，那么点(0,0)就是指工具栏下边界最左边的点。

（2）GDI：MFC 将 Windows 中的 GDI 转化为 C++形式的类。CGdiObject 类是基类，提供了许多派生类管理，如位图、区域、画刷、画笔、调色板和字体等。不必直接创建 CGdiObject 对象就可以从派生类中创建一个对象。

类库中的每一个 GDI 对象都有相对应的构造函数，必须使用相应的构造函数来建立。例如，对 CPen 类，使用 CreatePen()函数。

在 DC 中使用 GDI 对象的步骤是：

1）定义 GDI 对象。如：

```
CPen myPen((PS_DOT,5,RGB(0,0,0));
```

或：

```
CPen myPen1;              //先构造
if(myPen1.CreatePen(PS_DOT,5,RGB(0,0,0)))   //后进行初始化
{
……                       //可以开始使用
}
else                     //构造不成功
{
……
}
```

2）选入 GDI 对象。在 DC 中已有系统默认的 GDI 对象，在将用户自行创建的 GDI 对象选入 DC 中时一定要保管好原有的 GDI 对象。如果不重新选入 GDI 对象，使用的就是系统默认对象。

选入 GDI 对象可以使用 SelectObject()函数来完成。此函数对各种 GDI 对象都有重载。如：

```
CPen * SelectObject(CPen * pPen);
```

在选入当前的 CPen 对象时返回指向原有 CPen 对象的指针。在完成绘图后需要使用此指针恢复原有对象。如：

```
CPen * pOldPen=SelectObject(myPen);
//进行绘图
SelectObject(pOldPen);
```

3）删除 GDI 对象。如果要重复使用一个 GDI 对象，则可以在每次使用时将其选入。但在最终完成后，一定要确保此对象被删除。在离开有效范围时，框架创建的 GDI 对象会被自动删除。

在使用 GDI 时，如果在一个函数体内或没有进入 Windows 消息循环之前，可以放心使用。使用 GetSafeHdc()函数将其转化为 Windows 句柄也是可行的。因为 Windows 句柄是唯一可以长期存在的 GDI 标识。可以使用 FromHandle()函数得到对象的指针。

如果不再使用某一对象可以调用 CGdiObject::DeleteObject 成员函数将其删除。已经选入 DC 中的对象将不能进行删除操作。

（3）常用绘图函数：绘图函数接收逻辑坐标作为参数。默认值采用 MM_TEXT 映射。

1）画线。

MoveTo()：开始画线、弧和多边形时，把光标移动到一个初始位置。

LineTo()：画一条从初始位置到另一个点的直线。

2）绘制文本。

TextOut()：在一个指定的位置输出一个字符串。

实训 5.2.2　绘制文本

在 CDlgget.cpp 文件的各种函数实现前加入如下代码：

```
int m=0;
CDlgget* p;
void CDlgget::Online( int i )
BOOL stop=false;
extern long n=0;
```

在初始化函数中加入如下代码：

```
BOOL CDlgget::OnInitDialog()
{
    CDialog::OnInitDialog();
    // TODO: Add extra initialization here
    ……
    GetDlgItem(IDC_STATIC1)->MoveWindow(10, 10,
       rect5.Width(), rect5.Height());
    CClientDC dc(this);                    //创建客户区设备环境
    dc.SetBkColor(RGB(255,0,0));           //设定对话框的背景颜色
    int i;
    GetClientRect(rect);                   //得到整个客户区的大小
    m=rect.Height()/12;
    for(i=0;i<11;i++)
       dc.TextOut(1,(I+1)*m,line[i]);     //显示数字
    return TRUE;  // return TRUE unless you set the focus to a control
                  // EXCEPTION: OCX Property Pages should return FALSE
}
```

运行结果如图 5-5 所示。

图 5-5　数据采集窗口

实训 5.2.3 画线

在 CDlgget.h 文件的各种函数声明处加入：

```
void CDlgget::Online( int i );        //该函数用来产生随机的采样曲线
```

在 CDlgget.h 文件中添加以下代码：

```
void CDlgget::Online( int i )
{
    int k=m*i;
    int x=0,y=0;
    char buffer[34];
    CClientDC dc(this);                //创建虚拟设备环境
    CPen MyNewPen,MyNewPen1;           //创建画笔对象
    CPen* pOriginalPen=dc.GetCurrentPen();   //保存原有画笔
    MyNewPen.CreatePen(PS_SOLID,1,RGB(255,0,0));
        //创建一个实际的画笔对象
    dc.SelectObject(&MyNewPen);
        //选中新建的画笔对象
    dc.MoveTo(24,k);                   //移动画笔到点(24,k)
    unsigned  int q=i*1000;
    ::srand(q);                        //设定产生随机数的种子
    for(x=24;x<1024;x=x+2)
    {
      if(!stop)
      {
        ::Sleep(10);
        y=m*i+rand()%20;               //产生随机数
        dc.LineTo(x,y);
        n++;
      }
    }
    CString str=ltoa(n,buffer,10);     //整型变量转化为字符串
    AfxMessageBox(str);
    dc.SelectObject(pOriginalPen);     //恢复旧画笔
    MyNewPen.DeleteObject();           //删除不用的画笔对象
}
```

代码分析如下：

（1）ltoa()：把长整型数据转换为字符串的函数。其函数原型如下：

```
char *ltoa(long value,char *string,int radix)
```

1) 功能：把 value 的值转换为以 NULL 结束的字符串，并把结果存在 string 中。radix 是转换的基数值，大小在 2~36 之间。分配给 string 的空间必须可容纳返回的所有字节（最多 33 字节）。

2) 返回值：指向 string 的指针。

（2）void srand(unsigned int seed)：设定随机种子。

（3）int rand(void)：随机产生一数值。

打开 IDD_DIALOG5 对话框资源，双击"开始"按钮，接受系统默认的函数名，编辑函数代码如下：

```
void CDlgget::OnBegin()
{
    // TODO: Add your control notification handler code here
    p->Online(1) ;          //调用画线函数在屏幕上画线
}
```

在 CDlgget.cpp 文件的各种函数实现前加入：

BOOL stop=false;
long   n;

打开 IDD_DIALOG5 对话框资源，双击"停止"按钮，接受系统默认的函数名，编辑函数代码如下：

```
void CDlgget::OnStop()
{
    // TODO: Add your control notification handler code here
    stop=true;          //置停止标志为 TRUE
}
```

运行程序，在图 5-6 中单击"开始"按钮。

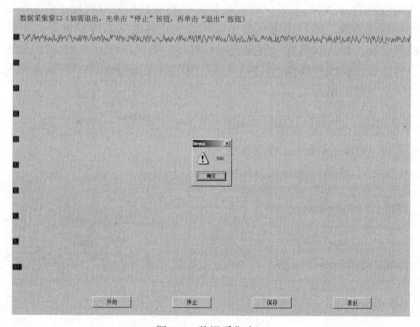

图 5-6　数据采集窗口

实训 5.3　实现数据采集

实训 5.3.1　多线程基础

在 Win32 API 的基础之上，MFC 提供了处理线程的类和函数。MFC 对多线程进行一种简单的封装，其中每个线程都是从 CWinThread 类继承而来的。每一个应用程序的执行都有一个主线程，主线程也是从 CWinThread 类继承而来的。可以利用 CWinThread 对象创建应用程序执行的其他线程。处理线程的类是 CWinThread，它的成员变量 m_hThread 和 m_hThreadID 是对应的 Win32 线程句柄和线程 ID。MFC 多线程编程中经常用到的几个全局函数是 AfxBeginThread() 和 AfxEndThread()等。

MFC 明确区分两种线程：用户界面线程（User Interface Thread）和工作者线程（Worker Thread）。用户界面线程一般用于处理用户输入并对用户产生的事件和消息做出应答。工作者线程用于完成不要求用户输入的任务，如实时数据采集、耗时计算等。

Win32 API 并不区分线程类型，它只需要知道线程的开始地址以便开始执行线程。MFC 为用户界面线程特别地提供消息泵来处理用户界面的事件。CWinApp 对象是用户界面线程对象的一个例子，CWinApp 从类 CWinThread 派生并处理用户产生的事件和消息。

工作线程经常用来完成一些后台工作，如计算和打印等，这样用户就不必为计算机从事繁杂而耗时的工作而等待。

要创建工作线程，程序员不必从 CWinThread 派生新的线程类，只需要提供一个控制函数，由线程启动后执行该函数。然后，使用 AfxBeginThread 创建 MFC 线程对象和 Win32 线程对象。如果创建线程时没有指定 CREATE_SUSPENDED（创建后挂起），则创建的新线程开始执行。需要向 AfxBeginThread()函数提供线程函数的起始地址和传给线程函数的参数。

可以对线程的优先级、线程的堆栈大小、线程创建时的状态进行设置。如果需要对线程的属性进行精细设置，那么就需要在创建的时候将其初始状态设为 CREATE_SUSPENDED，然后调用相应的函数设置线程属性，最后启动线程执行。在整个过程中任何一步出现问题，函数都会正确释放已分配的资源。

线程函数的格式如下：

```
UNIT 函数名(LPVOID pParam)
```

工作者线程的 AfxBeginThread 的原型如下：

```
CWinThread* AFXAPI AfxBeginThread(
    AFX_THREADPROC pfnThreadProc,
    LPVOID pParam,
    int nPriority,
    UINT nStackSize,
    DWORD dwCreateFlags,
    LPSECURITY_ATTRIBUTES lpSecurityAttrs
)
```

其中：

参数 1 指定控制函数的地址。

参数 2 指定传递给控制函数的参数。

参数 3、4、5、6 分别指定线程的优先级、堆栈大小、创建标识、安全属性，含义同用户界面线程。

在创建一个新的线程时，不必直接创建线程对象，因为线程对象是由全局函数 AfxBeginThread()自动产生的。只要定义一个 CWinThread 类指针，然后调用全局函数来产生一个新的线程对象，并调用线程类的 API 函数 CreateThread()来具体创建线程，最后将新的线程对象的指针返回,并将其保存在 CWinThread 成员变量中,以便能够进一步控制线程。

实训 5.3.2 实现线程函数

在 CDlgget.cpp 文件中加入创建线程函数的代码如下:

```
//以下为用于同时产生采样曲线的线程函数
UINT Pen1(LPVOID param)
{
p->Online(1);    //调用画线函数在特定位置画线,参数将决定画线的起始位置
    return 0;    //返回值为无符号整数
}
UINT Pen2(LPVOID param)
{
    p->Online(2);
    return 0;
}
UINT Pen3(LPVOID param)
{
    p->Online(3);
    return 0;
}
UINT Pen4(LPVOID param)
{
    p->Online(4);
    return 0;
}
UINT Pen5(LPVOID param)
{
    p->Online(5);
    return 0;
}
UINT Pen6(LPVOID param)
{
    p->Online(6);
    return 0;
}
UINT Pen7(LPVOID param)
{
    p->Online(7);
    return 0;
}
UINT Pen8(LPVOID param)
{
    p->Online(8);
```

```
        return 0;
    }
    UINT Pen9(LPVOID param)
    {
        p->Online(9);
        return 0;
    }
    UINT Pen10(LPVOID param)
    {
        p->Online(10);
        return 0;
    }
```

修改 Online(int i)函数代码如下：

```
    void CDlgget::Online( int i )
    {
        //线程函数与上节的画线函数基本相同
        int k=m*i;
        int x=0,y=0;
        CClientDC dc(this);
        CPen MyNewPen,MyNewPen1;
        CPen* pOriginalPen=dc.GetCurrentPen();
        MyNewPen.CreatePen(PS_SOLID,1,RGB(255,0,0));
        MyNewPen1.CreatePen(PS_SOLID,1,RGB(220,220,220));
        dc.SelectObject(&MyNewPen);
        dc.MoveTo(24,k);
        unsigned int q=i*1000;
        ::srand(q);
        for(x=24;x<1024;x=x+2)
        {
            if(!stop)           //判断是否需要停止画线
            {
                if(n>5000)      //画到屏幕最右端时共产生5000个点
                {
                    //在显示新画的线时需要擦除以前的线
                    dc.SelectObject(&MyNewPen1);
                    //覆盖以前的线即可
                    dc.Rectangle(x,m,x+2,11*m);
                    dc.SelectObject(&MyNewPen);
                }
                ::Sleep(10);
                y=k+rand()%20;
```

```
                dc.LineTo(x,y);
                n++;
                if(x==1022)
                {
                    //如果到了屏幕最右端则从左边重新开始
                    x=24;
                    dc.MoveTo(24,k);
                }
            }
    }
        dc.SelectObject(pOriginalPen);
        MyNewPen.DeleteObject();
        MyNewPen1.DeleteObject();
    }
```

实训 5.3.3 启动线程执行

修改 OnBegin()函数代码如下：

```
    void CDlgget::OnBegin()
    {
    // TODO: Add your control notification handler code here
        //启动画线的 10 个工作线程
        AfxBeginThread(Pen1,THREAD_PRIORITY_NORMAL);
        AfxBeginThread(Pen2,THREAD_PRIORITY_NORMAL);
        AfxBeginThread(Pen3,THREAD_PRIORITY_NORMAL);
        AfxBeginThread(Pen4,THREAD_PRIORITY_NORMAL);
        AfxBeginThread(Pen5,THREAD_PRIORITY_NORMAL);

        AfxBeginThread(Pen6,THREAD_PRIORITY_NORMAL);
        AfxBeginThread(Pen7,THREAD_PRIORITY_NORMAL);
        AfxBeginThread(Pen8,THREAD_PRIORITY_NORMAL);
        AfxBeginThread(Pen9,THREAD_PRIORITY_NORMAL);
        AfxBeginThread(Pen10,THREAD_PRIORITY_NORMAL);
    }
```

修改 OnStop()函数代码如下：

```
    void CDlgget::OnStop()
    {
    // TODO: Add your control notification handler code here
        stop=true;
    }
```

运行程序，结果如图 5-7 所示。

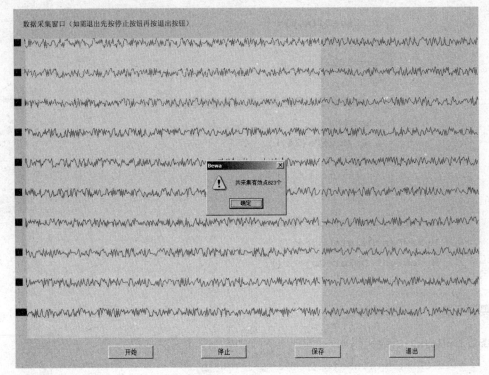

图 5-7　实现数据采集

第 6 章　文件的读写

在编写应用程序时，可以使用标准的 C 或 C++语言中的文件操作函数：

（1）int fopen(string filename, string mode)函数。用来打开本地或者远端的文件。若参数 filename 为"http://......"，则函数利用 HTTP 1.0 协议与服务器连接，文件指针指到服务器返回文件的起始处。此外，函数可以用来打开本地的文件，文件的指针则指向打开的文件。若打开文件失败，则返回 false 值。

字符串参数 mode 可以是下列取值之一：
- r：打开文件方式为只读，文件指针指到开始处。
- r+：打开文件方式为可读写，文件指针指到开始处。
- w：打开文件方式为写入，文件指针指到开始处，并将原文件的长度设为 0。若文件不存在，则建立新文件。
- w+：打开文件方式为可读写，文件指针指到开始处，并将原文件的长度设为 0。若文件不存在，则建立新文件。
- a：打开文件方式为写入，文件指针指到文件最后。若文件不存在，则建立新文件。
- a+：打开文件方式为可读写，文件指针指到文件最后。若文件不存在，则建立新文件。
- b：若操作的文件是二进制文件而非文本文件，则可以用此参数。

在操作二进制文件时如果没有指定"b"标记，可能会碰到一些特殊的问题，包括毁坏的图片文件以及关于 \r\n 字符的某些问题。

以移植性作为考虑，一般在用 fopen()打开文件时总是使用"b"标记。例如：
```
fp=fopen("d:\\aa.txt", "r");
```
上述语句表示要打开 D 盘根目录下 aa.txt 文件来读取数据。fopen()函数带回指向 aa.txt 文件的指针并赋给 fp，这样 fp 就和 aa.txt 相联系，或者说，fp 指向 aa.txt 文件了。可以看出，在打开一个文件时，编译系统会获得以下 3 条信息：
- 需要打开的文件名，也就是准备访问的文件的名字。
- 使用文件的方式（读还是写等）。
- 让哪一个指针变量指向被打开的文件。

（2）int fseek(int fp, int offset, [, int whence])函数。移动文件指针。函数将文件 fp 的指针移到新位置，新位置是从文件头开始以字节数度量，以 whence 指定的位置加上 offset。成功返回 0；失败则返回-1。

例如：
```
fseek(fp,100L,0);      //将位置指针移到离文件头 100 个字节处
fseek(fp,50L,1);       //将位置指针移到离当前位置 50 个字节处
fseek(fp,-10L,2);      //将位置指针从文件末尾处向后退 10 个字节
```

（3）int rewind(int fp)函数。重置文档的读写位置指针。函数重置文件的读写位置指针到文件的开头处，发生错误则返回 0。文件 fp 必须是有效且用 fopen()打开的文件。

例如：有一个磁盘文件，第一次将它的内容显示在屏幕上，第二次把它复制到文件上。

```
FILE *fp1,*fp2;
fp1 = fopen("file1.c","r");
fp2 = fopen("file2.c","w");
while(!feof(fp1)) putchar(getc(fp1));
rewind(fp1);
while(!feof(p1)) putc(getc(fp1),fp2);
fclose(fp1);
fclose(fp2);
```

（4）fread()函数和 fwrite()函数。用来读写一个数据块，一般用于二进制文件的输入和输出。

```
fread(buffer,size,count,fp);
fwrite(buffer,size,count,fp);
```

- buffer：是一个指针，对 fread 来说，它是读入数据的存放地址；对 fwrite 来说，是要输出数据的地址。
- size：要读写的字节数。
- count：要读写多少个 size 字节的数据项。
- fp：文件型指针。

例 6-1：把一个实数写到磁盘文件中去。

```
f=35.678;
fread(&f,sizeof(f), 1,fp);
```

例 6-2：设有结构体：

```
struct student_type
{ char name[10];
  int num;
  int age;
  char addr[40];
} stud[40];
```

有 40 个学生的数据，按上面的结构存入磁盘文件中，

```
for(i=0;i<40;i++)
    fread(&stud[i],sizeof(struct student_type), 1, fp);
```

这些函数可以实现文件的创建和读写，但如果编写的应用程序需要完成更为复杂的任务时，就需要使用 Windows 提供的一系列访问和管理磁盘文件的函数。在 Visual C++中的运行库中有一系列低层次的文件操作函数。

实训 6.1 保存波形

在 CDlgadd.cpp 的函数实现之前加入：

```
extern CString filenamesave="";
```

修改函数 OnOK()如下：

```
void CDlgadd::OnOK()
{
    ……
```

```
        filenumsave=temp;           //此变量为保存的波形文件名
    }
```
在 CDlgadd.h 的变量声明中加入：
```
extern CString filenumsave;
```
打开 IDD_DIALOG5 对话框资源，双击"保存"按钮，接受系统默认的函数名，如图 6-1 所示。

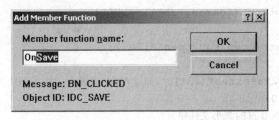

图 6-1 Add Member Function 对话框

编辑函数代码如下：
```
void CDlgget::OnSave()
{
    // TODO: Add your control notification handler code here
    int s=n/10-10;          //最后 10 个点无效
    char buffer[34];
    CString str1=ltoa(s,buffer,10);
    //显示采集的有效点数
    AfxMessageBox("共采集有效点"+str1+"个");
    FILE *fpc,*fp;
    CString str="d:\\"+filenamesave;      //保存的波形文件在 D 盘
    if((fp=fopen(str,"wb+"))==NULL)       //打开波形文件
    {
       printf("can not open file");
    }
    int point[2];
    point[0]=s;
    fwrite(&point[0],sizeof(int),1,fp);   //把每条曲线的点数保存在开头
    CString  name;
    //依次保存采样曲线，采样曲线本来保存在 C 盘的 10 个文件中，因此需要将
    //10 个文件按顺序拷贝为一个文件
    for(int i=1;i<11;i++)
    {
        //依次打开 10 个文件
    switch(i)
        {
    case(1):name="1";break;
    case(2):name="2";break;
    case(3):name="3";break;
    case(4):name="4";break;
    case(5):name="5";break;
```

```cpp
        case(6):name="6";break;
        case(7):name="7";break;
        case(8):name="8";break;
        case(9):name="9";break;
        case(10):name="10";break;
        }
        CString fnames="c:\\"+name;
        if((fpc=fopen(fnames,"rb"))==NULL)
        {
            printf("can not open file");
        }
        long  k=2*s*sizeof(int);      //这个变量表示每条曲线的字节数
        long  t=0;
        //顺序写入D盘的波形文件中
        while(t<k)
        {
            //每次读出和写入一个字节
            fread(&point[0],sizeof(int),1,fpc);
            fwrite(&point[0],sizeof(int),1,fp);
            t=ftell(fpc);             //得到文件指针的当前位置
        }
        fclose(fpc);                  //不要忘记关闭文件
    }
    fclose(fp);
    open=true;
    AfxMessageBox("保存完毕!");
    Cdialog::OnOK();
}
void CDlgget::Online( int i )
{
    //画线函数通过参数确定要写入哪个临时文件以及从哪个点开始画线
    CString  name;
    int point[2];
    switch(i)
    {
        case(1):name="1";break;
        case(2):name="2";break;
        case(3):name="3";break;
        case(4):name="4";break;
        case(5):name="5";break;
        case(6):name="6";break;
        case(7):name="7";break;
        case(8):name="8";break;
        case(9):name="9";break;
        case(10):name="10";break;
    }
```

```
        CString fnames="c:\\"+name;
        FILE *fp;
        if((fp=fopen(fnames,"wb+"))==NULL)  //打开C盘的临时文件
        {
           printf("can not open file");
        }
        int k=m*i;
        int x=0,y=0;
        //创建设备环境对象和各种画笔对象
        CClientDC dc(this);
        CPen MyNewPen,MyNewPen1;
        CPen* pOriginalPen=dc.GetCurrentPen();
        MyNewPen.CreatePen(PS_SOLID,1,RGB(255,0,0));
        MyNewPen1.CreatePen(PS_SOLID,1,RGB(220,220,220));
        dc.SelectObject(&MyNewPen);
        dc.MoveTo(24,k);
        unsigned  int q=i*1000;
        ::srand(q);
        for(x=24;x<1024;x=x+2)
        {
if(!stop)
           {
            if(n>5000)
              {
               //在显示新画的线时需要擦除以前的线
                 dc.SelectObject(&MyNewPen1);
                 dc.Rectangle(x,(m*i-32),x+2,(m*i+32));
                 dc.SelectObject(&MyNewPen);
              }
        ::Sleep(10);
        y=k+rand()%10;
        dc.LineTo(x,y);
        point[0]=x;
        point[1]=y;
        //产生一个点则写入文件，一个点有纵坐标和横坐标两个值
        fwrite(&point[0],sizeof(int),1,fp);
        fwrite(&point[1],sizeof(int),1,fp);
        n++;
        if(x==1022)
              {
           x=24;
           dc.MoveTo(24,k);
              }
        }
        }
        dc.SelectObject(pOriginalPen);
```

```
    MyNewPen.DeleteObject();
    MyNewPen1.DeleteObject();
    fclose(fp);              //不要忘记关闭文件
}
```

实训 6.2　打开波形

实训 6.2.1　加入"波形选段"对话框

打开 Bewa.dsw 文件,在工作区中单击 Resource View 标签,展开 Bewa resources 项,再选中 Dialog 项,在 Dialog 项上右击,在弹出的右键菜单中选择 Insert Dialog 项,添加对话框资源 IDD_DIALOG6。修改对话框标题为"波形选段"。添加如图 6-2 所示控件,各控件属性如表 6-1 所示。

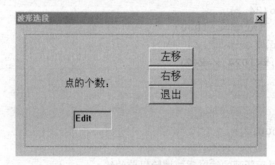

图 6-2　"波形选段"对话框

表 6-1　对话框资源 IDD_DIALOG6 的各控件和属性

控件类型	资源 ID	标题	其他属性
按钮控件	IDC_LEFT	左移	默认属性
	IDC_RIGHT	右移	
	IDC_EXIT	退出	
静态控件	IDC_STATIC1	点的个数	
编辑控件	IDC_EDIT1		Read-only 为 true

为新的对话框资源添加相应的类 CDlgshowline,并为菜单"波形选段"添加消息响应函数,如图 6-3 所示。

函数代码如下:

```
void CBewaDlg::OnMenuGet()
{
    // TODO: Add your command handler code here
    CDlgshowline dlg;
    dlg.DoModal();
}
```

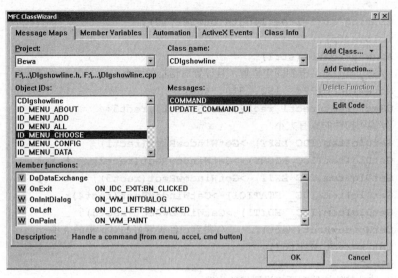

图 6-3　MFC ClassWizard 对话框

在 CBewaDlg.cpp 开头处加入：

  `#include    Dlgshowline.h`

在 CDlgshowline.h 文件的变量声明处加入：

```
extern CString filenameopen;      //打开波形文件的名字
extern CString filenamesave;      //保存波形文件的名字
extern bool   open;               //是否为打开文件标志
```

在 CDlgshowline.cpp 文件函数实现之前加入：

```
int m1=0;                         //每条线之间的间距
int l=0;                          //曲线的段数，每段曲线包含 250 个点
int length=0;                     //每条曲线的采样点数
```

重载 OnInitDialog()以控制各控件在对话框中的布局：

```
BOOL CDlgshowline::OnInitDialog()
{
    CDialog::OnInitDialog();
    // TODO: Add extra initialization here
    if(open)      //如果需要打开，则将保存的波形文件名赋予 filenameopen
    filenameopen=filenamesave;
    FILE *fp;
    char buffer[34];
    CString str="d:\\"+filenameopen;
    if((fp=fopen(str,"rb"))==NULL)
        {
            printf("can not open file");
        }
    rewind(fp);
    int point[2];
    //读出每条曲线的采样点数保存到 str 中
    fread(&point[0],sizeof(int),1,fp);
    length=point[0];
```

```
            CString str1=ltoa(length,buffer,10);
            fclose(fp);
            AfxMessageBox(str1);
            //移动整个对话框到固定位置，且设置对话框的大小
            MoveWindow(224, 192, 610, 400);
            CRect rect,rect1,rect2,rect3,rect4,rect5;
            //得到控件的原有大小
            GetDlgItem(IDC_LEFT)->GetWindowRect(rect1);
            GetDlgItem(IDC_RIGHT)->GetWindowRect(rect2);
            GetDlgItem(IDC_EXIT)->GetWindowRect(rect3);
            GetDlgItem(IDC_ STATIC1)->GetWindowRect(rect4);
            GetDlgItem(IDC_ EDIT1)->GetWindowRect(rect5);
            GetWindowRect(rect);      //得到已经设置好的对话框的大小
            int x=rect.Width();
            m1=32;
            //移动其他控件到预先设置好的位置
            GetDlgItem(IDC_LEFT)->MoveWindow(530, 10,
                  rect1.Width(), rect1.Height());
            GetDlgItem(IDC_RIGHT)->MoveWindow(530, 40,
                  rect2.Width(), rect2.Height());
            GetDlgItem(IDC_EXIT)->MoveWindow(530, 70,
                  rect3.Width(), rect3.Height());
            GetDlgItem(IDC_STATIC1)->MoveWindow(530, 100,
                  rect4.Width(), rect5.Height());
            GetDlgItem(IDC_EDIT1)->MoveWindow(530, 130,
                  rect5.Width(), rect5.Height());
            //显示采样点的总数
            GetDlgItem(IDC_EDIT1)->SetWindowText(str1);
            l=0;
      return TRUE;   // return TRUE unless you set the focus to a control
                // EXCEPTION: OCX Property Pages should return FALSE
      }
```

实训 6.2.2　重载对话框的其他函数

打开 IDD_DIALOG6 对话框资源，双击"退出"按钮，接受系统默认的函数名，编辑函数代码如下：

```
      void CDlgshowline::OnExit()
      {
      // TODO: Add your control notification handler code here
      CDialog::OnOK();
      }
```

在 CDlgshowline.h 的函数声明处加入：

```
      void CDlgshowline::Clear(int );
      void CDlgshowline::line(int );
```

在 CDlgshowline.cpp 中加入如下代码：

```
      void CDlgshowline::Clear(int j)            //此函数用来显示周边框架和背景
```

```
{
    char line[10][5]={"L1","L2","L3","L4","L5",
                "L6","L7","L8","L9","L10"};
    CClientDC dc(this);
    CBrush Brush,Brush1;
    CBrush *PtrOldBrush;
    PtrOldBrush=dc.GetCurrentBrush();
    Brush.CreateSolidBrush(RGB(200,200,200));
    dc.SelectObject(&Brush);
    //绘制显示曲线的窗口边框和其他背景颜色
    dc.Rectangle(24,0,524,350);
    Brush1.CreateSolidBrush(RGB(25,205,255));
    dc.SelectObject(&Brush1);
    dc.Rectangle(0,0,24,400);
    dc.Rectangle(24,350,600,400);
    dc.SelectObject(PtrOldBrush);
    Brush.DeleteObject();
    Brush1.DeleteObject();
    CPen MyNewPen;
    CPen* pOriginalPen=dc.GetCurrentPen();
    MyNewPen.CreatePen(PS_SOLID,1,RGB(255,0,0));
    dc.SelectObject(&MyNewPen);
    dc.SetBkColor(RGB(255,0,0));         //设定背景颜色
    for(int  i=0;i<5;i++)
    {
       dc.MoveTo(25+(i)*100,10);         //画几条用于标定点数的竖线
       dc.LineTo(25+(i)*100,350);
    }
    char buffer[34];
    for(i=0;i<10;i++)
      dc.TextOut(0,(i+1)*m1,line[i]);    //显示曲线号
    for(i=0;i<6;i++)
    dc.TextOut(24+(i)*100,350,ltoa((250*j+i*50),buffer,10));
    //显示横坐标即点数
    dc.SelectObject(pOriginalPen);
    MyNewPen.DeleteObject();
}
void CDlgshowline::line(int j )        //此函数用来在对话框内画线
{
    CClientDC  dc(this);
    CPen MyNewPen;
    CPen* pOriginalPen=dc.GetCurrentPen();
    MyNewPen.CreatePen(PS_SOLID,1,RGB(255,0,0));
    dc.SelectObject(&MyNewPen);
    int point[2];
    FILE *fp;
```

```
        CString filename="d:\\"+filenameopen;
        if((fp=fopen(filename,"rb+"))==NULL)
        {
            printf("can not open file");
        }
        long k=2*250*sizeof(int);              //每次最多显示 250 个点
        int max;
        long min=2*length*sizeof(int);         //每条曲线的字节数
        int d=j%2;
        for(int i=1;i<11;i++)                  //顺序显示 10 条线
        {
         //根据现在要显示第几段和第几条线定位文件指针位置的起点
            fseek(fp,4+min*(i-1)+j*k,0);
            dc.MoveTo(24,i*m1);                //移动画笔到起始点
            if(l==length/250)      //如果是最后一段,则文件指针的终点即每条曲线的终点
        max=min*i;
            else            //如果不是最后一段,则文件指针的终点就是起点加上 k
            max=k+min*(i-1)+j*k+4;
            while(ftell(fp)<max)
            {
              if(feof(fp))break;         //如果文件结束则退出循环
                fread(&point[0],sizeof(int),1,fp);
                fread(&point[1],sizeof(int),1,fp);
                dc.LineTo(point[0]-500*d,point[1]-32*i);//根据读出的点画线
            }
        }
        fclose(fp);                   //关闭文件
        dc.SelectObject(pOriginalPen);
        MyNewPen.DeleteObject();
    }
```

双击"左移"按钮,接受系统默认的函数名,编辑函数代码如下:

```
    void CDlgshowline::OnLeft()
    {
        // TODO: Add your control notification handler code here
        l--;                    //左移则段数自减
        if(l<0)                 //自减后段数为-1 则不能左移
        {
          l++;                  //段数自加保持为零
          AfxMessageBox("不能左移了");
        }
        else
        {
         Clear(l);              //显示边框和坐标
         line(l);               //画线
        }
    }
```

双击"右移"按钮,接受系统默认的函数名,编辑函数代码如下:
```
void CDlgshowline::OnRight()
{
// TODO: Add your control notification handler code here
    l++;                            //右移则段数自加
    if(l>length/250)                //自加后段数大于最大段数则不能右移
    {
        l--;                        //段数自加保持为最大段数
        AfxMessageBox("不能右移了");
    }
    else
    {
        Clear(l);                   //显示边框和坐标
        line(l);                    //画线
    }
}
```

为消息 WM_PAINT 添加消息响应函数,如图 6-4 所示。

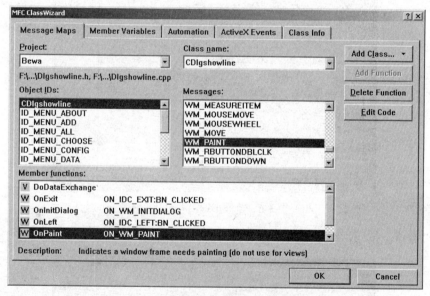

图 6-4　MFC ClassWizard 对话框

函数代码如下:
```
void CDlgshowline::OnPaint()
{
CPaintDC dc(this); // device context for painting
    Clear(l);                   //显示边框和坐标
    line(l);                    //画线
    // TODO: Add your message handler code here
    // Do not call CDialog::OnPaint() for painting messages
}
```

运行程序,添加病历后进行数据采集,然后选择菜单"波形选段"选项,结果如图 6-5 所示。

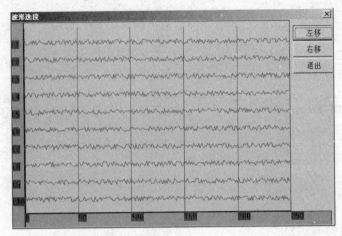

图 6-5 "波形选段"对话框

单击"左移"按钮，结果如图 6-6 所示。

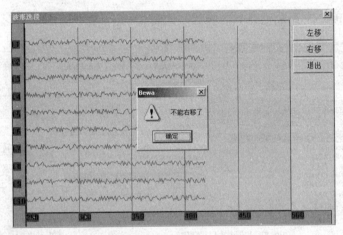

图 6-6 "波形选段"对话框

单击"右移"按钮，结果如图 6-7 所示。

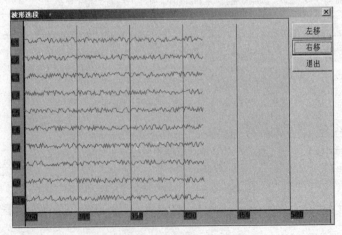

图 6-7 "波形选段"对话框

再单击"右移"按钮，结果如图 6-8 所示。

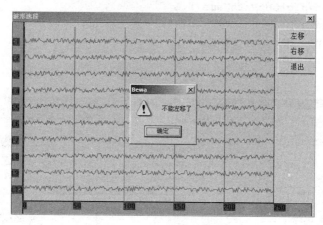

图 6-8　"波形选段"对话框

实训 6.2.3　加入显示病历资料对话框

打开 Bewa.dsw 文件，在工作区中单击 Resource View 标签，展开 Bewa resources 项，再选中 Dialog 项，在 Dialog 项上右击，在弹出的右键菜单中选择 Insert Dialog 项，添加对话框资源 IDD_DIALOG7。

修改对话框标题为"病历资料"。该对话框的控件与对话框 IDD_DIALOG1 的控件相同，修改按钮 IDOK 的标题为"确认"，去掉"取消"按钮。但是将编辑框控件 IDC_EDIT1、IDC_EDIT2、IDC_EDIT3、IDC_EDIT4 的 Read-only 属性选中，组合框控件 IDC_COMBO1、IDC_COMBO2，日期控件 IDC_DATETIMEPICKER1，单选按钮控件 IDC_RADIO1、IDC_RADIO2 的 Disabled 属性选中，如图 6-9 所示。

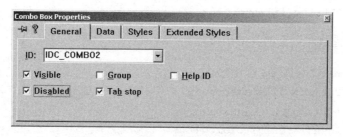

图 6-9　Combo Box Properties 对话框

为新的对话框资源增加相应的类 CDlgshow，并为菜单"打开病历"添加消息响应函数，如图 6-10 所示。

修改函数代码如下：

```
void CBewaDlg::OnMenuOpen()
{
    // TODO: Add your command handler code here
    CString fnames;
    CFileDialog dlg(true);
    int dlgResult=dlg.DoModal();
```

```
                if(dlgResult ==1)
                fnames=dlg.GetPathName();
                filenameopen=fnames.Right(6);
                CDlgshow dlgshow;
                dlgshow.DoModal();
        }
```

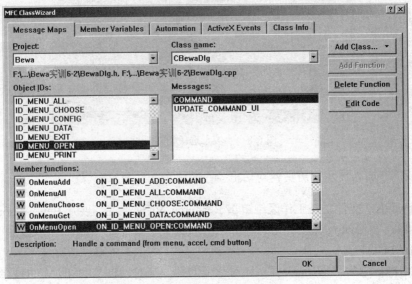

图 6-10　MFC ClassWizard 对话框

在 CBewaDlg.cpp 开头处加入：
```
#include    Dlgshow.h
```
在 CBewaDlg.cpp 文件的函数实现前加入：
```
extern CString filenumopen="";
```

实训 6.2.4　重载对话框的其他函数

在 CDlgshow.h 文件的变量声明处加入：
```
extern CString filenameopen;
```
重载对话框的初始化函数 OnInitDialog()：
```
BOOL CDlgshow::OnInitDialog()
{
        CDialog::OnInitDialog();
        // TODO: Add extra initialization here
        m_Left.AddString("左");
        m_Right.AddString("右");
        CSetdata* pset=new CSetdata();
        pset->Open();
        pset->m_strFilter="number=?";
        pset->number=filenameopen;
        pset->Requery();
        if(!pset->IsEOF())
```

```
        {
    m_name=pset->m_name;
    m_number=pset->m_number;
    m_age=pset->m_age;
    m_bl=pset->m_bl;
    m_date=pset->m_date;
    if(strcmp(pset->m_bl,"门诊"))
        ((CButton*)GetDlgItem(IDC_RADIO2))->SetCheck(1);
    else
        ((CButton*)GetDlgItem(IDC_RADIO1))->SetCheck(1);
    if(strcmp(pset->m_zy,"右"))
        m_Left.SetCurSel(1);
    else
        m_Left.SetCurSel(0);
    m_Sex.AddString("男");
    m_Sex.AddString("女");
    if(strcmp(pset->m_sex,"男"))
        m_Sex.SetCurSel(1);
    else
        m_Sex.SetCurSel(0);
        }
    pset->Close();
    UpdateData(FALSE);
    return TRUE;// return TRUE unless you set the focus to a control
                // EXCEPTION: OCX Property Pages should return FALSE
        }
```

双击"确认"按钮，接受系统默认的函数名和代码：

```
    void CDlgshow::OnOK()
    {
        // TODO: Add extra validation here
        CDialog::OnOK();
    }
```

运行程序，单击菜单"打开病历"选项，弹出如图 6-11 所示的对话框。

图 6-11 打开文件通用对话框

选择文件后单击"打开"按钮，弹出如图 6-12 所示的对话框。

图 6-12 "病历资料"对话框

实训 6.3 选择波形

实训 6.3.1 加入选段确认对话框

打开 Bewa.dsw 文件，在工作区中单击 Resource View 标签，展开 Bewa resources 项，再选中 Dialog 项，在 Dialog 项上右击，在弹出的右键菜单中选择 Insert Dialog 项，添加对话框资源 IDD_DIALOG8。修改对话框标题为"选段确认"。添加如图 6-13 所示的控件，各控件属性如表 6-2 所示。

图 6-13 "选段确认"对话框

表 6-2 对话框资源 IDD_DIALOG8 的各控件和属性

控件类型	资源 ID	标题	其他属性
按钮控件	IDOK	确认	默认属性
	IDCANCEL	取消	
静态控件	IDC_STATIC1	起点：鼠标左键 终点：鼠标右键	Client edge 属性为 TRUE
	IDC_STATIC2	起点	默认属性
	IDC_STATIC3	终点	
编辑控件	IDC_EDIT1		默认属性
	IDC_EDIT2		

为新的对话框资源增加相应的类 CDlgsure。

实训 6.3.2　添加鼠标消息

在 CDlgshowline.cpp 开头处加入：

```
#include    Dlgsure.h
```

在 CDlgshowline.cpp 文件函数实现之前加入：

```
extern  int   begin=0;      //记录选段开始点
extern  int   end=0;        //记录选段结束点
extern  int   number=0;     //记录选段段数
```

为 CDlgshowline 类的 WM_LBUTTONUP 消息和 WM_RBUTTONUP 消息添加消息映射函数，如图 6-14 所示。

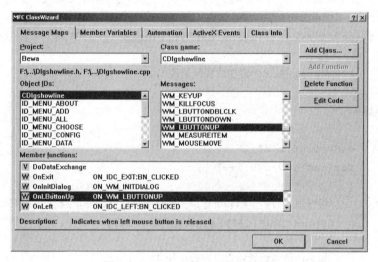

图 6-14　MFC ClassWizard 对话框

编辑代码如下：

```
void CDlgshowline::OnLButtonUp(UINT nFlags, CPoint point)
{
    // TODO: Add your message handler code here and/or call default
    //保证鼠标单击在有效区域范围内
    if((point.x<24)||(point.x>524)||(point.y>350))
    {
        AfxMessageBox("请在曲线区选段");
    }
    else
    {
begin=point.x-24;
        //根据画线时的坐标和鼠标单击位置确定选段起始点
for(int i=0;i<5;i++)
        {
            if((begin<100*(i+1))&&(begin>(100*i)))
```

```
                {
                    //如果已经确定起始点数则退出循环
                    begin=50*i+1*250;
                    break;
                }
            }
        }
        CDialog::OnLButtonUp(nFlags, point);
}
void CDlgshowline::OnRButtonUp(UINT nFlags, CPoint point)
{
        // TODO: Add your message handler code here and/or call default
        //保证鼠标单击在有效区域范围内
        if((point.x<24)||(point.x>524)||(point.y>350))
        {
            AfxMessageBox("请在曲线区选段");
        }
        else
        {
            end=point.x-24;
            for(int i=0;i<5;i++)
            {
                //根据画线时的坐标和鼠标单击的位置确定选段终止点
                if((end<100*(i+1))&&(end>(100*i)))
                {
                //如果已经确定终止点,则退出循环
                end=50*(i+1)+1*250;
                break;
                }
            }
            if(end>length)    //如果选段终止点大于曲线总的点数,则终止点即为曲线总点数
                end=length;
            //保证终点大于起点
            if(begin>=end)
                {
                        AfxMessageBox("终点必须大于起点");
                }
            else
            {
                    //选段长度不能超过250个点
                if((end-begin)>250)
                {
                 AfxMessageBox("选段长度不能超过250");
```

```
            }
            else            //选段成功
            {
                CDlgsure dlg;
                if(dlg.DoModal()==IDOK)  //弹出选段确认对话框
                {
                    number++;                //段数加1
                    //高亮显示起始点和终止点之间的区域及选段区域
                    CClientDC  dc(this);
                    CBrush Brush;
                    CBrush *PtrOldBrush;
                    PtrOldBrush=dc.GetCurrentBrush();
                    Brush.CreateSolidBrush(RGB(0,255,0));
                    dc.SelectObject(&Brush);
                    //改变选段区域的背景颜色即可
                    dc.Rectangle(begin*2+24-1*500,0,end*2+24-1*500,350);
                    dc.SelectObject(PtrOldBrush);
                    Brush.DeleteObject();
                    line(1);              //重新画线
                }
            }
        }
    CDialog::OnRButtonUp(nFlags, point);
}
```

实训 6.3.3　重载选段确认对话框的函数

在 CDlgsure.h 文件的变量声明处加入如下代码：

```
extern    int begin;
extern    int end;
extern    int  number;
```

在 CDlgsure.cpp 文件函数实现之前加入如下代码：

```
extern int choose[6][2]={0,0,0,0,0,0,0,0,0,0,0,0};
    //用来保存各个选段的起点和终点
```

重载对话框的初始化函数如下：

```
BOOL CDlgsure::OnInitDialog()
{
    CDialog::OnInitDialog();

    // TODO: Add extra initialization here
    char buffer[34];          //转换字符串要用到的缓冲区
    //把选段区域显示给用户以确认
    GetDlgItem(IDC_EDIT1)->SetWindowText(ltoa(begin,buffer,10));
    GetDlgItem(IDC_EDIT2)->SetWindowText(ltoa(end,buffer,10));
```

```
    return TRUE;// return TRUE unless you set the focus to a control
              // EXCEPTION: OCX Property Pages should return FALSE
}
```

双击"确认"按钮,接受系统默认的函数名,修改代码如下:

```
void CDlgsure::OnOK()
{
    // TODO: Add extra validation here
    //最多只能选择5段
    if(number>5)
    {
        AfxMessageBox("最多只能选择5段");
    }
    else
    {
        //如果用户确认则保存起点和终点
        choose[number][0]=begin;
        choose[number][1]=end;
        CDialog::OnOK();
    }
}
```

双击"取消"按钮,接受系统默认的函数名,修改代码如下:

```
void CDlgsure::OnCancel()
{
    // TODO: Add extra cleanup here
    number--;            //用户取消则选段无效,因此段数减1
    begin=0;             //重置终点和起点
    end=0;
    CDialog::OnCancel();
}
```

运行程序,打开文件,选择"波形选段"子菜单,单击确定起点,右击确定终点,弹出"选段确认"对话框,如图6-15所示。

图6-15 "选段确认"对话框

单击"确认"按钮,"选段确认"对话框消失,被选择的区域用绿色标出,如图6-16所示。

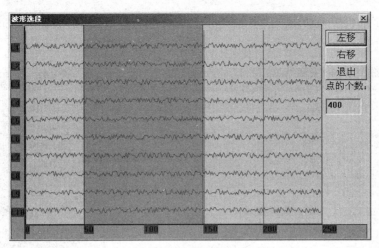

图 6-16　用绿色标示选择区域

实训 6.4　波形测量

实训 6.4.1　加入"波形测量"对话框

打开 Bewa.dsw 文件，在工作区中单击 Resource View 标签，展开 Bewa resources 项，再选中 Dialog 项，在 Dialog 项上右击，在弹出的右键菜单中选择 Insert Dialog 项，添加对话框资源 IDD_DIALOG9。修改对话框标题为"波形测量"。添加如表 6-3 所示的控件属性。

表 6-3　对话框资源 IDD_DIALOG9 的各控件和属性

控件类型	资源 ID	标题	其他属性
按钮控件	IDC_PREVIEW	上一段	默认属性
	IDC_NEXT	下一段	
	IDC_EXIT	退出	
静态控件	IDC_STATIC1	选段总数	
编辑控件	IDC_EDIT1		Read-only 为 TRUE

加入的"波形测量"对话框如图 6-17 所示。

图 6-17　"波形测量"对话框

给新的对话框资源增加相应的类 CDlgmeasure，并为菜单"波形测量"添加消息响应函数，如图 6-18 所示。

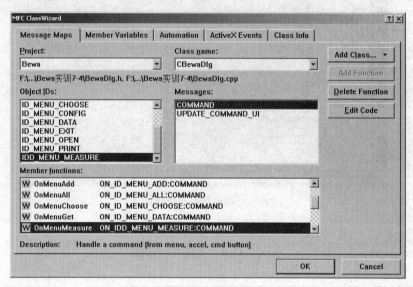

图 6-18　MFC ClassWizard 对话框

编辑函数代码如下：

```
void CBewaDlg::OnMenuMeasure()
{
    // TODO: Add your command handler code here
    //弹出"波形测量"对话框
    CDlgmeasure dlg;
    dlg.DoModal();
}
```

在 CBewaDlg.cpp 开头处加入：

```
#include "Dlgmeasure.h"
```

在 CDlgmeasure.h 文件的变量声明处加入：

```
extern int   choose[6][2];
extern CString filenameopen;
extern CString filenamesave;
extern bool  open;
```

在 CDlgmeasure.cpp 文件函数实现之前加入：

```
int duanshu=0;             //选段数目
int length1=0;             //每条曲线的采样点数
int l1=0;                  //选段数目
int start_x=0,start_y=0,start1=0,start2=0,end1,end2;
//start1，end1 为所需放大的起点和终点
//start2,end2 为所需放大的曲线起始条数和终止条数
```

实训 6.4.2　重载其他函数

重载 OnInitDialog()以控制各控件在对话框中的布局：

```
BOOL CDlgmeasure::OnInitDialog()
{
    CDialog::OnInitDialog();
    // TODO: Add extra initialization here
    if(open)
    filenameopen=filenamesave;
    FILE *fp;
    char buffer[34];
    CString str="d:\\"+filenameopen;
    if((fp=fopen(str,"rb"))==NULL)
    {
    printf("can not open file");
    }
    rewind(fp);
    int point[2];
    fread(&point[0],sizeof(int),1,fp);          //读出每条曲线的采样点数
    length1=point[0];
    fclose(fp);
    MoveWindow(224, 192, 610, 400);      //设置对话框的大小和显示位置
    CRect rect,rect1,rect2,rect3,rect4,rect5;
    //得到控件自身的大小
    GetDlgItem(IDC_PREVIEW)->GetWindowRect(rect1);
    GetDlgItem(IDC_NEXT)->GetWindowRect(rect2);
    GetDlgItem(IDC_EXIT)->GetWindowRect(rect3);
    GetDlgItem(IDC_STATIC1)->GetWindowRect(rect4);
    GetDlgItem(IDC_EDIT1)->GetWindowRect(rect5);
    GetWindowRect(rect);              //得到设置好的对话框的尺寸
    int x=rect.Width();
    //设置各个控件在对话框中的显示位置
    GetDlgItem(IDC_PREVIEW)->MoveWindow(530, 10,
             rect1.Width(), rect1.Height());
    GetDlgItem(IDC_NEXT)->MoveWindow(530, 40,
             rect2.Width(), rect2.Height());
    GetDlgItem(IDC_EXIT)->MoveWindow(530, 70,
             rect3.Width(), rect3.Height());
    GetDlgItem(IDC_STATIC1)->MoveWindow(530, 100,
             rect4.Width(), rect5.Height());
    GetDlgItem(IDC_EDIT1)->MoveWindow(530, 130,
             rect5.Width(), rect5.Height());
    //根据数组的值确定一共选了多少段
    for(int i=1;i<6 ;i++)
    {
    if((choose[i][0]==0)&&(choose[i][1]==0))
    {
            duanshu=i-1;
            break;
```

```
            }
            else
                duanshu=5;
        }
        l1=1;
        //显示所选段总数
        GetDlgItem(IDC_EDIT1)->SetWindowText(ltoa(duanshu,buffer,10));
        return TRUE;// return TRUE unless you set the focus to a control
                    // EXCEPTION: OCX Property Pages should return FALSE
    }
```

在 CDlgmeasure 的函数声明处加入如下代码：

```
void CDlgmeasure::Showchoose(int j);             //画所选择的曲线
void CDlgmeasure::Clear1(int j);                 //画边框和坐标
void CDlgmeasure::clswindow();                   //开测量窗口
void CDlgmeasure::zoom(int x,int y,int m, int n); //放大函数
CString  CDlgmeasure::change(CString ) ;         //转换字符串对象
```

在 CDlgmeasure.cpp 中加入如下代码：

```
void CDlgmeasure::Showchoose(int j)
{
    CClientDC  dc(this);
    CPen MyNewPen;
    CPen* pOriginalPen=dc.GetCurrentPen();
    MyNewPen.CreatePen(PS_SOLID,1,RGB(255,0,0));
    dc.SelectObject(&MyNewPen);
    int point[2];
    FILE *fp;
    CString filename="d:\\"+filenameopen;
    if((fp=fopen(filename,"rb+"))==NULL)         //打开波形文件
    {
    printf("can not open file");
    }
    long k=2*length1*sizeof(int);                //保存每条曲线的字节数
    int min=choose[j][0]*2*sizeof(int)+4;        //选段起点的文件指针位置
    int max=choose[j][1]*2*sizeof(int)+4;        //选段终点的文件指针位置
    //画 10 条线
    for(int i=1;i<11;i++)
    {
        fseek(fp,min+k*(i-1),0);
        dc.MoveTo(24,i*32);
        while(ftell(fp)<max+k*(i-1))
        {
            //读出点
            fread(&point[0],sizeof(int),1,fp);
            fread(&point[1],sizeof(int),1,fp);
            dc.LineTo(point[0]-2*choose[j][0],point[1]-32*i);
            //根据读出点的位置画线
```

```
            }
        }
    }
void CDlgmeasure::Clear1(int j)
{
    char line[10][5]={"L1","L2","L3","L4",
            "L5","L6","L7","L8","L9","L10"};
    //绘制边框
    CClientDC dc(this);
    CBrush Brush,Brush1;
    CBrush *PtrOldBrush;
    PtrOldBrush=dc.GetCurrentBrush();
    Brush.CreateSolidBrush(RGB(200,200,200));
    dc.SelectObject(&Brush);
    dc.Rectangle(24,0,524,350);
    Brush1.CreateSolidBrush(RGB(25,205,255));
    dc.SelectObject(&Brush1);
    dc.Rectangle(0,0,24,400);
    dc.Rectangle(24,350,600,400);
    dc.SelectObject(PtrOldBrush);
    Brush.DeleteObject();
    Brush1.DeleteObject();
    //绘制坐标
    CPen MyNewPen;
    CPen* pOriginalPen=dc.GetCurrentPen();
    MyNewPen.CreatePen(PS_SOLID,1,RGB(255,0,0));
    dc.SelectObject(&MyNewPen);
    dc.SetBkColor(RGB(255,0,0));
    for(int  i=0;i<5;i++)
        {
            //用于标识点数的竖线
            dc.MoveTo(25+(i)*100,10);
            dc.LineTo(25+(i)*100,350);
        }
    char buffer[34];
    //绘制纵坐标
    for(i=0;i<10;i++)
        dc.TextOut(0,(i+1)*32,line[i]);
    //绘制横坐标
    for(i=0;i<6;i++)
        dc.TextOut(24+(i)*100,350,ltoa((choose[j][0]+i*50),buffer,10));
    dc.SelectObject(pOriginalPen);
    MyNewPen.DeleteObject();
}


CString  CDlgmeasure::change(CString str)
```

```cpp
{
    int  l=strlen(str);
    char temp[10];
    switch(l)                      //把测量值变为三位数,不足则加零
        {
            case 1: strcpy(temp,"00");break;
            case 2: strcpy(temp,"0");break;
            default:strcpy(temp,"");
        }
    strcat(temp,str);
    str=temp;
    return(str);
}

void CDlgmeasure::clswindow()      //开放大窗口
{
    CClientDC dc(this);
    CBrush Brush;
    CBrush *PtrOldBrush;
    //画外边框
    PtrOldBrush=dc.GetCurrentBrush();
    Brush.CreateSolidBrush(RGB(0,255,0));
    dc.SelectObject(&Brush);
    dc.Rectangle(75,30,480,320);
    Brush.DeleteObject();
    Brush.CreateSolidBrush(RGB(180,180,180));
    dc.SelectObject(&Brush);
    dc.Rectangle(80,35,475,315);
    Brush.DeleteObject();
    //画内边框
    Brush.CreateSolidBrush(RGB(255,255,255));
    dc.SelectObject(&Brush);
    dc.Rectangle(400,35,475,315);
    Brush.DeleteObject();
    //画测量值显示区域
    Brush.CreateSolidBrush(RGB(255,0,0));
    dc.SelectObject(&Brush);
    dc.Rectangle(400,290,475,315);
    dc.TextOut(410,295,"返   回");
    dc.SelectObject(PtrOldBrush);
    Brush.DeleteObject();
    dc.TextOut(410,50,"第");
    dc.TextOut(410,90,"条线");
    dc.TextOut(410,140,"第");
    dc.TextOut(410,180,"个点");
    dc.TextOut(410,250,"幅值:");
```

```
        confine=true;              //此变量用于标识是否需要将鼠标锁定在放大窗口
}
//放大曲线是通过增大两个点之间的间隔实现的
//数据采集时两个点之间的间隔是两个点，放大以后是6个点
void CDlgmeasure::zoom(int x,int y,int m, int n)
{
    CClientDC dc(this);
    CPen MyNewPen;
    CPen* pOriginalPen=dc.GetCurrentPen();
    MyNewPen.CreatePen(PS_SOLID,1,RGB(255,0,0));
    dc.SelectObject(&MyNewPen);
    int point[2];
    FILE *fp;
    CString filename="d:\\"+filenameopen;
    if((fp=fopen(filename,"rb+"))==NULL)     //打开波形文件
        {
            printf("can not open file");
        }
    long  k=2*length1*sizeof(int);           //每条曲线的字节数
    int   min=x*2*sizeof(int)+4;             //选段起点的文件指针位置
    int max=y*2*sizeof(int)+4;               //选段终点的文件指针位置
    int j=0;
    int s=1;
    for(int i=m;i<n+1;i++)
        {
            j=0;
            fseek(fp,min+k*(i-1),0);
            fread(&point[0],sizeof(int),1,fp);
            fread(&point[1],sizeof(int),1,fp);
            dc.MoveTo(80,(point[1]-i*64)*6+s*70);    //根据读出点画线
            while(ftell(fp)<max+k*(i-1))
            {
                fread(&point[0],sizeof(int),1,fp);
                fread(&point[1],sizeof(int),1,fp);
                dc.LineTo(80+6*j,(point[1]-i*64)*6+s*70);
                j++;
            }
            s++;
        }
    fclose(fp);
    dc.SelectObject(pOriginalPen);
    MyNewPen.DeleteObject();
}
```

为 IDD_DIALOG9 对话框资源的消息 WM_PAINT 添加消息响应函数：

```
void CDlgmeasure::OnPaint()
{
```

```
    CPaintDC dc(this); // device context for painting
    // TODO: Add your message handler code here
    Clear1(l1);                        //画边框和坐标
    Showchoose(l1);                    //画选段曲线
    // Do not call CDialog::OnPaint() for painting messages
}
```

双击"退出"按钮，接受系统默认的函数名，编辑函数代码如下：

```
void CDlgmeasure::OnExit()
{
    // TODO: Add your control notification handler code here
    //清空用于保存选段起点和终点的数组
    for(int i=1;i<6 ;i++)
        {
            choose[i][0]=0;
            choose[i][1]=0;
        }
    CDialog::OnCancel();
}
```

双击"上一段"按钮，接受系统默认的函数名，编辑函数代码如下：

```
void CDlgmeasure::OnPreview()
{
    // TODO: Add your control notification handler code here
    //此函数与CDlgshowline::OnLeft()函数思路相同
    l1--;
    if(l1<=0)
        {
            l1++;
            AfxMessageBox("这是第一段");
        }
    else
        {
            Clear1(l1);
            Showchoose(l1);
        }
}
```

双击"下一段"按钮，接受系统默认的函数名，编辑函数代码如下：

```
//此函数与CDlgshowline::OnRight()函数思路相同
void CDlgmeasure::OnNext()
{
    // TODO: Add your control notification handler code here
    l1++;
    if(l1>duanshu)
        {
            l1--;
            AfxMessageBox("这是最后一段");
        }
```

```
        else
            {
                Clear1(l1);
                Showchoose(l1);
            }
    }
```

为CDlgmeasure类的WM_LBUTTONUP消息、WM_RBUTTONUP消息、WM_MOUSEMOVE消息添加消息映射函数：

```
void CDlgmeasure::OnMouseMove(UINT nFlags, CPoint point)
{
    // TODO: Add your message handler code here and/or call default
    CClientDC dc(this);
    if((nFlags==MK_LBUTTON)&&!confine)
    //如果是左键且鼠标没有被锁定在放大窗口即没有开放大窗口
        {
        //鼠标移动时显示起点和终点形成的矩形边框
        CPen Pen;
        CPen *PtrOldPen=dc.GetCurrentPen();
        Pen.CreatePen(PS_SOLID,1,RGB(255,0,0));
        dc.SelectObject(&Pen);
        OnPaint();                //重画曲线
        //画矩形
        dc.MoveTo(start_x,start_y);
        dc.LineTo(point.x,start_y);
        dc.LineTo(point.x,point.y);
        dc.LineTo(start_x,point.y);
        dc.LineTo(start_x,start_y);
        dc.SelectObject(PtrOldPen);
        Pen.DeleteObject();
    }
    char buffer[34];
    if(confine)             //如果已经开放大窗口
        {
            //根据鼠标的位置显示测量结果
            CString  line,dot,height;
            int h;
            switch(point.y/70)
              {
               case(1):
                 line=itoa(start2,buffer,10);      //得到第几条曲线
                 h=(point.y-70)/6;                 //得到所在点的横坐标
                 height=itoa(h,buffer,10);         //得到所在点的纵坐标
                 break;
               case (2):
                 line=itoa(start2+1,buffer,10);
                 h=(point.y-140)/6;
```

```
                height=itoa(h,buffer,10);
            break;
                case(3):
                    line=itoa(start2+2,buffer,10);
                    h=(point.y-210)/6;
                    height=itoa(h,buffer,10);
                    break;
                }
            height=change(height);
            dot=itoa((point.x-80)/6+start1,buffer,10);
            dc.SetBkColor(RGB(255,0,0));
            dc.TextOut(410,70,line);          //显示第几条曲线
            dc.TextOut(410,160,dot);          //显示所在点的横坐标
            dc.TextOut(410,270,height);       //显示所在点的纵坐标
        }
        CDialog::OnMouseMove(nFlags, point);
}
void CDlgmeasure::OnLButtonDown(UINT nFlags, CPoint point)
{
    // TODO: Add your message handler code here and/or call default
    if((point.x>24 )&&(point.x<524)&&(point.y<350)&&(point.y>20))
    {
            start_x=point.x;
            start_y=point.y;
            //确定起始点
            start1=(point.x-24)/2+choose[11][0];
            //确定起始线
            start2=point.y/32+1;
        }
    CDialog::OnLButtonDown(nFlags, point);
}

void CDlgmeasure::OnLButtonUp(UINT nFlags, CPoint point)
{
    // TODO: Add your message handler code here and/or call default
    if((confine)&&(point.x>400 )&&(point.x<475 )
            &&(point.y<315)&&( point.y>290))
        {
            Clear1(11);               //重画边框和坐标
            Showchoose(11);           //重画曲线
            ClipCursor(NULL);         //释放鼠标
            confine=false;
        }
    if((!confine)&&(point.x!=start_x)&&(point.y!=start_y)
            &&(point.x>24 )&&(point.x<524)&&(point.y<350))
        {
```

```
            end1=(point.x-24)/2+choose[l1][0];
                                    //得到鼠标位置所对应的是第几个点
                end2=point.y/32;    //得到鼠标位置所对应的是第几条曲线
        if((end1-start1>50)||(end2-start2>2))
           {
                AfxMessageBox("不超过 3 条线,每条线不超过 50 个点");
           }
        else
           {
                clswindow();                        //开放大窗口
                CRect rect(75+224,55+192,480+224,345+192);//限制鼠标位置
                ClipCursor(&rect);
                zoom(start1,end1,start2,end2);//在放大窗口中画线
           }
    }
    CDialog::OnLButtonUp(nFlags, point);
}
```

运行程序，选段完成后单击"波形测量"菜单，在弹出的对话框中利用鼠标拖动来放大波形曲线进行测量，如图 6-19 所示。

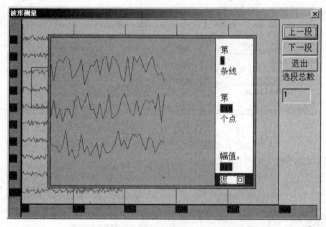

图 6-19 "波形测量"对话框

第 7 章 界面美观设计

默认情况下，MFC 并没有直接提供对话框的工具栏、状态栏的类。不过既然 CToolBar 可以用在 CFrameWnd 或者 CMDIFrameWnd 派生出的框架窗口中，那么一个 CToolBarCtrl 类也可以实现类似的操作。为对话框添加菜单其实非常简单，但是如何使得对话框程序的菜单和视图/文档框架下的菜单一样能够响应菜单的更新？在框架窗口中的菜单更新是通过 UPDATE_COMMAND_UI 宏来实现的，但是这个宏对对话框是没有作用的。通过加入消息响应函数可以使对话框程序能够使用这个宏，这样做出来的更新菜单并不能实现工具栏的更新。因此，工具栏的更新必须另外完成。

实训 7.1 为对话框添加状态栏

修改主对话框资源 IDD_BEWA_DIALOG 的属性，如图 7-1 所示。

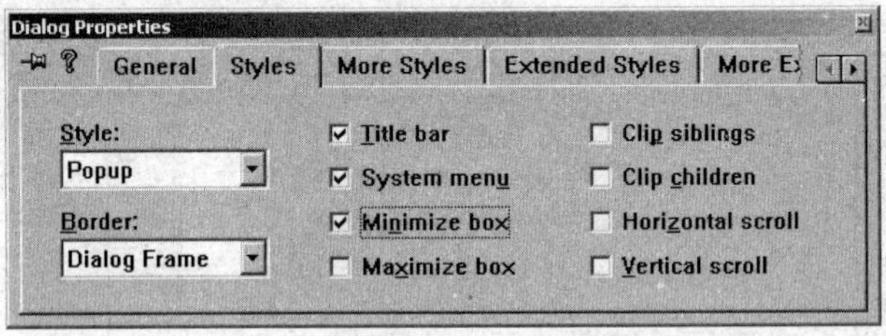

图 7-1 Dialog Properties 对话框

在 CBewaDlg.h 的变量声明中加入如下代码：

```
……
protected:
HICON m_hIcon;
CStatusBarCtrl    m_Sar;              //状态栏控制对象
……
```

重载主对话框的初始化函数，修改代码如下：

```
BOOL CBewaDlg::OnInitDialog()
{
    CDialog::OnInitDialog();
    ……
    // Set the icon for this dialog.  The framework does this automatically
    //  when the application's main window is not a dialog
    SetIcon(m_hIcon, TRUE);           // Set big icon
    SetIcon(m_hIcon, FALSE);          // Set small icon

    // TODO: Add extra initialization here
    CWnd::ShowWindow(3);                              //最大化窗口
```

```
    CString m_time;
    CString m_date;
    CTime time=CTime::GetCurrentTime();           //得到当前时间
    m_time=time.Format("%X");                     //时间格式化
    m_date=time.Format("%x");                     //日期格式化
    m_Sar.Create(WS_CHILD|WS_VISIBLE|
                 CCS_BOTTOM,CRect(0,0,0,0),this,100);
    //创建状态栏
    int part[4]={80,160,-1};
    m_Sar.SetParts(3,part);                       //设置状态栏分片数目和大小
    m_Sar.SetText(m_date,0,0);                    //设置第一个窗片的字符串
    m_Sar.SetText(m_time,1,0);                    //设置第二个窗片的字符串
    m_Sar.SetText("中国水利水电出版社",2,0);        //设置第三个窗片的字符串
    ……
}
```

若在状态栏中添加当前的时间,而时间需要不断更新,需要为 CBewaDlg 类的 WM_TIMER 消息添加消息响应函数,如图 7-2 所示。

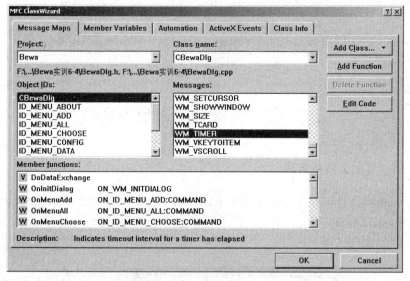

图 7-2　MFC ClassWizard 对话框

打开 Bewa.dsw 文件,在工作区中单击 FileView 标签,展开 Bewa Files 项,再展开 Header Files 项,在 Resources.h 项上双击,打开该文件后在适当位置添加:

```
#define    ID_TIMER1   136                       //设置定时器标识符
```
在对话框的初始化函数中设置定时器:
```
    SetTimer(ID_TIMER1,1000,NULL);                //设置定时器
```
为 WM_TIMER 消息添加消息响应函数代码如下:
```
void CBewaDlg::OnTimer(UINT nIDEvent)
{
    // TODO: Add your message handler code here and/or call default
    CString m_time;
```

```
    CTime   time=CTime::GetCurrentTime();      //得到当前时间
    m_time=time.Format("%X");                   //时间格式化
    m_Sar.SetText(m_time,1,0);                  //将第二个窗片设置为当前时间
    CDialog::OnTimer(nIDEvent);
}
```
在对话框要退出时删除该定时器:
```
void CBewaApp::OnMenuExit()
{
    // TODO: Add your command handler code here
    AfxGetMainWnd()->KillTimer(ID_TIMER1);      //删除定时器
    exit(0);
}
```
运行程序，结果如图 7-3 所示。

图 7-3　添加状态栏的对话框

实训 7.2　为对话框添加工具栏

实训 7.2.1　添加工具栏资源

打开 Bewa.dsw 文件，在工作区中单击 Resource View 标签，展开 Bewa resources 项，再选中 Dialog 项，在 Dialog 项上右击，在弹出的右键菜单中选择 Insert Resource 项，弹出 Insert Resource 对话框，如图 7-4 所示。

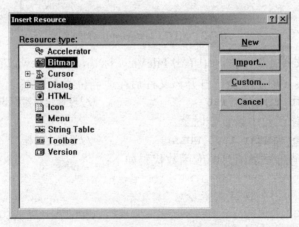

图 7-4　Insert Resource 对话框

单击 Import 按钮，载入先前编辑好的位图资源，如图 7-5 所示。在工作区中单击 Resource View 标签，展开 Bewa resources 项，再选中 Bitmap 项，就可以编辑该位图了。

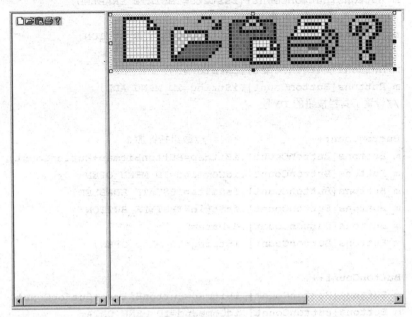

图 7-5　编辑位图

实训 7.2.2　实现工具栏

在 CBewaDlg.cpp 的函数实现前加入如下代码：

```
    CToolBarCtrl ToolBar;              //创建工具栏控件对象
    int ButtonCount;
    int ButtonBitmap;
    TBBUTTON   m_Buttons[5];           //包含各按钮信息的 TBBUTTON 结构数组
```

重载主对话框的初始化函数，修改代码如下：

```
    BOOL CBewaDlg::OnInitDialog()
    {
        CDialog::OnInitDialog();
        ……
        // TODO: Add extra initialization here
        ……
    m_Sar.SetText("中国水利水电出版社",2,0);   //设置第 3 个窗片的字符串
    ToolBar.Create(WS_CHILD|WS_VISIBLE|CCS_TOP|
            TBSTYLE_TOOLTIPS|CCS_ADJUSTABLE,CRect(0,0,0,0),this,0);
    //建立工具栏并设置工具栏的样式
    ButtonBitmap=ToolBar.AddBitmap(5,IDB_BITMAP1);
    //加入工具栏的位图
    //以下相似的代码开始设置各具体的按钮
    m_Buttons[ButtonCount].iBitmap=ButtonBitmap+ButtonCount;
    //ButtonCount 初为 0
```

```
        m_Buttons[ButtonCount].idCommand=ID_MENU_ADD;
        //工具栏与菜单上某子项对应
        m_Buttons[ButtonCount].fsState=TBSTATE_ENABLED;
        //设置工具栏按钮为可选
        m_Buttons[ButtonCount].fsStyle=TBSTYLE_BUTTON;
        //设置工具栏按钮为普通按钮
        m_Buttons[ButtonCount].dwData=0;
        m_Buttons[ButtonCount].iString=ID_MENU_ADD;
        //设置工具栏按钮的 ID 号

        ButtonCount++;                    //数组指针加 1
        m_Buttons[ButtonCount].iBitmap=ButtonBitmap+ButtonCount;
        m_Buttons[ButtonCount].idCommand=ID_MENU_OPEN;
        m_Buttons[ButtonCount].fsState=TBSTATE_ENABLED;
        m_Buttons[ButtonCount].fsStyle=TBSTYLE_BUTTON;
        m_Buttons[ButtonCount].dwData=0;
        m_Buttons[ButtonCount].iString=ID_MENU_OPEN;

        ButtonCount++;
        m_Buttons[ButtonCount].iBitmap=ButtonBitmap+ButtonCount;
        m_Buttons[ButtonCount].idCommand=ID_MENU_DATA;
        m_Buttons[ButtonCount].fsState=TBSTATE_INDETERMINATE;
        m_Buttons[ButtonCount].fsStyle=TBSTYLE_BUTTON;
        m_Buttons[ButtonCount].dwData=0;
        m_Buttons[ButtonCount].iString=ID_MENU_DATA;

        ButtonCount++;
        m_Buttons[ButtonCount].iBitmap=ButtonBitmap+ButtonCount;
        m_Buttons[ButtonCount].idCommand=ID_MENU_CHOOSE;
        m_Buttons[ButtonCount].fsState=TBSTATE_INDETERMINATE;
        m_Buttons[ButtonCount].fsStyle=TBSTYLE_BUTTON;
        m_Buttons[ButtonCount].dwData=0;
        m_Buttons[ButtonCount].iString=ID_MENU_CHOOSE;

        ButtonCount++;
        m_Buttons[ButtonCount].iBitmap=ButtonBitmap+ButtonCount;
        m_Buttons[ButtonCount].idCommand=ID_MENU_ABOUT;
        m_Buttons[ButtonCount].fsState=TBSTATE_ENABLED;
        m_Buttons[ButtonCount].fsStyle=TBSTYLE_BUTTON;
        m_Buttons[ButtonCount].dwData=0;
        m_Buttons[ButtonCount].iString=ID_MENU_ABOUT;

        ToolBar.AddButtons(5,m_Buttons);  //为工具栏加入按钮并显示在对话框中
}
```

运行程序，对话框中已经有工具栏了，如图 7-6 所示。

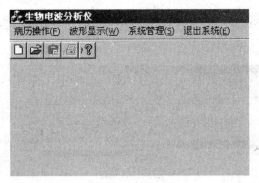

图 7-6　添加工具栏的对话框

实训 7.2.3　为工具栏添加提示信息

打开 Bewa.dsw 文件，在工作区中单击 Resource View 标签，展开 Bewa resources 项，再展开 String Table 项，在 String Table 项上双击，在右边窗口中显示的便是工具栏对应 ID 出现的提示信息，如图 7-7 所示。

ID	Value	Caption
IDS_ABOUTBOX	101	关于 Bewa[&A]...
ID_MENU_ADD	32771	添加一个新的病历
ID_MENU_MEASURE	32776	对选取的波段进行分析测量
ID_MENU_OPEN	32782	打开一个旧病历
ID_MENU_ALL	32783	对病历进行查询、删除等管理操作
ID_MENU_DATA	32784	对生物波形进行实时采样
ID_MENU_CHOOSE	32785	选取指定宽度的波段
ID_MENU_PRINT	32786	打印结果
ID_MENU_CONFIG	32787	对波形分析的参数据进行设置
ID_MENU_EXIT	32788	正常退出生物波形分析系统
ID_MENU_ABOUT	32789	关于生物波形分析仪

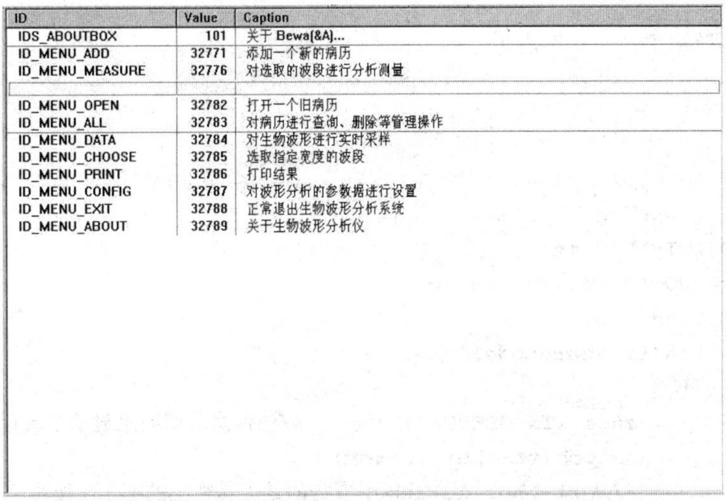

图 7-7　串编辑器

双击某一行，可以修改提示信息，右击，在弹出的快捷菜单中选择 New String，会弹出字符串资源属性框，可以编辑字符串的标题和字符串的 ID，而字符串 ID 值由 VC 自动赋值，如图 7-8 所示。

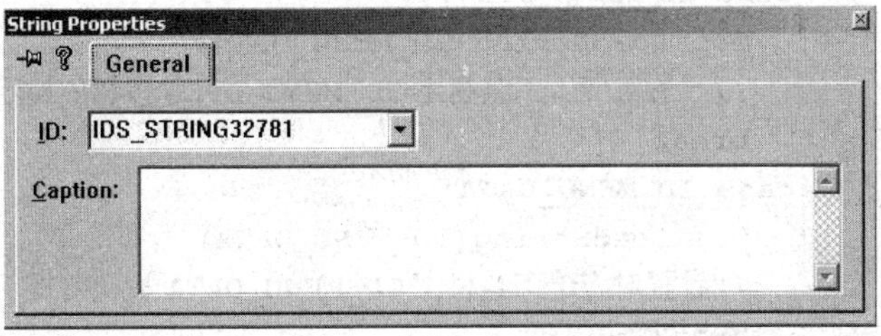

图 7-8　字符串资源属性框

在工具栏中添加提示信息，需要为 CBewaDlg 类的 OnNotify 消息添加消息响应函数，如图 7-9 所示。

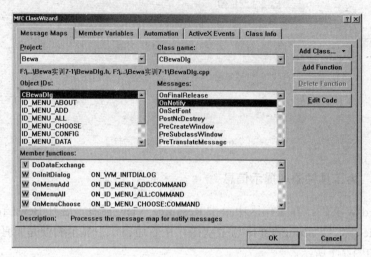

图 7-9 MFC ClassWizard 对话框

编辑函数代码如下：
```
BOOL CBewaDlg::OnNotify(WPARAM wParam,
 LPARAM lParam, LRESULT* pResult)
{
    // TODO: Add your specialized code here and/or
//call the base class
    TOOLTIPTEXT *tt;
    tt=(TOOLTIPTEXT*)lParam;
    CString Tip;
    switch(tt->hdr.code)
        {
            case TTN_NEEDTEXT:         //该信息表明要求显示工具栏上的提示
            switch(tt->hdr.idFrom)
            //从 tt->hdr.idFrom 中取得的是工具栏上的哪一个按钮
            {
              case ID_MENU_ADD:
                Tip.LoadString(ID_MENU_ADD);
                //设置对应于工具栏上 ID_MENU_ADD 按钮的提示信息
                break;
              case ID_MENU_OPEN:
                Tip.LoadString(ID_MENU_OPEN);
                //设置对应于工具栏上 ID_MENU_OPEN 按钮的提示信息
                break;
              case ID_MENU_DATA:
                Tip.LoadString(ID_MENU_DATA);
                //设置对应于工具栏上 ID_MENU_DATA 按钮的提示信息
                break;
              case ID_MENU_CHOOSE:
```

```
                Tip.LoadString(ID_MENU_CHOOSE);
                //设置对应于工具栏上 ID_MENU_CHOOSE 按钮的提示信息
                break;
            case ID_MENU_ABOUT:
                Tip.LoadString(ID_MENU_ABOUT);
                //设置对应于工具栏上 ID_MENU_ABOUT 按钮的提示信息
                break;
            }
        strcpy(tt->szText,(LPCSTR)Tip);           //显示提示信息
        break;
        }
    return CDialog::OnNotify(wParam, lParam, pResult);
}
```

运行程序，对话框会出现提示信息，如图 7-10 所示。

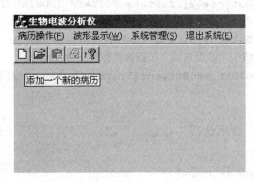

图 7-10　工具栏提示信息

实训 7.2.4　实现工具栏更新

当添加病历完成后，"数据采集"按钮理应是可以被正常使用的。打开 CBewaDlg.cpp 文件，编辑 OnMenuAdd()函数代码如下：

```
void CBewaDlg::OnMenuAdd()
{
    // TODO: Add your command handler code here
    CDlgadd dlg;
    if(dlg.DoModal()==IDOK)
    {
        //如果添加病历完成，则可以使用"数据采集"按钮
        for(int i=5;i>0;i--)
        {
            ToolBar.DeleteButton(i-1);    //先删除所有按钮
        }
        m_Buttons[2].fsState=TBSTATE_ENABLED;
        //改变"数据采集"按钮的状态
        ToolBar.AddButtons(5,m_Buttons);      //重新添加工具栏按钮
    }
}
```

当数据采集完成后,"数据采集"按钮不可用,"波形选段"按钮理应可以使用。打开 CBewaDlg.cpp 文件,编辑 OnMenuGet()函数代码如下:

```cpp
void CBewaDlg::OnMenuGet()
{
    // TODO: Add your command handler code here
    CDlgget dlg;
    if(dlg.DoModal()==IDOK)
    {
        //如果数据采集完成,则禁止使用"数据采集"按钮,可以使用"波形选段"按钮
        for(int i=5;i>0;i--)
        {
            ToolBar.DeleteButton(i-1);      //先删除所有按钮
        }
        m_Buttons[2].fsState=TBSTATE_INDETERMINATE;
        //改变"数据采集"按钮的状态
        m_Buttons[3].fsState=TBSTATE_ENABLED;
        //改变"波形选段"按钮的状态
        ToolBar.AddButtons(5,m_Buttons);    //重新添加工具栏按钮
    }
}
```

当打开病历完成后,"波形选段"按钮是可以使用的。打开 CBewaDlg.cpp 文件,编辑 OnMenuOpen()函数代码如下:

```cpp
void CBewaDlg::OnMenuOpen()
{
    // TODO: Add your command handler code here
    CString fnames;
    CFileDialog dlg(true);
    int dlgResult=dlg.DoModal();
    if(dlgResult ==1)
    {
        //如果打开病历完成,则可以使用"波形选段"按钮
        for(int i=5;i>0;i--)
        {
            ToolBar.DeleteButton(i-1);      //先删除所有按钮
        }
        m_Buttons[3].fsState=TBSTATE_ENABLED;
        //改变"数据采集"按钮的状态
        ToolBar.AddButtons(5,m_Buttons);    //重新添加工具栏按钮
        fnames=dlg.GetPathName();
        filenameopen=fnames.Right(6);       //后面6位是检查号
        CDlgshow dlgshow;                   //显示病历资料对话框
        dlgshow.DoModal();
    }
}
```

实训 7.3 为对话框添加菜单更新

实训 7.3.1 使对话框的菜单更新

在 CBewaDlg.h 的函数声明中加入如下代码：

```cpp
void CBewaDlg::UpdateMenu(CMenu *pMenu);
```

在 CBewaDlg.cpp 文件加入如下代码：

```cpp
void CBewaDlg::UpdateMenu(CMenu *pMenu)
{
    CCmdUI cmdUI;      //创建菜单更新对象
    cmdUI.m_nIndexMax = pMenu->GetMenuItemCount();
    //得到当前弹出式子菜单数目
    //下面对每一个子菜单进行菜单更新
    for(UINT n = 0; n < cmdUI.m_nIndexMax; ++n)
    {
        CMenu* pSubMenu = pMenu->GetSubMenu(n);
        if(pSubMenu == NULL)          //如果该菜单没有子菜单则进行更新
        {
            cmdUI.m_nIndex = n;        //得到索引号
            cmdUI.m_nID = pMenu->GetMenuItemID(n); //得到菜单 ID
            cmdUI.m_pMenu = pMenu;
            cmdUI.DoUpdate(this, FALSE);            //更新菜单
        }
            else              //如果该菜单拥有子菜单则嵌套调用该函数
            {
                UpdateMenu(pSubMenu);
            }
    }
}
```

另外，在 CBewaDlg.h 声明的消息映射函数处加入如下代码：

```cpp
//{{AFX_MSG(CEegDlg)
//}}AFX_MSG
afx_msg void OnInitMenuPopup(CMenu *pPopupMenu, UINT, BOOL);
DECLARE_MESSAGE_MAP()
```

在 CBewaDlg.cpp 的消息映射中加入代码，具体位置和代码如下：

```cpp
BEGIN_MESSAGE_MAP(CBewaDlg, CDialog)
    //{{AFX_MSG_MAP(CBewaDlg)
    ……
    //}}AFX_MSG_MAP
        ON_WM_INITMENUPOPUP()
END_MESSAGE_MAP()
```

编辑消息映射函数如下：

```cpp
void CBewaDlg::OnInitMenuPopup(CMenu *pPopupMenu, UINT, BOOL)
```

```
    {
        UpdateMenu(pPopupMenu);                //调用菜单更新函数
    }
```

实训 7.3.2 菜单更新

在对话框的初始化函数中工具栏代码后添加如下代码：

```
CMenu   *pMenu;
pMenu=GetMenu();                                           //得到当前菜单
pMenu->EnableMenuItem(ID_MENU_DATA,MF_GRAYED);
//"数据采集"菜单项变灰即不可用
pMenu->EnableMenuItem(ID_MENU_CHOOSE,MF_GRAYED);
//"波形选段"菜单项变灰
pMenu->EnableMenuItem(ID_MENU_MEASURE,MF_GRAYED);
//"波形测量"菜单项变灰
```

这段代码用于初始化菜单状态。

当添加病历完成后，"数据采集"菜单项理应可以使用。打开 CBewaDlg.cpp 文件，编辑 OnMenuAdd()函数代码如下：

```
void CBewaDlg::OnMenuAdd()
{
    // TODO: Add your command handler code here
    CDlgadd dlg;
    if(dlg.DoModal()==IDOK)
    {
        for(int i=5;i>0;i--)
        {
            ToolBar.DeleteButton(i-1);
        }
        m_Buttons[2].fsState=TBSTATE_ENABLED;
        ToolBar.AddButtons(5,m_Buttons);
            //添加病历完成后，"数据采集"菜单项可用
        CMenu   *pMenu;
        pMenu=GetMenu();                       //得到当前菜单
        pMenu->EnableMenuItem(ID_MENU_DATA,MF_ENABLED);
        //改变"数据采集"菜单项状态为可用
    }
}
```

当数据采集完成后，"数据采集"菜单项不可用，"波形选段"菜单项应当可以使用。打开 CBewaDlg.cpp 文件，编辑 OnMenuGet()函数代码如下：

```
void CBewaDlg::OnMenuGet()
{
    // TODO: Add your command handler code here
    CDlgget dlg;
    if(dlg.DoModal()==IDOK)
    {
        for(int i=5;i>0;i--)
```

```
            {
                ToolBar.DeleteButton(i-1);
            }
        m_Buttons[2].fsState=TBSTATE_INDETERMINATE;
        m_Buttons[3].fsState=TBSTATE_ENABLED;
        ToolBar.AddButtons(5,m_Buttons);
        //数据采集完成后,"数据采集"菜单项不可用,"波形选段"菜单项可用
        CMenu   *pMenu;
        pMenu=GetMenu();            //得到当前菜单
        pMenu->EnableMenuItem(ID_MENU_DATA,MF_GRAYED);
        //改变"数据采集"菜单项状态为不可用
        pMenu->EnableMenuItem(ID_MENU_CHOOSE,MF_ENABLED);
        //改变"波形选段"菜单项状态为可用
    }
}
```

当打开病历完成后,"波形选段"菜单项应当可以使用。打开 CBewaDlg.cpp 文件,编辑 OnMenuOpen()函数代码如下:

```
void CBewaDlg::OnMenuOpen()
{
    // TODO: Add your command handler code here
    CString fnames;
    CFileDialog dlg(true);
    int dlgResult=dlg.DoModal();
    if(dlgResult ==1)
    {
        for(int i=5;i>0;i--)
            {
                ToolBar.DeleteButton(i-1);
            }
    m_Buttons[3].fsState=TBSTATE_ENABLED;
        ToolBar.AddButtons(5,m_Buttons);
        //打开病历后,"波形选段"菜单项可用
        CMenu   *pMenu;
        pMenu=GetMenu();            //得到当前菜单
        pMenu->EnableMenuItem(ID_MENU_CHOOSE,MF_ENABLED);
        //改变"波形选段"菜单项状态为可用
        fnames=dlg.GetPathName();
        fnameopen=fnames.Right(6);;
        CDlgshow dlgshow;
        dlgshow.DoModal();
    }
}
```

当波形选段完成后,"波形测量"菜单项应当可以使用。打开 CDlgsure.cpp 文件,编辑 OnOK()函数代码如下:

```
void CDlgsure::OnOK()
{
```

```
    // TODO: Add extra validation here
    choose[number][0]=begin;
    choose[number][1]=end;
    //波形选段后,"波形测量"菜单项可用
    CMenu   *pMenu;
    pMenu=AfxGetMainWnd()->GetMenu();    //通过主框架指针得到当前菜单
    pMenu->EnableMenuItem(ID_MENU_MEASURE,MF_ENABLED);
    //改变"波形测量"菜单项状态为可用
    CDialog::OnOK();
}
```

运行程序,可以检查菜单更新和工具栏更新,初始状态如图 7-11 所示。

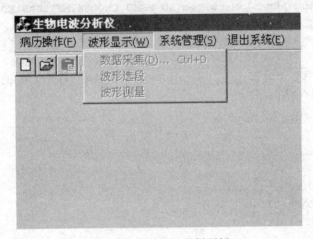

图 7-11 菜单和工具栏更新

添加病历后单击"添加"按钮,"数据采集"菜单项和对应的工具按钮可用,如图 7-12 所示。

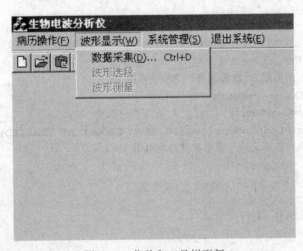

图 7-12 菜单和工具栏更新

数据采集保存完成后,"数据采集"菜单项和对应的工具栏按钮不可用,"波形选段"菜单项和对应的工具栏按钮可用,如图 7-13 所示。

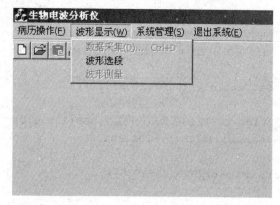

图 7-13 菜单和工具栏更新

波形选段完成后,"波形测量"菜单项可用,如图 7-14 所示。

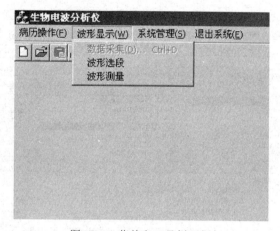

图 7-14 菜单和工具栏更新

实训 7.4 其他

实训 7.4.1 为控件添加背景色

为控件添加背景色,需要为 WM_CTLCOLOR 消息添加消息响应函数。为"添加病历"对话框的 WM_CTLCOLOR 消息添加消息响应函数,如图 7-15 所示。

编辑函数代码如下:

```
HBRUSH CDlgadd::OnCtlColor(CDC* pDC, CWnd* pWnd, UINT nCtlColor)
{
    HBRUSH hbr = CDialog::OnCtlColor(pDC, pWnd, nCtlColor);
    // TODO: Change any attributes of the DC here
    //将编辑框的背景颜色设置为RGB(0,0,255)
    if(nCtlColor == CTLCOLOR_EDIT)
    {
        pDC->SetTextColor(RGB(0,0,255));
```

```
    }
    //将日期控件的背景颜色设置为 RGB(120,25,22)
    if(pWnd->GetDlgCtrlID() == IDC_DATETIMEPICKER1)
    {
        pDC->SetTextColor(RGB(120,25,22));
    }
    //将标识号为 IDC_EDIT2 的背景颜色设置为 RGB(255,0,0)
    if (pWnd->GetDlgCtrlID()==IDC_EDIT2)
    {
      pDC->SetTextColor(RGB(255,0,0));
    }
    // TODO: Return a different brush if the default is not desired
    return hbr;
}
```

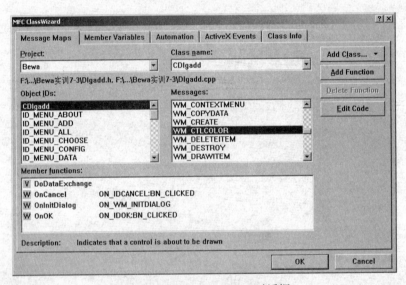

图 7-15　MFC ClassWizard 对话框

运行程序，打开"添加病历"对话框，填写各项信息，如图 7-16 所示。

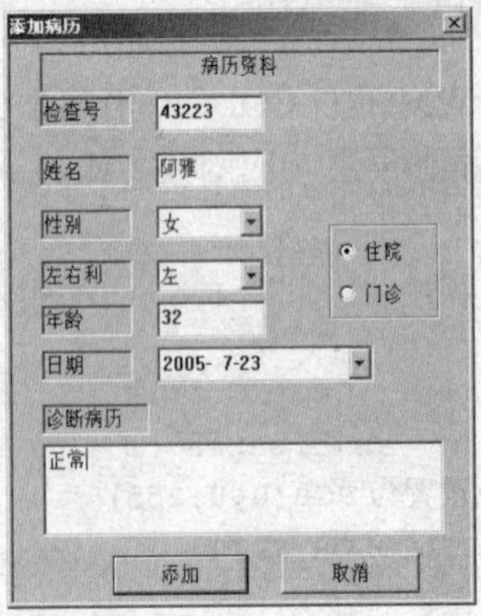

图 7-16　"添加病历"对话框

实训 7.4.2 为主对话框添加上下文菜单

为了操作上的方便，还给主对话框添加了右键菜单，即当在主对话框的客户区右击时会弹出第二个子菜单。

WM_CONTEXTMENU 消息用于添加上下文菜单，下面在 MFC ClassWizard 对话框中为主对话框的 WM_CONTEXTMENU 消息添加消息响应函数，如图 7-17 所示。

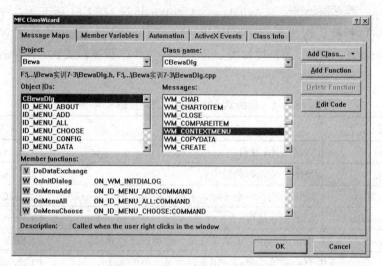

图 7-17 MFC ClassWizard 对话框

编辑函数代码如下：

```
void CBewaDlg::OnContextMenu(CWnd* pWnd, CPoint point)
{
    // TODO: Add your message handler code here
    CMenu  *pMenu;
    pMenu=GetMenu();                //得到当前菜单
    pMenu->GetSubMenu(1)->TrackPopupMenu (
           TPM_LEFTALIGN|TPM_RIGHTBUTTON,point.x,point.y,this);
    //在右击位置的左侧弹出第二个子菜单
}
```

运行程序，打开病历后在主对话框的客户区右击，弹出上下文菜单如图 7-18 所示。

图 7-18 上下文菜单

第 8 章　高级控件

本章主要讲述高级控件及其应用的实例。通过第 7 章的学习，已经了解了一些最基本的控件，本章将讲述一些高级控件。从 Windows 95 和 Windows NT 3.51 版开始，Windows 提供了一些先进的 Win32 控件，这些新控件弥补了传统控件的某些不足之处，并使 Windows 的界面丰富多彩且更加友好。MFC 的新控件类封装了这些控件，新控件及其对应的控件类如表 8-1 所示。

表 8-1　新的 Win32 控件及其对应的控件类

控件名	功能	对应的控件类
动画（Animate）	可播放 .avi 文件	CAnimateCtrl
热键（Hot Key）	使用户能选择热键组合	CHotKeyCtrl
列表视图（List View）	能够以列表、小图标、大图标或报告格式显示数据	CListCtrl
进度条（Progress Bar）	用于指示进度	CProgressCtrl
滑动条（Slider）	用户可以移动滑动条在某一范围中进行选择	CSliderCtrl
旋转按钮	有一对箭头按钮，用来调节某一值的大小	CSpinButtonCtrl
标签（Tab）	用来作为标签使用	CTabCtrl
树形视图（Tree View）	以树状结构显示数据	CTreeCtrl

实训 8.1　动画控件的使用

Windows 95 支持一种动画控件（Animate control），动画控件可以播放 AVI 格式的动画（AVI Clip），动画可以来自一个 AVI 文件，也可以来自资源中。动画控件可以用来显示无声的动画。如果视频剪辑文件中带有音频，则该视频是不能使用动画控件来显示的。

实训 8.1.1　动画控件简介

动画控件的样式可以在 Animate Properties 对话框的 Styles 选项卡进行设置，如图 8-1 所示。

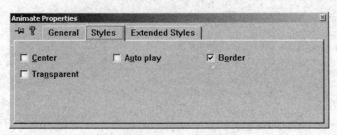

图 8-1　动画控件的 Properties 对话框

MFC 的 CAnimateCtrl 类封装了动画控件，CAnimateCtrl 类主要的成员函数包括：

（1）BOOL Open(LPCTSTR lpszFileName)函数。Open 函数从 AVI 文件或资源中打开动画，如果参数 lpszFileName 或 nID 为 NULL，则系统将关闭以前打开的动画。若成功，则函数返回 TRUE。

（2）BOOL Play(UINT nFrom, UINT nTo, UINT nRep)函数。该函数用来播放动画。参数 nFrom 指定了播放的开始帧的索引，它的数值必须小于 65536，若为 0，则从头开始播放；nTo 指定了结束帧的索引，它的数值也必须小于 65536；若为-1，则表示播放到动画的末尾；nRep 是播放的重复次数，若为-1，则无限重复播放。若成功，则函数返回 TRUE。

（3）BOOL Seek(UINT nTo)函数。该函数用来静态地显示动画的某一帧。参数 nTo 是表示帧的索引，其数值必须小于 65536，若为 0，则显示第一帧；若为-1，则显示最后一帧。若成功，则函数返回 TRUE。

（4）BOOL Stop()函数。停止动画的播放。若成功则函数返回 TRUE。

（5）BOOL Close()函数。关闭并从内存中清除动画，若成功，则函数返回 TRUE。

一般来说，应该把动画放在资源里，而不是单独的 AVI 文件中。

（1）在程序的资源视图中右击，并在弹出的快捷菜单中选择 Import...命令。

（2）在文件选择对话框中选择.avi 文件，单击 Import 按钮退出。

（3）单击 Import 按钮退出后，会出现一个 Custom Resource Type 对话框，如图 8-2 所示。如果是第一次向资源中加入 AVI 文件，那么应该在 Resource type 编辑框中为动画类资源起一个名字（如 AVI）。若以前已创建过 AVI 型资源，则可以直接在列表框中选择 AVI 型。单击 OK 按钮，.avi 就被加入到资源中。

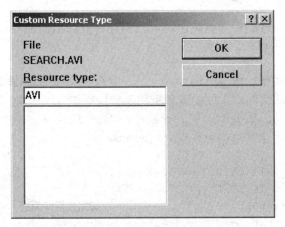

图 8-2　Custom Resource Type 对话框

创建动画控件的方法与创建普通控件相比并没有什么不同，可以用 ClassWizard 把动画控件和 CAnimateCtrl 对象联系起来。动画控件的使用很简单，下面的这段代码可以实现打开并不断重复播放一个资源动画的功能，它们通常位于 OnInitDialog()函数中：

```
m_AnimateCtrl.Open(IDR_AVI1);
m_AnimateCtrl.Play(0,-1,-1);
```

动画控件只能播放一些简单的、颜色数较少的 AVI 动画。

实训 8.1.2　加入动画控件

在程序运行之前先运行一段"查找"的动画，与 Windows 操作系统寻找文件时的动画相同。

首先为动画控件添加标识号。通过菜单 View | Resource Symbols…，打开 Resource Symbols 对话框，单击 New 按钮，添加名称为 ID_ANIMATE 的标识号，数值取默认值，如图 8-3 所示。

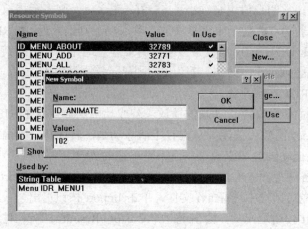

图 8-3　Resource Symbols 对话框

按照上面讲述的方法插入动画到资源文件，其中标识号为 IDR_AVI1。

打开 CBewaDlg.h 文件，添加下面的代码：

```
public:
    CBewaDlg(CWnd* pParent = NULL); // standard constructor
    ~CBewaDlg();
protected:
    CAnimateCtrl *m_animate;           //声明动画控制对象指针
```

打开 CBewaDlg.cpp 文件，重载构造和析构函数：

```
CBewaDlg::CBewaDlg(CWnd* pParent /*=NULL*/)
    : CDialog(CBewaDlg::IDD, pParent)
{
    //{{AFX_DATA_INIT(CBewaDlg)
    //}}AFX_DATA_INIT
    m_animate=NULL;                    //初始化指针为空
    // Note that LoadIcon does not require a subsequent
    //DestroyIcon in Win32
    m_hIcon = AfxGetApp()->LoadIcon(IDR_MAINFRAME);
}
CBewaDlg::~CBewaDlg()
{
    delete m_animate;                  //释放空间
}
```

在初始化函数中添加如下代码：

```
BOOL CBewaDlg::OnInitDialog()
```

```
{
    CDialog::OnInitDialog();
    ……
    // TODO: Add extra initialization here
    //全屏显示窗口
    filenameopen="";
    CWnd::ShowWindow(3);

    //动画控件的操作
    m_animate=new CAnimateCtrl();
    CRect rectanimate;
    //动画控件显示位置
    rectanimate.SetRect(450,300,500,350);
    //动态建立动画控件
    m_animate->Create(WS_CHILD|WS_VISIBLE,
                rectanimate,this,ID_ANIMATE);
    //播放动画控件
    m_animate->Open(IDR_AVI1);
    m_animate->Play(0,1000,1);
    Sleep(5000);
    m_animate->Close();
    //隐藏动画控件
    m_animate->ShowWindow(FALSE);
    ……
    return TRUE;      //return TRUE  unless you
                      //set the focus to a control
}
```

运行程序时会先播放一段动画,在动画播放完以前是不能进行任何操作的。播放完成后,工具栏和状态栏才会显示。图8-4显示了播放动画控件。

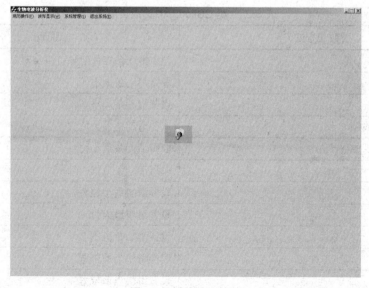

图8-4　播放动画控件

实训 8.2　滑动条控件和进度条控件

实训 8.2.1　滑动条控件简介

滑动条控件又叫作轨道条控件，其主要是用一个带有轨道和滑标的小窗口以及窗口上的刻度，来让用户选择一个离散数据或一个连续的数值区间。

滑动条控件的样式可以在 Slider Properties 对话框的 Styles 选项卡中进行设置，如图 8-5 所示。

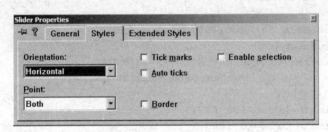

图 8-5　滑动条控件的 Properties 对话框

滑动条控件在 MFC 类库中被封装为 CSliderCtrl 控件，其主要操作是设置刻度范围、绘制刻度标记、设置选择范围和当前滑标位置等。当用户进行交互操作时，滑动条控件将向其父窗口发送消息 WM_HSCROLL，所以在应用程序中应重载父窗口的 OnHScroll()成员函数，以便对消息进行正确处理，获取系统发送的通知代码、滑标位置和指向 CSliderCtrl 对象的指针等。由于考虑到和水平卷动杆共用同一个成员函数，OnHScroll()函数参数表中的指针变量被定义为 CScrollBar *类型，由于实际上消息是由滑动条产生的，所以在程序中必须把这个指针变量强制转换为 CSliderCtrl *类型。表 8-2 列出其成员函数。

表 8-2　类 CSliderCtrl 的成员函数

函数（方法）	说明
Create()	建立滑动条控件对象并绑定对象
GetLineSize()	取得滑动条大小
SetLineSize()	设置滑动条大小
GetRangeMax()	取得滑动条最大位置
GetRangeMin()	取得滑动条最小位置
GetRange()	取得滑动条范围
SetRangeMin()	设置滑块最小位置
SetRangeMax()	设置滑块最大位置
SetRange()	设置滑动条范围
GetSelection()	取得滑块当前位置
SetSelection()	设置滑块当前位置
GetPos()	取得滑动条当前位置

续表

函数（方法）	说明
SetPos()	设置滑动条当前位置
ClearSel()	清除滑动条当前选择
VerifyPos()	验证滑动条当前位置是否在最大最小位置之间
ClearTics()	清除当前刻度标志

实训 8.2.2　进度条控件简介

进度条控件（Progress Control）主要用来显示数据读写、文件拷贝和磁盘格式等操作的工作进度情况，如安装程序等。伴随工作进度的进展，进度条的矩形区域从左到右利用当前活动窗口标题条的颜色来不断填充。

进度条控件的样式可以在 Progress Properties 对话框的 Styles 选项卡中进行设置，如图 8-6 所示。

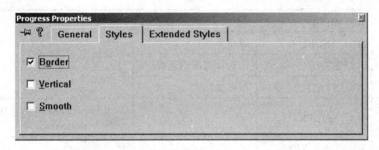

图 8-6　进度条控件的 Properties 对话框

进度条控件在 MFC 类库中的封装类为 CProgressCtrl，通常仅作为输出类控件，所以其操作主要是设置进度条的范围和当前位置，并不断地更新当前位置。进度条的范围用来表示整个操作过程的时间长度，当前位置表示完成任务的当前时刻。SetRange()函数用来设置范围，初始范围为 0~100；SetPos()函数用来设置当前位置，初始值为 0；SetStep()函数用来设置步长，初始步长为 10；StepIt()函数用来按照当前步长更新位置；OffsetPos()函数用来直接将当前位置移动一段距离。如果范围或位置发生变化，那么进度条将自动重绘进度区域来及时反映当前工作的进展情况。表 8-3 列出其成员函数。

表 8-3　类 CProgressCtrl 的成员函数

函数（方法）	说明
Create()	建立进度条控件对象并绑定对象
SetRange()	设置进度条最大最小控制范围
OffsetPos()	设置进度条当前位置偏移值
SetPos()	设置进度条当前位置
SetStep()	设置进度条控制增量值
StepIt()	控制并重绘进度条

实训 8.2.3　滑动条控件和进度条控件的使用

操作步骤如下:

(1) 如图 8-7 所示，添加对话框资源。

图 8-7　Dialog Properties 对话框

(2) 添加控件的属性如表 8-4 所示。

表 8-4　对话框资源中各控件属性

控件类型	资源 ID	标题	其他属性
按钮控件	IDC_BEGIN	开始	默认属性
	IDC_ANCEL	退出	
静态控件	IDC_STATIC	请选择滤波的速度	
	IDC_STATIC1	正在滤波中……	
滑动条控件	IDC_SLIDER		选中 Tick marks 和 Auto ticks 属性；Point 属性为 Bottom/Right
进度条控件	IDC_PROGRESS		选中 Smooth 属性

(3) 添加对话框类 CDlgadvanced。

(4) 为控件添加成员变量，如表 8-5 所示。

表 8-5　各控件增加的成员变量

资源 ID	Category	Type	成员变量名
IDC_SLIDER	Control	CSliderCtrl	m_Slider
IDC_PROGRESS	Control	CProgressCtrl	m_Progress

(5) 添加对话框初始化函数:

```
BOOL CDlgadvanced::OnInitDialog()
{
    CDialog::OnInitDialog();
    // TODO: Add extra initialization here
    (CStatic*)GetDlgItem(IDC_STATIC1)->ShowWindow(FALSE);
    //隐藏"传输完成"静态控件
    m_Slider.SetRange(1,10,TRUE);           //设置滑动条范围
    m_Slider.SetPos(1);                     //设置滑动条位置
    m_Progress.SetRange(0,10000);           //设置进度条范围
    m_Progress.SetPos(0);                   //设置进度条位置
```

```
                return TRUE;// return TRUE unless you set the focus to a control
                          // EXCEPTION: OCX Property Pages should return FALSE
        }
```
(6) 为按钮 "开始" 和 "退出" 添加消息映射：
```
        void CDlgadvanced::OnBegin()
        {
            // TODO: Add your control notification handler code here
            (CStatic*)GetDlgItem(IDC_STATIC1)->ShowWindow(TRUE);
            UpdateWindow();                        //显示"传输完成"静态控件
            int m;
            m=m_Slider.GetPos();                   //取得滑动条当前位置值
            m_Progress.SetStep(m);                 //设置进度条的步长
            int pos;
            pos=m_Progress.GetPos();               //取得进度条当前位置值
            Sleep(1000);
            while(pos<10000)
            {
                    m_Progress.StepIt();           //进度条按步长前进
                    pos=m_Progress.GetPos();       //得到进度条当前位置
                    ::Sleep(1);
            }
            GetDlgItem(IDC_STATIC1)->SetWindowText("滤波完成");
        }
        void CDlgadvanced::OnCancel()
        {
            // TODO: Add extra cleanup here
            CDialog::OnCancel();

        }
```
(7) 添加菜单项，如图 8-8 所示。

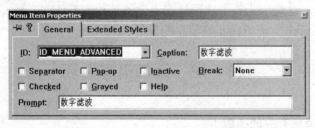

图 8-8 Menu Item Properties 对话框

(8) 添加菜单映射：
```
        void CBewaDlg::OnMenuAdvanced()
        {
            // TODO: Add your command handler code here
            CDlgadvanced dlg;
            dlg.DoModal();
        }
```

运行程序，用鼠标拖动滑块控件选择速度，然后单击"开始"按钮，会显示"正在滤波中……"，然后进度条控件开始慢慢向前移动，如图8-9所示。

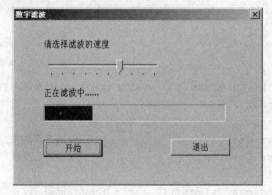

图8-9 实训8-2的运行结果

在进度条控件移动到最后，会显示"滤波完成"，如图8-10所示。

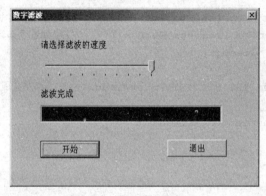

图8-10 运行结束的状态

如果进度条控件没有移动到最后，会发现状态栏中的时间显示停止不动了，单击"退出"按钮也没有什么反应，这是因为整个线程处在进度条移动的循环中，无法接收其他消息。下一个例子将加入消息循环来实现响应其他消息的目的。

实训8.3 添加消息循环

实训8.3.1 与消息有关的函数

1. GetMessage()函数

（1）函数功能：该函数从调用线程的消息队列里取得一个消息并将其放于指定的结构。此函数可取得与指定窗口联系的消息和由PostThreadMessage()寄送的线程消息,此函数接收一定范围的消息值。GetMessage()不接收属于其他线程或应用程序的消息。

（2）函数原型：BOOL GetMessage(LPMSG lpMsg, HWND hWnd,
　　　　　　　　　　　UINT wMsgFilterMin, UINT wMsgFilterMax)

（3）参数：

1）lpMsg：指向 MSG 结构的指针，该结构从线程的消息队列里接收消息信息。

2）hWnd：取得其消息的窗口句柄。这是一个有特殊含义的值（NULL）。GetMessage()为任何属于调用线程的窗口检索消息，线程消息通过 PostThreadMessage()寄送给调用线程。

3）wMsgFilterMin：指定被检索的最小消息值的整数。

4）wMsgFilterMax：指定被检索的最大消息值的整数。

（4）返回值：如果函数取得 WM_QUIT 之外的其他消息，返回非零数值；如果函数取得 WM_QUIT 消息，返回值是 0；如果出现了错误，返回值是-1。例如，当 hWnd 是无效的窗口句柄或 lpMsg 是无效的指针时，若想获得更多的错误信息，请调用 GetLastError()函数。

（5）备注：应用程序通常用返回值来确定是否终止主消息循环并退出程序。

GetMessage()函数只接收与参数 hWnd 标识的窗口或子窗口相联系的消息，子窗口由函数 IsChild 决定，消息值的范围由参数 wMsgFilterMin 和 wMsgFilterMax 给出。如果 hWnd 为 NULL，则 GetMessage()接收属于调用线程的窗口的消息，线程消息由函数 PostThreadMessage()寄送给调用线程。GetMessage()不接收属于其他线程或其他线程的窗口的消息，即使 hWnd 为 NULL。由 PostThreadMessage()寄送的线程消息，其消息 hWnd 值为 NULL。

常数 WM_KEYFIRST 和 WM_KEYLAST 可作为过滤值取得与键盘输入相关的所有消息，常数 WM_MOUSEFIRST 和 WM_MOUSELAST 可用来接收所有的鼠标消息。如果 wMsgFilterMin 和 wMsgFilterMax 都为 0，GetMessage()返回所有可得的消息（即没有范围过滤）。

GetMessage()不从队列里清除 WM.PAINT 消息，该消息将保留在队列里直到处理完毕。

注意：此函数的返回值可为非零、0 或-1，应避免如下代码出现：

    while(GetMessage(IpMsg,hWnd,0,0))…

如果返回值有出现-1 的可能性，则表示这样的代码将可能导致致命的应用程序出错。

2．PeekMessage ()函数

（1）函数功能：该函数为一个消息检查线程消息队列，并将该消息（如果存在）放于指定的结构。

（2）函数原型：BOOL PeekMessage(LPMSG lpMsg, HWND hWnd, UINT wMsgFilterMin, UINT wMsgFilterMax, UINT wRemoveMsg);

（3）参数：

1）lpMsg：接收消息信息的 MSG 结构指针。

2）hWnd：其消息被检查的窗口句柄。

3）MsgFilterMin：指定被检查的消息范围里的第一个消息。

4）wMsgFilterMax：指定被检查的消息范围里的最后一个消息。

5）wRemoveMsg：确定消息如何被处理。此参数可取下列值之一：

- PM_NOREMOVE：PeekMessage()处理后，消息不会从队列里删除。
- PM_REMOVE：PeekMessage()处理后，消息会从队列里删除。

可将 PM_NOYIELD 随意组合到 PM_NOREMOVE 或 PM_REMOVE 中。此标志的作用是使得系统不释放等待调用程序空闲的线程。

默认情况下，处理所有类型的消息。若只处理某些消息，指定一个或多个下列值：

- PM_QS_INPUT：在 Windows NT 5 和 Windows 98 中处理鼠标和键盘消息。

- PM_QS_PAINT：在 Windows NT 5 和 Windows 98 中处理画图消息。
- PM_QS_POSTMESSAGE：在 Windows NT 5 和 Windows 98 中处理所有被寄送的消息，包括计时器和热键。

PM_QS_SENDMESSAGE：在 Windows NT 5 和 Windows 98 中处理所有发送的消息。

（4）返回值：如果消息是可获得的，则返回非零值；如果没有消息可以获得，则返回值是 0。

（5）备注：和函数 GetMessage()不同的是，函数 PeekMessage()在返回前是不会等待消息被放到队列里的。

PeekMessage()函数只得到那些与参数 hWnd 标识的窗口相联系的消息或被 lsChild 确定为其子窗口相联系的消息，并且这些消息要在由参数 wMsgFilterMin 和 wMsgFilterMax 确定的范围内。如果 hWnd 为 NULL，则 PeekMessage()函数接收属于当前调用线程的窗口消息（PeekMessage()函数不接收属于其他线程的窗口消息）。如果 hWnd 为 C1，PeekMessage()函数只返回 hWnd 值为 NULL 的消息，该消息由函数 PostThreadMessage()寄送。如果 wMsgFilterMin 和 wMsgFilterMax 都为 0，GetMessage()函数返回所有可得的消息（即无范围过滤）。

常数 WM_KEYFIRST 和 WM_KEYLAST 可作为过滤值取得所有键盘消息；常数 WM_MOUSEFIRST 和 WM_MOUSELAST 可用来接收所有的鼠标消息。

PeekMessage()函数通常不从队列里清除 WM_PAINT 消息。该消息将保留在队列里直到处理完毕。但如果 WM_PAINT 消息有一个空的更新区，PeekMessage()函数将从队列里清除 WM_PAINT 消息。

3. TranslateMessage()函数

（1）函数功能：该函数将虚拟键消息转换为字符消息。字符消息被寄送到调用线程的消息队列里，当下一次线程调用函数 GetMessage()或 PeekMessage()时被读出。

（2）函数原型：BOOL TranslateMessage(CONST MSG * lpMsg);

（3）参数：lpMsg 指向含有消息的 MSG 结构的指针，该结构里含有用函数 GetMessage()或 PeekMessage()从调用线程的消息队列里取得的消息信息。

（4）返回值：如果消息被转换（即字符消息被寄送到调用线程的消息队列里），返回非零数值。如果消息是 WM_KEYDOWN、WM_KEYUP、WM_SYSKEYDOWN 或 WM_SYSKEYUP，返回非零数值，不考虑转换。如果消息没被转换（即字符消息没被寄送到调用线程的消息队列里），返回值是 0。

（5）备注：此函数不修改由参数 lpMsg 指向的消息。

WM_KEYDOWN 和 WM_KEYUP 组合产生一个 WM_CHAR 或 WM_DEADCHAR 消息。WM_SYSKEYDOWN 和 WM_SYSKEYUP 组合产生一个 WM_SYSDEADCHAR 或 SYSWM_CHAR 消息。TranslateMessage()函数为那些由键盘驱动器映射为 ASCII 字符的键产生 WM_CHAR 消息。

如果应用程序为其他用途处理虚拟键消息，不应调用 TranslateMessage()函数。例如，如果 TranslateAccelerator()函数返回一个非零数值，应用程序不应调用 TranslateMessage()函数。

Windows CE 不支持扫描码或扩展键标志。因此，不支持由 TranslateMessage()函数产生的 WM_CHAR 消息中的 IKeyData 参数（IParam）取值 16～24。

TranslateMessage()函数只能用于转换 GetMessage()函数或 PeekMessage()函数接收的消息。

4. DispatchMessage()函数

(1) 函数功能：该函数调度一个消息给窗口程序，通常调度从 GetMessage()函数取得的消息。

(2) 函数原型：LONG DispatchMessage(CONST MSG * lpMsg);

(3) 参数：lpMsg 指向含有消息的 MSG 结构的指针。

(4) 返回值：返回值是窗口程序返回的值。尽管返回值的含义依赖于被调用的消息，但返回值通常被忽略。

(5) 备注：MSG 结构必须包含有效的消息值。如果参数 lpMsg 指向一个 WM_TIMER 消息，并且 WM_TIMER 消息的参数 IParam 不为 NULL，则调用 IParam 指向的函数，而不是调用窗口程序。

一个典型的消息循环处理如下：

```
MSG msg;
while(::PeekMessage(&msg,NULL,0,0,PM_REMOVE))
{
    if(!::TranslateMessage(&msg))
      ::DispatchMessage(&msg);
}
```

实训 8.3.2 实现消息循环

利用这一消息循环处理过程来解决实训 8.2 中的问题。

在 CDlgadvanced.h 文件中加入如下变量：

```
bool bWorking;                    //用于标识是否停止
int pos;                          //标识进度条当前位置
```

在 CDlgadvanced.cpp 文件 CDlgadvanced 类的构造函数中初始化这两个变量。

```
CDlgadvanced::CDlgadvanced(CWnd* pParent /*=NULL*/)
    : CDialog(CDlgadvanced::IDD, pParent)
{
    //{{AFX_DATA_INIT(CDlgadvanced)
    //}}AFX_DATA_INIT、
    //初始化两个变量
    bWorking=false;
    pos=0;
}
```

修改 OnBegin()函数如下：

```
void CDlgadvanced::OnBegin()
{
    // TODO: Add your control notification handler code here
    (CStatic*)GetDlgItem(IDC_STATIC1)->ShowWindow(TRUE);
    UpdateWindow();
    int m;
    m=m_Slider.GetPos();              //取得滑动条当前位置值
    m_Progress.SetStep(m);            //设置进度条的步长
```

```
    //pos=m_Progress.GetPos();            //取得进度条当前位置值
    bWorking=!bWorking;
    if(bWorking)
        GetDlgItem(IDC_BEGIN)->SetWindowText("暂停");
    else
        GetDlgItem(IDC_BEGIN)->SetWindowText("继续");
    while(pos<10000)
        {
        MSG msg;
        while(::PeekMessage(&msg,NULL,0,0,PM_REMOVE))     //获得消息
            {
            if(!::TranslateMessage(&msg))                 //转换消息
                ::DispatchMessage(&msg);                  //分发消息
            }
        if(!bWorking)                    //如果停止则退出循环
            break;
        m_Progress.StepIt();             //按当前步长步进
        pos=m_Progress.GetPos();         //得到进度条当前位置
            ::Sleep(100);
        }
    if(pos==1000)
    {
        //显示"传输完成"静态控件
        GetDlgItem(IDC_STATIC1)->SetWindowText("滤波完成");
        GetDlgItem(IDC_BEGIN)->EnableWindow(FALSE);
    }
}
```

在运行程序过程中,是可以随意暂停或继续进度条的移动,甚至可以在移动过程中改变移动的速度,如图 8-11 和图 8-12 所示。

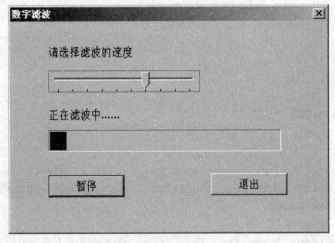

图 8-11 "数字滤波"对话框

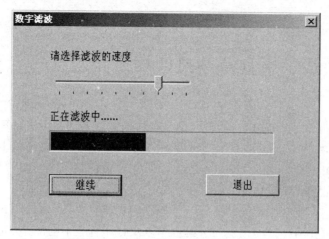

图 8-12　"数字滤波"对话框

第9章 打印和打印预览

在 Visual C++中，打印输出与屏幕绘图是一样的，两者都是由设备环境对象来完成。在 Windows 编程中，由于 Windows 系统的设备无关性，使得绘图在打印机上的绘制与在屏幕上的类似。同样，GDI（图形设备接口）函数既可以用于屏幕显示，也可以用于打印，只是使用的设备环境不同而已。主要的区别在于：屏幕显示时，可以在窗口的任何可见部分绘制（即显示）文档；而打印时，则必须把文档分成若干单独的页，一次只能绘制（即打印）一页，因此必须注意打印纸张的大小。打印预览与屏幕显示以及打印有些不同，它不是直接在某一设备上进行绘制工作，而是应用程序必须使用屏幕来模拟打印机。MFC 通过 CView 类提供文档的打印与打印预览功能。在 AppWizard 向导的第 4 步中有打印与打印预览选项。选中此项，应用程序就已经具备了初步的打印能力。默认情况下，主框架调用 CView 中的函数处理打印过程。打印时会使用打印机的 DC 调用 CView 的 OnDraw()函数。

在单文档和多文档应用程序中，应用程序框架会提供"打印预览"菜单，系统提供了一些默认的设置和函数，可以通过重载这些函数来实现打印的目的。本章开头将介绍单文档和多文档应用程序中各种与打印有关的程序是如何组织在一起的。但是对于基于对话框的应用程序来说并没有提供这些功能，所以必须自己通过编码实现这些打印功能。本章的例程将会一步步介绍如何实现打印和打印预览的功能。

在应用程序框架的 File 菜单中选择 Print 命令后，主框架使用 ID_FILE_PRINT 消息调用 CView 中的函数 OnFilePrint()实现打印和主打印循环。

OnFilePrint()函数首先调用 CView::OnPreparePrinting()函数，使打印对话框出现在程序用户面前，并给它传递一个指向 CPrintInfo 结构的指针参数。

OnPreparePrinting()在默认情况下调用 DoPreparePrinting()，然后准备打印设备的 DC，显示打印进展对话框（AFX_IDD_PRINTDLG）。如果是打印预览，则不显示打印对话框，只创建一个用来显示预览的 DC。

主框架调用 OnBeginPrinting()。默认时 OnBeginPrinting()是没有任何作用的。但是可以重载它来申请分配字体或其他 GDI 资源或完成与设备相关的初始化工作。

OnFilePrint()发送打印机转义码（escape）StartDoc 给打印机。OnFilePrint()包括面向页面的打印循环。对每一页，此函数调用虚函数 CView::OnPrepareDC()，而后是转义码 StartPage，此页的虚函数为 CView::OnPrint()。

完成之后调用虚函数 CView::OnEndPrinting()，关闭打印进展对话框。

从图 9-1 的打印流程可以看到，在调用 CDC 对象的成员函数 StartDoc 后进入打印循环。应用程序框架为输送到打印机的每一页都调用一次 OnPrepareDC()和 OnPrint()函数，并给它们传递两个参数：一个指向 CDC 对象的指针和一个指向 CPrintInfo 结构的指针。在 CPrintInfo 结构中存储了有关页码的信息。CPrintInfo 的 m_nCurPage 成员指出当前页，每次调用时这一成员变量的值都不相同。应用程序框架正是通过这种方法来通知视图应该打印哪一页。

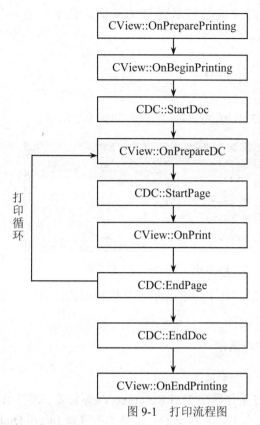

图 9-1 打印流程图

实际上，打印工作由 OnPrint()函数负责完成。OnPrint()接收两个参数：打印机的 DC 和打印信息。原型如下：

```
virtual void OnPrint(CDC *pDC,CPrintInfo *pInfo);
```

应用程序通过参数 CPrintInfo 结构和设备环境来调用 OnPrint()函数；然后，把打印机 DC 传递给 OnDraw()函数。重载 OnPrint()函数可以执行打印所特有的绘制操作，如打印页头和脚注。调用 OnDraw()重载函数可用来完成打印及显示共有的绘制工作。

MFC 类库定义了一个特殊的 CDC 继承类 CPreviewDC，使用屏幕来模拟打印机。当从"文件"菜单中选择"打印预览"命令时，应用程序框架就创建一个 CPreviewDC 对象。在以后的操作中，如果应用程序执行一项有关打印设备环境属性设置的操作时，应用程序的框架同时也会在显示设备环境进行同样的操作。例如当应用程序将输出发送到打印机上，框架同时也将输出发送到显示器上。

当打印预览模式被启动时，应用程序框架调用 OnPreparePrinting()函数。传递给它的 CPrintInfo 结构中包含了用来调整打印预览操作属性的一些成员变量。如：成员变量 m_nNumPreviewPages 的值用来确定是按一页还是两页模式进行预览。

在打印时，CPrintInfo 结构的 m_nCurPage 变量把来自框架的信息传递给视图类，通知视图类打印哪一页。而在打印预览模式下，m_nCurPage 变量把信息从视图类传递到框架，以便框架决定首先预览哪一页，默认状态总是从第一页开始。

此外，打印预览与打印在文档页绘制方面也有所不同。在打印过程中，框架持续进行打印循环，直到设定的页面打印完成为止。而打印预览时，一次只能显示一两页，然后应用程序进入等待状态,直到用户响应后才继续显示其他的页面。同时,在应用程序中也响应 WM_PAINT 消息,屏幕正常显示。

实训 9.1 实现打印

为对话框资源 IDD_DIALOG3 添加"打印"按钮,如图 9-2 所示。

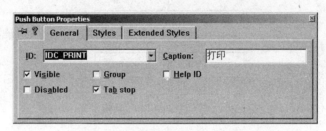

图 9-2 Push Button Properties 对话框

这里需要添加两个对话框窗口,一个用于显示工具栏和框架,另一个用于显示打印预览的视图。

实训 9.1.1 加入打印预览父对话框

操作步骤如下:

(1) 打开 Bewa.dsw 文件,在工作区中单击 Resource View 标签,展开 Bewa resources 项,再选中 Dialog 项,在 Dialog 项上右击,在弹出的右键菜单中选择 Insert Dialog 项,添加对话框资源 DLG_SYS_PREPARENT,并修改对话框的标题为"打印预览"。

(2) 打开 Dialog Properties 属性对话框,修改如图 9-3 所示。

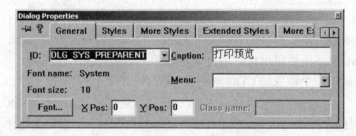

图 9-3 Dialog Properties 对话框

(3) 为对话框添加控件,控件的各种属性和 ID 如表 9-1 所示,控件的位置可以任意放置。

表 9-1 对话框资源 DLG_SYS_PREPARENT 的各控件和属性

控件类型	资源 ID	标题	其他属性
Picture 控件	IDC_SUP		选中 Sunken 属性
	IDC_SDOWN		
列表框	IDC_LIST1		默认属性

(4)为新的对话框资源增加相应的类 CPreParent。

(5)为控件添加成员变量,如表 9-2 所示。

表 9-2　各控件增加的成员变量

资源 ID	Category	Type	成员变量名
IDC_SUP	Control	CStatic	CSDown
IDC_SDOWN	Control	CStatic	CSUP
IDC_LIST1	Control	CListBox	CList

(6)为打印预览对话框添加工具栏和图标,如图 9-4 所示。

图 9-4　工具栏

(7)插入图标文件,此图标将作为打印预览对话框的图标,如图 9-5 所示。

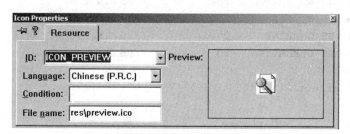

图 9-5　Icon Properties 对话框

(8)插入位图文件,此位图将作为打印预览子对话框的背景图片,如图 9-6 所示。

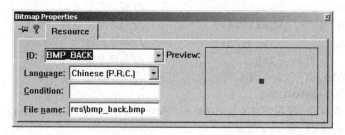

图 9-6　Bitmap Properties 对话框

实训 9.1.2　加入打印预览子对话框

打开 Bewa.dsw 文件,在工作区中单击 Resource View 标签,展开 Bewa resources 项,再选中 Dialog 项,在 Dialog 项上右击,在弹出的右键菜单中选择 Insert Dialog 项,添加对话框资源 DLG_SYS_PREVIEW。

打开对话框的 Dialog Properties 属性对话框，修改对话框属性，如图 9-7 所示。

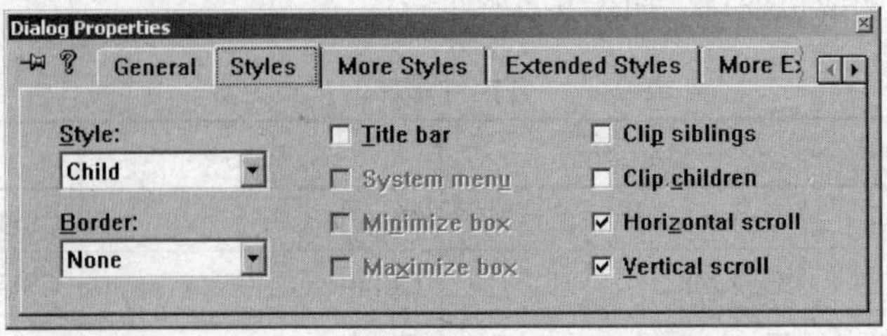

图 9-7 Dialog Properties 对话框

然后，为新的对话框资源增加相应的类 CPreView。

实训 9.1.3 实现打印

打印父对话框的主要功能是实现工具栏代码。

打开 stdafx.h 文件，添加如下代码：

```
//Visual C++ 6.0 中实现与打印机相关的功能可以通过调用
//Win32 Spooler 库中的函数实现。
//这些函数的定义在 Winspool.h 中
#include <WINSPOOL.H>
#define B5_W           182         //B5 纸宽度 mm
#define B5_H           257         //B5 纸高度 mm
#define B5_ONELINE     29          //B5 纸第一页行数
#define B5_OTHERLINE   30          //B5 纸其他页行数
//打印结构
typedef struct
{
    int      nMaxLine;             //最大行数
    int      nCountPage;           //总页数
    int      nCurPage;             //当前页码
    BOOL     IsPrint;              //是否打印
    HWND     hWnd;                 //窗口句柄
    HWND     hListView;            //列表控件句柄
    TCHAR    szTag[256];           //其他数据
    int      nTag;                 //其他数据
    LPVOID   lpVoid;               //其他数据
}PRNINFO, *PPRNINFO;
//回调函数声明，采用回调函数的思路是，列表控件的内容只有在 CDlgall 能够得到
//但是需要在 CPreview 类显示
typedef void(*PRINTPREVIEW) (CDC &MemDC, PRNINFO PrnInfo);
```

在"病历显示"对话框 DIALOG3 中添加"打印"按钮并添加其响应函数：

```
void CDlgall::OnPrint()
{
    // TODO: Add your control notification handler code here
    //如果列表控件中没有条目，则不必打印
    if(m_List.GetItemCount()<= 0)
```

```
        return;
    //初始化打印结构
    PRNINFO PrnInfo = {0};
    PrnInfo.hListView = m_List.m_hWnd;
    PrnInfo.hWnd = this->m_hWnd;
    PrnInfo.IsPrint = FALSE;
    PrnInfo.nCurPage = 1;
    PrnInfo.nMaxLine = m_List.GetItemCount();
    //弹出打印预览对话框
    CPreParent Dlg;
    Dlg.SetCallBackFun(DrawInfo, PrnInfo);
    //传递回调函数 DrawInfo 的函数地址
    Dlg.DoModal();
}
```

打开 CDlgall.h 文件，添加函数声明：

```
protected:
    //回调函数需为静态函数或全局函数
    static void DrawInfo(CDC &memDC, PRNINFO PrnInfo);
```

打开 CDlgall.cpp 文件添加函数代码，此函数是用于打印的回调函数。

```
void CDlgall::DrawInfo(CDC &memDC, PRNINFO PrnInfo)
{
    //memDC 参数为打印机环境
    if(memDC.m_hDC == NULL)
        return;
    //修改打印结构
    int nCurPage = PrnInfo.nCurPage;            //当前页
    BOOL IsPrint = PrnInfo.IsPrint;             //是否打印
    int nMaxPage = PrnInfo.nCountPage;          //最大页码
    HWND hWnd = PrnInfo.hWnd;
    HWND hList = PrnInfo.hListView;
    //得到页脚字符串
    CString csLFinality, csRFinality;
    CTime time;
    time=CTime::GetCurrentTime();
    csLFinality = time.Format("报表日期:%Y-%m-%d");
    csRFinality.Format("第 %i 页/共 %i 页", nCurPage, nMaxPage);
    TCHAR szTitle[] = TEXT("病历资料");
    CRect rc, rt1, rt2, rt3, rt4, rt5, rt6,rt7,rt8;
    CPen *hPenOld;
    CPen cPen;
    CFont TitleFont, DetailFont, *oldfont;
    //标题字体
    TitleFont.CreateFont(-
        MulDiv(14,memDC.GetDeviceCaps(LOGPIXELSY),72),
        0,0,0,FW_NORMAL,0,0,0,GB2312_CHARSET,
        OUT_STROKE_PRECIS,CLIP_STROKE_PRECIS,DRAFT_QUALITY,
```

```cpp
                VARIABLE_PITCH|FF_SWISS,_T("黑体")
                );
        //细节字体
        DetailFont.CreateFont(-
                MulDiv(10,memDC.GetDeviceCaps(LOGPIXELSY),72),
                0,0,0,FW_NORMAL,0,0,0,GB2312_CHARSET,
                OUT_STROKE_PRECIS,CLIP_STROKE_PRECIS,DRAFT_QUALITY,
                VARIABLE_PITCH|FF_SWISS,_T("宋体"));
        //粗笔
        cPen.CreatePen(PS_SOLID, 2, RGB(0, 0, 0));
        int xP = GetDeviceCaps(memDC.m_hDC, LOGPIXELSX);
                                            //x方向每英寸像素点数
        int yP = GetDeviceCaps(memDC.m_hDC, LOGPIXELSY);
                                            //y方向每英寸像素点数
        DOUBLE xPix = (DOUBLE)xP*10/254;    //每mm宽度的像素
        DOUBLE yPix = (DOUBLE)yP*10/254;    //每mm高度的像素
        DOUBLE fAdd = 7*yPix;               //每格递增量
        DOUBLE nTop = 25*yPix;              //第一页最上线
        int  iStart = 0;                    //从第几行开始读取
        DOUBLE nBottom = nTop+B5_ONELINE*fAdd;
        if(nCurPage != 1)
            nTop = 25*yPix-fAdd;            //非第一页最上线
        if(nCurPage == 2)
            iStart = B5_ONELINE;
        if(nCurPage>2)
            iStart = B5_ONELINE+(nCurPage - 2)*B5_OTHERLINE;
        DOUBLE nLeft = 20*xPix;             //最左线
        DOUBLE nRight = xPix*(B5_W-20);     //最右线
        DOUBLE nTextAdd = 1.5*xPix;
        if(IsPrint)
        {
            //真正打印部分
            static DOCINFO di = {sizeof (DOCINFO),  szTitle} ;
            //开始文档打印
            if(memDC.StartDoc(&di)<0)
            {
                ::MessageBox(hWnd, "连接到打印机失败!", "错误", MB_ICONSTOP);
            }
            else
            {
                iStart = 0;
                nTop = 25*yPix;             //第一页最上线
                for(int iTotalPages = 1;
                    iTotalPages<=nMaxPage; iTotalPages++)
                  {
                    int nCurPage = iTotalPages;
```

```cpp
csRFinality.Format("第 %i 页/共 %i 页",
        nCurPage, nMaxPage);
time=CTime::GetCurrentTime();
csLFinality = time.Format("报表日期:%Y-%m-%d");
if(nCurPage != 1)
nTop = 25*yPix-fAdd;              //非第一页最上线
if(nCurPage == 2)
    iStart = B5_ONELINE;
if(nCurPage>2)
    iStart = B5_ONELINE+(nCurPage - 2)*B5_OTHERLINE;
//开始页
if(memDC.StartPage() < 0)
  {
    ::MessageBox(hWnd, _T("打印失败!"),
             "错误", MB_ICONSTOP);
     memDC.AbortDoc();
      return;
   }
else
  {
    //打印标题
    oldfont = memDC.SelectObject(&TitleFont);
    int nItem = B5_OTHERLINE;
    if(nCurPage == 1)
     {
       nItem = B5_ONELINE;
       rc.SetRect(0, yPix*10, B5_W*xPix, yPix*20);
       memDC.DrawText(szTitle, &rc, DT_CENTER |
           DT_VCENTER | DT_SINGLELINE);
     }
//细节
memDC.SelectObject(&DetailFont);
rc.SetRect(nLeft, nTop, nRight, nTop+fAdd);
//上横线
memDC.MoveTo(rc.left, rc.top);
memDC.LineTo(rc.right, rc.top);
//打印表格的表头
//设置各个表头的位置、长和宽
rt1.SetRect(nLeft, nTop, nLeft+20*xPix, nTop+fAdd);
rt2.SetRect(rt1.right, rt1.top,
        rt1.right + 15*xPix, rt1.bottom);
rt3.SetRect(rt2.right, rt1.top,
        rt2.right + 20*xPix, rt1.bottom);
rt4.SetRect(rt3.right, rt1.top,
        rt3.right + 10*xPix, rt1.bottom);
rt5.SetRect(rt4.right, rt1.top,
```

```
                rt4.right + 10*xPix, rt1.bottom);
        rt6.SetRect(rt5.right, rt1.top,
                rt5.right + 10*xPix, rt1.bottom);
        rt7.SetRect(rt6.right, rt1.top,
                rt6.right + 15*xPix, rt1.bottom);
        rt8.SetRect(rt7.right, rt1.top,
                rc.right, rt1.bottom);
        //填写表头
        memDC.DrawText("检查号", &rt1, DT_CENTER |
                DT_VCENTER | DT_SINGLELINE);
        memDC.DrawText("姓 名", &rt2, DT_CENTER |
                DT_VCENTER | DT_SINGLELINE);
        memDC.DrawText("日期", &rt3, DT_CENTER |
                DT_VCENTER | DT_SINGLELINE);
        memDC.DrawText("性别", &rt4, DT_CENTER |
                DT_VCENTER | DT_SINGLELINE);
        memDC.DrawText("年 龄", &rt5, DT_CENTER |
                DT_VCENTER | DT_SINGLELINE);
        memDC.DrawText("左右利", &rt6, DT_CENTER |
                DT_VCENTER | DT_SINGLELINE);
        memDC.DrawText("方式", &rt7, DT_CENTER |
                DT_VCENTER | DT_SINGLELINE);
        memDC.DrawText("诊断病历", &rt8, DT_CENTER |
                DT_VCENTER | DT_SINGLELINE);
        //画边框线
        memDC.MoveTo(rt1.right, rt1.top);
        memDC.LineTo(rt1.right, rt1.bottom);
        memDC.MoveTo(rt2.right, rt1.top);
        memDC.LineTo(rt2.right, rt1.bottom);
        memDC.MoveTo(rt3.right, rt1.top);
        memDC.LineTo(rt3.right, rt1.bottom);
        memDC.MoveTo(rt4.right, rt1.top);
        memDC.LineTo(rt4.right, rt1.bottom);
        memDC.MoveTo(rt5.right, rt1.top);
        memDC.LineTo(rt5.right, rt1.bottom);
        memDC.MoveTo(rt6.right, rt1.top);
        memDC.LineTo(rt6.right, rt1.bottom);
        memDC.MoveTo(rt7.right, rt1.top);
        memDC.LineTo(rt7.right, rt1.bottom);
        memDC.MoveTo(rc.left, rt1.bottom);
        memDC.LineTo(rc.right, rt1.bottom);
        TCHAR szID[32]={0}, szName[16]={0}, szSex[8]={0},
            szZY[32]={0}, szNJ[32]={0}, szBJ[32]={0},
            szLR[32]={0}, szBL[32]={0};
        rc.SetRect(nLeft, nTop+fAdd, nRight, nTop+2*fAdd);
        rt1.SetRect(nLeft+nTextAdd, rc.top,
```

```
            nLeft+20*xPix, rc.bottom);
        rt2.SetRect(rt1.right+nTextAdd, rt1.top,
            rt1.right + 15*xPix, rt1.bottom);
        rt3.SetRect(rt2.right+nTextAdd, rt1.top,
            rt2.right + 20*xPix, rt1.bottom);
        rt4.SetRect(rt3.right+nTextAdd, rt1.top,
            rt3.right + 10*xPix, rt1.bottom);
        rt5.SetRect(rt4.right+nTextAdd, rt1.top,
            rt4.right + 10*xPix, rt1.bottom);
        rt6.SetRect(rt5.right+nTextAdd, rt1.top,
            rt5.right + 10*xPix, rt1.bottom);
        rt7.SetRect(rt6.right+nTextAdd, rt1.top,
            rt6.right + 15*xPix, rt1.bottom);
        rt8.SetRect(rt7.right+nTextAdd, rt1.top,
            rc.right, rt1.bottom);
        int nCountItem = ListView_GetItemCount(hList);
    for(int i=0;i<nItem; i++)
        {
        //提取列表控件某一行的内容
        ListView_GetItemText(hList, i+iStart, 0, szID, 32);
        ListView_GetItemText(hList, i+iStart, 1, szName, 16);
        ListView_GetItemText(hList, i+iStart, 2, szSex, 8);
        ListView_GetItemText(hList, i+iStart, 3, szZY, 32);
        ListView_GetItemText(hList, i+iStart, 4, szNJ, 32);
        ListView_GetItemText(hList, i+iStart, 5, szBJ, 32);
        ListView_GetItemText(hList, i+iStart, 6, szLR, 32);
        ListView_GetItemText(hList, i+iStart, 7, szBL, 32);
        //填写列表控件内容到打印机环境
        memDC.DrawText(szID, &rt1, DT_LEFT | DT_VCENTER |
            DT_SINGLELINE);
        memDC.DrawText(szName, &rt2, DT_LEFT | DT_VCENTER |
            DT_SINGLELINE);
        memDC.DrawText(szSex, &rt3, DT_LEFT | DT_VCENTER |
            DT_SINGLELINE);
        memDC.DrawText(szZY, &rt4, DT_LEFT | DT_VCENTER |
            DT_SINGLELINE);
        memDC.DrawText(szNJ, &rt5, DT_LEFT | DT_VCENTER |
            DT_SINGLELINE);
        memDC.DrawText(szBJ, &rt6, DT_LEFT | DT_VCENTER |
            DT_SINGLELINE);
        memDC.DrawText(szLR, &rt7, DT_LEFT | DT_VCENTER |
            DT_SINGLELINE);
        memDC.DrawText(szBL, &rt8, DT_LEFT | DT_VCENTER |
            DT_SINGLELINE);
        //画边框线
        memDC.MoveTo(rc.left, rc.bottom);
```

```
            memDC.LineTo(rc.right, rc.bottom);
            memDC.MoveTo(rt1.right, rt1.top);
            memDC.LineTo(rt1.right, rt1.bottom);
            memDC.MoveTo(rt2.right, rt1.top);
            memDC.LineTo(rt2.right, rt1.bottom);
            memDC.MoveTo(rt3.right, rt1.top);
            memDC.LineTo(rt3.right, rt1.bottom);
            memDC.MoveTo(rt4.right, rt1.top);
            memDC.LineTo(rt4.right, rt1.bottom);
            memDC.MoveTo(rt5.right, rt1.top);
            memDC.LineTo(rt5.right, rt1.bottom);
            memDC.MoveTo(rt6.right, rt1.top);
            memDC.LineTo(rt6.right, rt1.bottom);
            memDC.MoveTo(rt7.right, rt1.top);
            memDC.LineTo(rt7.right, rt1.bottom);
            memDC.MoveTo(rc.left, rt1.bottom);
            memDC.LineTo(rc.right, rt1.bottom);
            //为下一行显示位置和边框做准备
            rc.top += fAdd;
            rc.bottom += fAdd;
            rt1.top = rc.top;
            rt1.bottom = rc.bottom;
            rt2.top = rt1.top;
            rt2.bottom = rt1.bottom;
            rt3.top = rt1.top;
            rt3.bottom = rt1.bottom;
            rt4.top = rt1.top;
            rt4.bottom = rt1.bottom;
            rt5.top = rt1.top;
            rt5.bottom = rt1.bottom;
            rt6.top = rt1.top;
            rt6.bottom = rt1.bottom;
            rt7.top = rt1.top;
            rt7.bottom = rt1.bottom;
            rt8.top = rt1.top;
            rt8.bottom = rt1.bottom;
            if((i+iStart+1)>=nCountItem)
            break;
         }
        //结尾
        memDC.MoveTo(rc.left, nTop);
        memDC.LineTo(rc.left, rc.top);
        memDC.MoveTo(rc.right, nTop);
        memDC.LineTo(rc.right, rc.top);
        memDC.DrawText(csLFinality, &rc,
        DT_LEFT| DT_VCENTER | DT_SINGLELINE);
```

```cpp
            memDC.DrawText(csRFinality, &rc,
                DT_RIGHT| DT_VCENTER | DT_SINGLELINE);
            memDC.EndPage();
            memDC.SelectObject(oldfont);
        }
    }
    memDC.EndDoc();
    }
}
else            //开始真正打印
{
    //打印预览
    //边框线
    hPenOld = memDC.SelectObject(&cPen);
    rc.SetRect(0, 0, B5_W*xPix, B5_H*yPix);
    memDC.Rectangle(&rc);
    memDC.SelectObject(hPenOld);
    //标题
    oldfont = memDC.SelectObject(&TitleFont);
    int nItem = B5_OTHERLINE;
    if(nCurPage == 1)
    {
        nItem = B5_ONELINE;
        rc.SetRect(0, yPix*10, B5_W*xPix, yPix*20);
        memDC.DrawText(szTitle, &rc, DT_CENTER |
            DT_VCENTER | DT_SINGLELINE);
    }
    //细节
    memDC.SelectObject(&DetailFont);
    rc.SetRect(nLeft, nTop, nRight, nTop+fAdd);
    //上横线
    memDC.MoveTo(rc.left, rc.top);
    memDC.LineTo(rc.right, rc.top);
    rt1.SetRect(nLeft, nTop, nLeft+20*xPix, nTop+fAdd);
    rt2.SetRect(rt1.right, rt1.top, rt1.right + 15*xPix,
            rt1.bottom);
    rt3.SetRect(rt2.right, rt1.top, rt2.right + 20*xPix,
            rt1.bottom);
    rt4.SetRect(rt3.right, rt1.top, rt3.right + 10*xPix,
            rt1.bottom);
    rt5.SetRect(rt4.right, rt1.top, rt4.right + 10*xPix,
            rt1.bottom);
    rt6.SetRect(rt5.right, rt1.top, rt5.right + 10*xPix,
            rt1.bottom);
    rt7.SetRect(rt6.right, rt1.top, rt6.right + 15*xPix,
            rt1.bottom);
```

```cpp
            rt8.SetRect(rt7.right, rt1.top, rc.right, rt1.bottom);
    memDC.DrawText("检查号", &rt1, DT_CENTER | DT_VCENTER |
                    DT_SINGLELINE);
    memDC.DrawText("姓 名", &rt2, DT_CENTER | DT_VCENTER |
                    DT_SINGLELINE);
    memDC.DrawText("日期", &rt3, DT_CENTER | DT_VCENTER |
                    DT_SINGLELINE);
    memDC.DrawText("性别", &rt4, DT_CENTER | DT_VCENTER |
                    DT_SINGLELINE);
    memDC.DrawText("年 龄", &rt5, DT_CENTER | DT_VCENTER |
                    DT_SINGLELINE);
    memDC.DrawText("左右利", &rt6, DT_CENTER | DT_VCENTER |
                    DT_SINGLELINE);
    memDC.DrawText("方式", &rt7, DT_CENTER | DT_VCENTER |
                    DT_SINGLELINE);
    memDC.DrawText("诊断病历", &rt8, DT_CENTER | DT_VCENTER |
                    DT_SINGLELINE);
    memDC.MoveTo(rt1.right, rt1.top);
    memDC.LineTo(rt1.right, rt1.bottom);
    memDC.MoveTo(rt2.right, rt1.top);
    memDC.LineTo(rt2.right, rt1.bottom);
    memDC.MoveTo(rt3.right, rt1.top);
    memDC.LineTo(rt3.right, rt1.bottom);
    memDC.MoveTo(rt4.right, rt1.top);
    memDC.LineTo(rt4.right, rt1.bottom);
    memDC.MoveTo(rt5.right, rt1.top);
    memDC.LineTo(rt5.right, rt1.bottom);
    memDC.MoveTo(rt6.right, rt1.top);
    memDC.LineTo(rt6.right, rt1.bottom);
    memDC.MoveTo(rt7.right, rt1.top);
    memDC.LineTo(rt7.right, rt1.bottom);
    memDC.MoveTo(rc.left, rt1.bottom);
    memDC.LineTo(rc.right, rt1.bottom);
    TCHAR szID[32]={0}, szName[16]={0}, szSex[8]={0}, szZY[32]={0},
            szNJ[32]={0}, szBJ[32]={0}, szLR[32]={0}, szBL[32]={0};
    rc.SetRect(nLeft, nTop+fAdd, nRight, nTop+2*fAdd);
    rt1.SetRect(nLeft+nTextAdd, rc.top, nLeft+20*xPix, rc.bottom);
    rt2.SetRect(rt1.right+nTextAdd, rt1.top, rt1.right + 15*xPix,
            rt1.bottom);
    rt3.SetRect(rt2.right+nTextAdd, rt1.top, rt2.right + 20*xPix,
            rt1.bottom);
    rt4.SetRect(rt3.right+nTextAdd, rt1.top, rt3.right + 10*xPix,
            rt1.bottom);
    rt5.SetRect(rt4.right+nTextAdd, rt1.top, rt4.right + 10*xPix,
            rt1.bottom);
    rt6.SetRect(rt5.right+nTextAdd, rt1.top, rt5.right + 10*xPix,
```

```
                    rt1.bottom);
rt7.SetRect(rt6.right+nTextAdd, rt1.top, rt6.right + 15*xPix,
                    rt1.bottom);
rt8.SetRect(rt7.right+nTextAdd, rt1.top, rc.right,
                    rt1.bottom);
int nCountItem = ListView_GetItemCount(hList);
for(int i=0;i<nItem; i++)
{
    ListView_GetItemText(hList, i+iStart, 0, szID, 32);
    ListView_GetItemText(hList, i+iStart, 1, szName, 16);
    ListView_GetItemText(hList, i+iStart, 2, szSex, 8);
    ListView_GetItemText(hList, i+iStart, 3, szZY, 32);
    ListView_GetItemText(hList, i+iStart, 4, szNJ, 32);
    ListView_GetItemText(hList, i+iStart, 5, szBJ, 32);
    ListView_GetItemText(hList, i+iStart, 6, szLR, 32);
    ListView_GetItemText(hList, i+iStart, 7, szBL, 32);
    memDC.DrawText(szID, &rt1, DT_LEFT | DT_VCENTER |
            DT_SINGLELINE);
    memDC.DrawText(szName, &rt2, DT_LEFT | DT_VCENTER |
            DT_SINGLELINE);
    memDC.DrawText(szSex, &rt3, DT_LEFT | DT_VCENTER |
            DT_SINGLELINE);
    memDC.DrawText(szZY, &rt4, DT_LEFT | DT_VCENTER |
            DT_SINGLELINE);
    memDC.DrawText(szNJ, &rt5, DT_LEFT | DT_VCENTER |
            DT_SINGLELINE);
    memDC.DrawText(szBJ, &rt6, DT_LEFT | DT_VCENTER |
            DT_SINGLELINE);
    memDC.DrawText(szLR, &rt7, DT_LEFT | DT_VCENTER |
            DT_SINGLELINE);
    memDC.DrawText(szBL, &rt8, DT_LEFT | DT_VCENTER |
            DT_SINGLELINE);
    //下横线
    memDC.MoveTo(rc.left, rc.bottom);
    memDC.LineTo(rc.right, rc.bottom);
    memDC.MoveTo(rt1.right, rt1.top);
    memDC.LineTo(rt1.right, rt1.bottom);
    memDC.MoveTo(rt2.right, rt1.top);
    memDC.LineTo(rt2.right, rt1.bottom);
    memDC.MoveTo(rt3.right, rt1.top);
    memDC.LineTo(rt3.right, rt1.bottom);
    memDC.MoveTo(rt4.right, rt1.top);
    memDC.LineTo(rt4.right, rt1.bottom);
    memDC.MoveTo(rt5.right, rt1.top);
    memDC.LineTo(rt5.right, rt1.bottom);
    memDC.MoveTo(rt6.right, rt1.top);
```

```cpp
            memDC.LineTo(rt6.right, rt1.bottom);
            memDC.MoveTo(rt7.right, rt1.top);
            memDC.LineTo(rt7.right, rt1.bottom);
            memDC.MoveTo(rc.left, rt1.bottom);
            memDC.LineTo(rc.right, rt1.bottom);
            rc.top += fAdd;
            rc.bottom += fAdd;
            rt1.top = rc.top;
            rt1.bottom = rc.bottom;
            rt2.top = rt1.top;
            rt2.bottom = rt1.bottom;
            rt3.top = rt1.top;
            rt3.bottom = rt1.bottom;
            rt4.top = rt1.top;
            rt4.bottom = rt1.bottom;
            rt5.top = rt1.top;
            rt5.bottom = rt1.bottom;
            rt6.top = rt1.top;
            rt6.bottom = rt1.bottom;
            rt7.top = rt1.top;
            rt7.bottom = rt1.bottom;
            rt8.top = rt1.top;
            rt8.bottom = rt1.bottom;
            if((i+iStart+1)>=nCountItem)
            break;
        }
        //结尾
        memDC.MoveTo(rc.left, nTop);
        memDC.LineTo(rc.left, rc.top);
        memDC.MoveTo(rc.right, nTop);
        memDC.LineTo(rc.right, rc.top);
        memDC.DrawText(csLFinality, &rc, DT_LEFT| DT_VCENTER |
                DT_SINGLELINE);
        memDC.DrawText(csRFinality, &rc, DT_RIGHT| DT_VCENTER |
                DT_SINGLELINE);
        memDC.SelectObject(oldfont);
        memDC.SelectObject(hPenOld);
    }
    TitleFont.DeleteObject();
    DetailFont.DeleteObject();
    cPen.DeleteObject();
}
```

实训 9.1.4 打印父对话框代码的实现

打印父对话框的主要功能是实现工具栏代码。

打开 CPreParent.h 文件，添加如下代码：

```cpp
public:
    CPreParent(CWnd* pParent = NULL);   // standard constructor
//传递打印回调函数的地址
    void SetCallBackFun(PRINTPREVIEW pv, PRNINFO PrnInfo);
protected:
    PRINTPREVIEW    pDrawInfo;
    PRNINFO         PrnInfo;
    HICON           m_hIcon;
    CToolBar        m_wndtoolbar;
    CRect           m_TbRect;
    CRect           rcClient;
    CPreView        *pPreView;
    int             m_nCount;              //共多少行数据
    int             m_OneCount, m_NextCount;  //第一页的行数，其他页的行数
    int             m_PosPage;             //当前页
    int             m_nCountPage;          //共有多少页
    static HWND     hPrvWnd;               //用来保存子对话框的句柄
    void            UpdatePreViewWnd();    //刷新窗口的函数
CPreParent::CPreParent(CWnd* pParent /*=NULL*/)
    : CDialog(CPreParent::IDD, pParent)
{
    //在构造函数中初始化变量
    pPreView = NULL;
    m_OneCount = B5_ONELINE;
    m_PosPage = 1;
    m_NextCount = B5_OTHERLINE;
    m_nCount = 0;
    memset(&PrnInfo, 0, sizeof(PRNINFO));   //初始化 PrnInfo 结构
    //{{AFX_DATA_INIT(CPreParent)
    //}}AFX_DATA_INIT
}
```

在各种函数实现之前加入：

```cpp
HWND  CPreParent::hPrvWnd = NULL;
```

重载初始化函数如下：

```cpp
BOOL CPreParent::OnInitDialog()
{
    if(m_nCount<=0)
    {
        EndDialog(FALSE);              //关闭对话框
        return FALSE;
    }
    CDialog::OnInitDialog();
    CList.MoveWindow(-1000, -1000, 10, 10, TRUE);//列表框的位置
    //列表框的图标
    m_hIcon = ::LoadIcon(AfxGetApp()->
        m_hInstance, (LPCTSTR)ICON_PREVIEW);
```

```cpp
    ::SetClassLong(this->m_hWnd, GCL_HICON, (LONG)m_hIcon);
    ShowWindow(SW_MAXIMIZE);
    //添加工具栏
    if (!m_wndtoolbar.CreateEx(this,TBSTYLE_FLAT,
        WS_CHILD | WS_VISIBLE | CBRS_ALIGN_TOP |
        CBRS_GRIPPER | CBRS_TOOLTIPS ,CRect(4,4,0,0))
        ||!m_wndtoolbar.LoadToolBar(IDR_TOOLBAR))
    {
        MessageBox("创建工具栏失败!", "错误", MB_ICONSTOP);
        return FALSE;
    }
    //停靠工具栏
    m_wndtoolbar.ShowWindow(SW_SHOW);
    RepositionBars(AFX_IDW_CONTROLBAR_FIRST,
        AFX_IDW_CONTROLBAR_LAST, 0);
    //存放工具栏和整个窗口的 CRect 结构
    m_wndtoolbar.GetWindowRect(&m_TbRect);
    GetWindowRect(&rcClient);
    SendMessage(WM_SIZE, 0, 0);
    //创建子窗口
    pPreView = new CPreView;
    pPreView->Create(DLG_SYS_PREVIEW, this);
    pPreView->ShowWindow(SW_SHOW);
    //为子窗口定位
    CRect rcTemp;
    rcTemp.SetRect(rcClient.left,m_TbRect.Height()+2,
        rcClient.right,
        rcClient.bottom);
    pPreView->SetCallBackFun(pDrawInfo, PrnInfo);
    pPreView->MoveWindow(&rcTemp);
    hPrvWnd = pPreView->m_hWnd;
    //更新工具栏
    m_wndtoolbar.SendMessage(TB_ENABLEBUTTON, TBTN_TOP, FALSE);
    m_wndtoolbar.SendMessage(TB_ENABLEBUTTON,
        TBTN_PREVIOUS, FALSE);
    if(m_nCount <= m_OneCount)
    {
        m_wndtoolbar.SendMessage(TB_ENABLEBUTTON,
            TBTN_GOTO, FALSE);
        m_wndtoolbar.SendMessage(TB_ENABLEBUTTON,
            TBTN_NEXT, FALSE);
        m_wndtoolbar.SendMessage(TB_ENABLEBUTTON,
            TBTN_LAST, FALSE);
    }
    else
    {
```

```
            m_wndtoolbar.SendMessage(TB_ENABLEBUTTON, TBTN_GOTO, TRUE);
            m_wndtoolbar.SendMessage(TB_ENABLEBUTTON, TBTN_NEXT, TRUE);
            m_wndtoolbar.SendMessage(TB_ENABLEBUTTON, TBTN_LAST, TRUE);
        }
        return TRUE;
    }
```
刷新窗口是通过发送 WM_PAINT 消息实现的：
```
    void CPreParent::UpdatePreViewWnd()
    {
        pPreView->SendMessage(WM_PAINT, NULL, NULL);
    }
```
为对话框重载 WM_SIZE 和 WM_DESTROY 消息的映射函数，如图 9-8 所示。

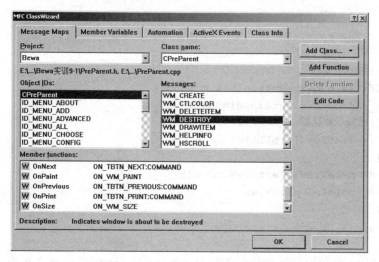

图 9-8 MFC ClassWizard 对话框

函数代码如下：
```
    void CPreParent::OnSize(UINT nType, int cx, int cy)
    {
        CDialog::OnSize(nType, cx, cy);
        GetClientRect(&rcClient);
        CRect rup;
        rup.left = 0;
        rup.top = 0;
        rup.bottom = 2;
        rup.right = rcClient.right;
        //两个 Picture 控件放在对话框工具栏的上下作为分割栏
        if(IsWindow(CSUP.m_hWnd))
            CSUP.MoveWindow(&rup);
        if(IsWindow(CSDown.m_hWnd))
        {
            rup.top = m_TbRect.Height();
            rup.bottom = rup.top+2;
```

```
            CSDown.MoveWindow(&rup);
        }
        //子窗口的位置
        if(pPreView != NULL)
        {
            if(IsWindow(pPreView->m_hWnd))
            {
              CRect rcTemp;
              rcTemp.SetRect(rcClient.left, m_TbRect.Height()+2,
                     rcClient.right, rcClient.bottom);
              pPreView->MoveWindow(&rcTemp);
            }
        }
    }
    BOOL CPreParent::DestroyWindow()
    {
        //销毁工具栏
        if(IsWindow(m_wndtoolbar.m_hWnd))
        m_wndtoolbar.DestroyWindow();
        //销毁子对话框
        if(pPreView != NULL)
        {
            pPreView->DestroyWindow();
            delete  pPreView;
        }
        return CDialog::DestroyWindow();
    }
```

SetCallBackFun 函数用来保存打印函数的地址并修改打印结构，在"病历管理"对话框的"打印"按钮实现中调用了这个函数。

```
    void CPreParent::SetCallBackFun(PRINTPREVIEW pFun, PRNINFO sPrnInfo)
    {
        //拷贝 sPrnInfo 结构到 PrnInfo
        memcpy(&PrnInfo, &sPrnInfo, sizeof(PRNINFO));
        //保存函数地址到 pDrawInfo
        pDrawInfo = pFun;
        m_nCount = PrnInfo.nMaxLine;
        //修改 PRNINFO 结构
        m_nCountPage = 1;
        int m = m_nCount-m_OneCount;
        int n = m/m_NextCount;
        m_nCountPage += n;
        n = m%m_NextCount;
        if(n>0)
        m_nCountPage++;
        PrnInfo.nCountPage = m_nCountPage;
    }
```

为各个工具栏的按钮添加消息映射函数,添加的方法与菜单一样,如图9-9所示。

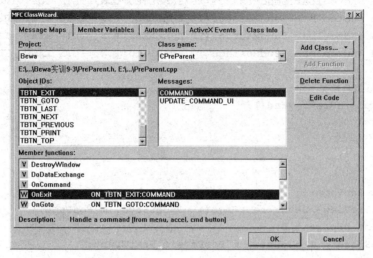

图 9-9　MFC ClassWizard 对话框

各工具栏按钮代码实现如下:

```
//首页
void CPreParent::OnTop()
{
    m_PosPage = 1;
    pPreView->SetCurrentPage(m_nCountPage, m_PosPage);
    //更新父窗口工具栏
    m_wndtoolbar.SendMessage(TB_ENABLEBUTTON, TBTN_TOP, FALSE);
    m_wndtoolbar.SendMessage(TB_ENABLEBUTTON,
        TBTN_PREVIOUS, FALSE);
    m_wndtoolbar.SendMessage(TB_ENABLEBUTTON, TBTN_NEXT, TRUE);
    m_wndtoolbar.SendMessage(TB_ENABLEBUTTON, TBTN_LAST, TRUE);
    //更新预览窗口
    UpdatePreViewWnd();
}
//上一页
void CPreParent::OnPrevious()
{
    m_PosPage--;
    pPreView->SetCurrentPage(m_nCountPage, m_PosPage);
    //更新父窗口工具栏
    if(m_PosPage<=1)
    {
        m_wndtoolbar.SendMessage(TB_ENABLEBUTTON, TBTN_TOP, FALSE);
        m_wndtoolbar.SendMessage(TB_ENABLEBUTTON,TBTN_PREVIOUS,FALSE);
        m_wndtoolbar.SendMessage(TB_ENABLEBUTTON, TBTN_NEXT, TRUE);
        m_wndtoolbar.SendMessage(TB_ENABLEBUTTON, TBTN_LAST, TRUE);
    }
    else
```

```cpp
        {
        m_wndtoolbar.SendMessage(TB_ENABLEBUTTON, TBTN_TOP, TRUE);
        m_wndtoolbar.SendMessage(TB_ENABLEBUTTON, TBTN_PREVIOUS,TRUE);
        m_wndtoolbar.SendMessage(TB_ENABLEBUTTON, TBTN_NEXT, TRUE);
        m_wndtoolbar.SendMessage(TB_ENABLEBUTTON, TBTN_LAST, TRUE);
        }
        //更新预览窗口
        UpdatePreViewWnd();
}
//下一页
void CPreParent::OnNext()
{
    m_PosPage++;
    pPreView->SetCurrentPage(m_nCountPage, m_PosPage);
    int nSpare = 0;
    nSpare = m_nCount - m_PosPage*m_NextCount;
    if(m_PosPage <= 2)
        nSpare +=(m_NextCount - m_OneCount);
    //更新父窗口工具栏
    m_wndtoolbar.SendMessage(TB_ENABLEBUTTON, TBTN_TOP, TRUE);
    m_wndtoolbar.SendMessage(TB_ENABLEBUTTON, TBTN_PREVIOUS,TRUE);
    if(nSpare>0)
    {
      m_wndtoolbar.SendMessage(TB_ENABLEBUTTON, TBTN_NEXT, TRUE);
      m_wndtoolbar.SendMessage(TB_ENABLEBUTTON, TBTN_LAST, TRUE);
    }
    else
    {
      m_wndtoolbar.SendMessage(TB_ENABLEBUTTON, TBTN_NEXT, FALSE);
      m_wndtoolbar.SendMessage(TB_ENABLEBUTTON, TBTN_LAST, FALSE);
    }
    //更新预览窗口
    UpdatePreViewWnd();
}
//尾页
void CPreParent::OnLast()
{
    m_PosPage = m_nCountPage;
    pPreView->SetCurrentPage(m_nCountPage, m_PosPage);
    //更新父窗口工具栏
    m_wndtoolbar.SendMessage(TB_ENABLEBUTTON, TBTN_TOP, TRUE);
    m_wndtoolbar.SendMessage(TB_ENABLEBUTTON, TBTN_PREVIOUS,TRUE);
    m_wndtoolbar.SendMessage(TB_ENABLEBUTTON, TBTN_NEXT, FALSE);
    m_wndtoolbar.SendMessage(TB_ENABLEBUTTON, TBTN_LAST, FALSE);
    //更新预览窗口
    UpdatePreViewWnd();
```

```
}
//退出
void CPreParent::OnExit()
{
    SendMessage(WM_SYSCOMMAND, SC_CLOSE, NULL);
}
//打印
void CPreParent::OnPrint()
{
//调用子对话框类的打印函数
    pPreView->PrintDoc();
}
```

实训 9.1.5 打印子对话框代码的实现

打印子对话框主要实现预览将要打印的内容。

打开 CPreView.h 文件，添加如下代码：

```
protected:
    PRINTPREVIEW    pDrawInfo;
    PRNINFO         PrnInfo;
    CBitmap         cBmp;
    CBrush          m_brush;
    CPen            cPen;
    int             nW, nH;
    CRect           WndRect;
    int             m_CountPage;       //共多少页
    int             m_CurPage;         //当前页
    SCROLLINFO  si;
    int     xPt, yPt;
public:
    CPreView(CWnd* pParent = NULL);    //standard constructor
    //传递打印回调函数的地址
    void SetCallBackFun(PRINTPREVIEW pFun, PRNINFO sPrnInfo);
    //打印函数
    void PrintDoc();
    //设置打印预览对话框内容为指定页
    void SetCurrentPage(int, int);
```

上面各种函数的实现如下：

```
    void CPreView::SetCallBackFun(PRINTPREVIEW pFun, PRNINFO sPrnInfo)
    {
        memcpy(&PrnInfo, &sPrnInfo, sizeof(PRNINFO));
        pDrawInfo = pFun;
        m_CountPage = PrnInfo.nCountPage;       //共多少页
        m_CurPage = PrnInfo.nCurPage;           //当前页
    }
    void CPreView::PrintDoc()
```

```cpp
    {
        if(MessageBox("决定打印当前报表吗?", "打印提示",
            MB_ICONQUESTION | MB_YESNO | MB_DEFBUTTON2) !=IDYES)
        return;
        HDC hdcPrint;
        CDC MemDc;
        MemDc.Attach(hdcPrint);
        if(pDrawInfo!= NULL)
        {
            PrnInfo.IsPrint = TRUE;
            PrnInfo.nCurPage = m_CurPage;
            PrnInfo.nMaxLine = m_CountPage;
            pDrawInfo(MemDc, PrnInfo);
        }
        MemDc.DeleteDC();
    }
    void CPreView::SetCurrentPage(int nCountPage, int nCurPage)
    {
        m_CountPage = nCountPage;          //共多少页
        m_CurPage = nCurPage;              //当前页
    }
```

重载初始化函数如下:

```cpp
    BOOL CPreView::OnInitDialog()
    {
        CDialog::OnInitDialog();
        ULONG   ulScrollLines;
        HDC hdc;
        hdc = ::GetDC(::GetDesktopWindow());
        int xPix = ::GetDeviceCaps(hdc, LOGPIXELSX);
        int yPix = ::GetDeviceCaps(hdc, LOGPIXELSY);
        ::ReleaseDC(::GetDesktopWindow(), hdc);
        nW = xPix*B5_W*10/254;
        nH = yPix*B5_H*10/254;
        xPt = 0;
        yPt = 0;
        SystemParametersInfo(SPI_GETWHEELSCROLLLINES, 0,
                &ulScrollLines, 0);
        if (ulScrollLines)
            iDeltaPerLine = WHEEL_DELTA/ulScrollLines ;
        else
            iDeltaPerLine = 0 ;
        iAccumDelta = 0;
        cBmp.LoadBitmap(BMP_BACK);                          //背景图片
        m_brush.CreatePatternBrush(&cBmp);
        cPen.CreatePen(PS_SOLID, 2, RGB(0, 0, 0));
```

```
    //滚动条设置
    si.cbSize = sizeof (si) ;
    si.fMask  = SIF_RANGE | SIF_PAGE ;
    si.nMin   = 0 ;
    si.nMax   = 0;
    si.nPage  = 0 ;
    xPt = 0; yPt =0;
    SetScrollInfo(SB_VERT, &si, TRUE) ;
    SetScrollInfo(SB_HORZ, &si, TRUE) ;
    return TRUE;
}
```

添加 WM_CTLCOLOR 和 WM_DESTROY 消息的映射函数，重载函数代码如下：

```
BOOL CPreView::DestroyWindow()
{
    //销毁各种 GDI 对象
    m_brush.DeleteObject();
    cBmp.DeleteObject();
    cPen.DeleteObject();
    return CDialog::DestroyWindow();
}
HBRUSH CPreView::OnCtlColor(CDC* pDC, CWnd* pWnd, UINT nCtlColor)
{
    HBRUSH hbr = CDialog::OnCtlColor(pDC, pWnd, nCtlColor);
    //改变背景颜色
    if (nCtlColor == CTLCOLOR_DLG)
        return (HBRUSH)m_brush.GetSafeHandle();
    return hbr;
}
```

重载 OnPaint()函数如下：

```
void CPreView::OnPaint()
{
    CPaintDC dc(this);
    CClientDC dlgDC(this);
    SetWindowOrgEx(dlgDC.m_hDC, xPt, yPt, NULL);
    CDC MemDc;
    //创建内存设备环境
    MemDc.CreateCompatibleDC(NULL);
    CBitmap cBitmap;
    int xP = dlgDC.GetDeviceCaps(LOGPIXELSX);
    int yP = dlgDC.GetDeviceCaps(LOGPIXELSY);
    DOUBLE xPix = (DOUBLE)xP*10/254;         //每 mm 宽度的像素
    DOUBLE yPix = (DOUBLE)yP*10/254;         //每 mm 高度的像素
    //创建一个与屏幕设备环境兼容的位图
    cBitmap.CreateCompatibleBitmap(&dlgDC, B5_W*xPix, B5_H*yPix);
    //选入位图到设备描述环境
    MemDc.SelectObject(&cBitmap);
```

```
            if(pDrawInfo!= NULL)
            {
                //打印预览
                PrnInfo.IsPrint = FALSE;
                PrnInfo.nCurPage = m_CurPage;
                //调用打印函数
                pDrawInfo(MemDc, PrnInfo);
            }
            //把内存设备环境拷贝到屏幕设备环境
            dlgDC.BitBlt(xP/2, yP/2, B5_W*xPix+xP/2, B5_H*yPix+yP/2,
        &MemDc, 0, 0, SRCCOPY);
            MemDc.DeleteDC();
            cBitmap.DeleteObject();
    }
```
运行结果如图 9-10 所示。

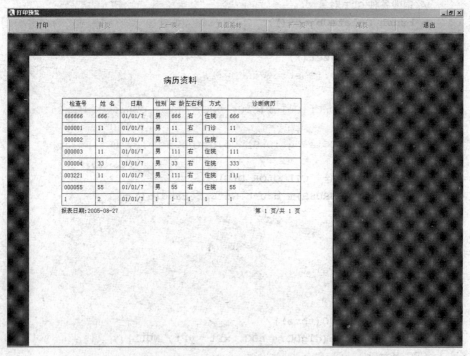

图 9-10 "打印预览"对话框

实训 9.2 滚动条的实现

实训 9.2.1 滚动条控件简介

滚动条主要用来从某一个预定义数值的范围内快速有效的选择。滚动条分垂直滚动条和水平滚动条两种。在滚动条内有一个滚动框，用来表示当前值。单击滚动条，可以使滚动框移动一页或一行，也可以直接拖动滚动框。滚动条既可以作为一个独立的控件存在，也可以作为窗口、列表框和组合框的一部分。

需要指出的是，从性质上划分，滚动条可分标准滚动条和滚动条控件两种。标准滚动条是由 WS_HSCROLL 或 WS_VSCROLL 风格指定的，它不是一个实际的窗口，而是窗口的一个组成部分（例如列表框中的滚动条），只能位于窗口的右侧（垂直滚动条）或底端（水平滚动条）。标准滚动条是在窗口的非客户区中创建的。与之相反，滚动条控件并不是窗口的一个组成部分，而是一个实际的窗口，可以放置在窗口客户区的任意地方，它既可以独立存在，也可以与某一个窗口组合，行使滚动窗口的职能。由于滚动条控件是一个独立的窗口，因此可以拥有输入焦点，可以响应光标控制键，如 PgUp、PgDown、Home 和 End。

MFC 的 CScrollBar 类封装了滚动条控件。CScrollBar 类的 Create 成员函数负责创建控件，该函数的声明为：

```
BOOL Create( DWORD dwStyle, const RECT& rect, CWnd* pParentWnd, UINT nID );
```

参数 dwStyle 指定控件的风格，rect 说明控件的位置和尺寸，pParentWnd 指向父窗口，该参数不能为 NULL。nID 则说明了控件的 ID。如果创建成功，该函数返回 TRUE，否则返回 FALSE。

如果想要创建一个普通的水平滚动条控件，可以指定风格 WS_CHILD | WS_VISIBLE | BS_HORZ。若要创建一个普通的垂直滚动条控件,可以指定风格 WS_CHILD | WS_VISIBLE | BS_VERT。

主要的 CScrollBar 类成员函数如下所示：

（1）int GetScrollPos() const;

该函数返回滚动框的当前位置，若操作失败则返回 0。

（2）int SetScrollPos(int nPos, BOOL bRedraw = TRUE);

该函数将滚动框移动到指定位置。参数 nPos 指定了新的位置，参数 bRedraw 表示是否需要重绘滚动条。如果值为 TRUE，则重绘之。函数返回滚动框的原位置，若操作失败则返回 0。

（3）void GetScrollRange(LPINT lpMinPos, LPINT lpMaxPos) const;

该函数可以实现查询滚动条的滚动范围的功能。参数 lpMinPos 和 lpMaxPos 分别指向滚动范围的最小值和最大值。

（4）void SetScrollRange(int nMinPos, int nMaxPos, BOOL bRedraw = TRUE);

该函数用于指定滚动条的滚动范围。参数 nMinPos 和 nMaxPos 分别指定滚动范围的最小值和最大值。由于两者指定的滚动范围不得超过 32767，当两者都为 0 时，滚动条将被隐藏。参数 bRedraw 表示是否需要重绘滚动条，如果为 TRUE，则重绘之。

（5）BOOL GetScrollInfo(LPSCROLLINFO lpScrollInfo, UINT nMask);

该函数用来获取滚动条的各种状态，包括滚动范围、滚动框的位置和页尺寸。参数 lpScrollInfo 指向一个 SCROLLINFO 结构，该结构如下所示：

```
typedef struct tagSCROLLINFO {
UINT cbSize;        //结构的尺寸（字节为单位）
UINT fMask;         /*说明结构中的哪些参数是有效的，可以是屏蔽值的组合*/
/*如 SIF_POS|SIF_PAGE，若为 SIF_ALL 则整个结构都有效*/
int nMin;           //滚动范围最大值，当 fMask 中包含 SIF_RANGE 时有效
int nMax;           //滚动范围最小值，当 fMask 中包含 SIF_RANGE 时有效
UINT nPage;         /*页尺寸，用来确定比例滚动框的大小，当 fMask 中包含 SIF_PAGE 时有效*/
```

```
            int nPos;         //滚动框的位置,当 fMask 中包含 SIF_POS 有效
            int nTrackPos;    /*拖动时滚动框的位置,当 fMask 中包含 SIF_TRACKPOS 时有效,该参数
只能查询,不能设置,最好不要用该参数来查询拖动时滚动框的位置*/
        } SCROLLINFO;
        typedef SCROLLINFO FAR *LPSCROLLINFO;
```

参数 nMask 的意义与 SCROLLINFO 结构中的 fMask 相同。函数在获得有效值后返回 TRUE,否则返回 FALSE。

(6) BOOL SetScrollInfo(LPSCROLLINFO lpScrollInfo, BOOL bRedraw = TRUE);

该函数用于设置滚动条的各种状态,一个重要用途是设定页尺寸从而实现比例滚动框。参数 lpScrollInfo 指向一个 SCROLLINFO 结构,参数 bRedraw 表示是否需要重绘滚动条,如果为 TRUE,则重绘之。若操作成功,该函数返回 TRUE,否则返回 FALSE。

CWnd 类也提供了一些函数来查询和设置所属的标准滚动条。这些函数与 CScrollBar 类的函数同名,且功能相同,但每个函数都多了一个参数,用来选择滚动条。

例如,CWnd:: GetScrollPos 的声明为:

```
        int GetScrollPos( int nBar ) const;
```

参数 nBar 用来选择滚动条,可以为下列值:

```
        SB_HORZ        //指定水平滚动条
        SB_VERT        //指定垂直滚动条
```

无论是标准滚动条,还是滚动条控件,滚动条的通知消息都是用 WM_HSCROLL 和 WM_VSCROLL 消息发送出去的。对这两个消息的默认处理函数是 CWnd::OnHScroll 和 CWnd::OnVScroll,它们几乎什么也不做。一般需要在派生类中对这两个函数重新设计,以实现滚动功能。这两个函数的声明为:

```
        afx_msg void OnHScroll( UINT nSBCode, UINT nPos,
            CScrollBar* pScrollBar );
        afx_msg void OnVScroll( UINT nSBCode, UINT nPos,
            CScrollBar* pScrollBar );
```

参数 nSBCode 是通知消息码,如表 9-3 所示。nPos 是滚动框的位置,只有在 nSBCode 为 SB_THUMBPOSITION 或 SB_THUMBTRACK 时,该参数才有意义。如果通知消息是滚动条控件发来的,那么 pScrollBar 是指向该控件的指针,如果是标准滚动条发来的,则 pScrollBar 为 NULL。

表 9-3 滚动条控件的通知码

通知码	含义
SB_BOTTOM / SB_RIGHT	滚动到底端(右端)
SB_TOP / SB_LEFT	滚动到顶端(左端)
SB_LINEDOWN / SB_LINERIGHT	向下(向右)滚动一行(列)
SB_LINEUP / SB_LINELEFT	向上(向左)滚动一行(列)
SB_PAGEDOWN / SB_PAGERIGHT	向下(向右)滚动一页
SB_PAGEUP / SB_PAGELEFT	向上(向左)滚动一页
SB_THUMBPOSITION	滚动到指定位置
SB_THUMBTRACK	滚动框被拖动
SB_ENDSCROLL	滚动结束

实训 9.2.2　与滚动条相关的 API 函数 ScrollWindow()

（1）函数功能：该函数滚动所指定的窗体客户区域内容。函数提供了向后兼容性，新的应用程序应使用 ScrollWindowEX。

（2）函数原型：BOOL ScrollWindow(HWND hWnd,int XAmount,int YAmount,CONST RECT * lpRect, CONST RECT * lpClipRect);

（3）参数：

1）hWnd：客户区域将被滚动的窗体句柄。

2）XAmount：指定水平滚动设备单位数量。如果窗体滚动模式为 CS_OWNDC 或 CS_CLASSDC，则此参数使用逻辑单位而不使用设备单位。当向左滚动窗体内容时，参数值必须为负。

3）YAmount：指定垂直滚动设备单位数量。如果窗体滚动模式为 CS_OWNDC 或 CS_CLASSDC，则此参数使用逻辑单位而不使用设备单位。当向上滚动窗体内容时，参数值必须为负。

4）lpRect：指向所指定将被滚动的客户区域部分的 RECT 结构，若此参数为 NULL，则整个客户区域均被滚动。

5）lpClipRect：指向包含类似于剪辑滚动条 RECT 结构。只有剪辑矩形条内部的位受影响。由外向内的滚动矩形内部被着色，而由内向外的滚动矩形将不被着色。

实训 9.2.3　滚动条代码的实现

添加 WM_SIZE 消息的映射函数：

```
void CPreView::OnSize(UINT nType, int cx, int cy)
{
    CDialog::OnSize(nType, cx, cy);

    GetClientRect(&WndRect);      //得到客户区尺寸
    SetScrollbar(cx, cy);         //设置滚动条
    InvalidateRect(NULL);         //窗口无效，重新绘制窗口
    UpdateWindow();               //立即更新窗口
}
```

在 CPreView.h 文件中添加函数声明：

```
void SetScrollbar(int cx, int cy);
```

在 CPreView.cpp 文件中添加函数代码：

```
void CPreView::SetScrollbar(int cx, int cy)
{
    HDC hdc;
    hdc = ::GetDC(::GetDesktopWindow());
    int xPix = ::GetDeviceCaps(hdc, LOGPIXELSX);
    int yPix = ::GetDeviceCaps(hdc, LOGPIXELSY);
    ::ReleaseDC(::GetDesktopWindow(), hdc);

    xPt = 0;
```

```cpp
    //设定滚动条垂直滚动范围及页面大小
    si.cbSize = sizeof (si) ;
    si.fMask  = SIF_RANGE | SIF_PAGE ;
    si.nMin   = 0;
    si.nMax   = nH+yPix;                    //内容的高度
    si.nPage  = WndRect.Height();           //页面的高度
    SetScrollInfo(SB_VERT, &si, TRUE);
    si.fMask = SIF_POS;
    si.nPos  = 0;
    SetScrollInfo(SB_VERT, &si, TRUE);
    //设定滚动条水平滚动范围及页面大小
    si.cbSize = sizeof (si);
    si.fMask  = SIF_RANGE | SIF_PAGE;
    si.nMin   = 0;
    si.nMax   = nW+xPix;                    //内容的宽度
    si.nPage  = WndRect.Width();            //页面的宽度
    SetScrollInfo(SB_HORZ, &si, TRUE);
    si.fMask = SIF_POS;
    si.nPos  = 0;
    SetScrollInfo(SB_HORZ, &si, TRUE);
    xPt = yPt = 0;
}
```

添加 WM_HSCROLL 消息和 WM_VSCROLL 消息的映射函数：

```cpp
void CPreView::OnVScroll(UINT nSBCode, UINT nPos, CScrollBar* pScrollBar)
{
    si.cbSize = sizeof (si) ;
    si.fMask  = SIF_ALL ;
    GetScrollInfo(SB_VERT, &si);        //得到滚动条相关信息

    int iVertPos = si.nPos ;
    switch(nSBCode)
    {
    case SB_TOP:                        //滚动到顶端（左端）
        si.nPos = si.nMin;
    break;
    case SB_BOTTOM:                     //滚动到底端（右端）
        si.nPos = si.nMax;
        break;
    case SB_LINEUP:                     //向上（向左）滚动一页
        si.nPos -= 15;
        break;
    case SB_LINEDOWN:                   //向下（向右）滚动一页
        si.nPos += 15;
        break;
    case SB_PAGEUP:                     //向上（向左）滚动一页
        si.nPos -= si.nPage;
```

```
        break;
    case SB_PAGEDOWN:                       //向下（向右）滚动一页
        si.nPos += si.nPage;
        break;
    case SB_THUMBTRACK:                     //滚动框被拖动
        si.nPos = si.nTrackPos;
        break;
    }
    si.fMask = SIF_POS ;
    SetScrollInfo(SB_VERT, &si, TRUE);
    GetScrollInfo(SB_VERT, &si);
    if(si.nPos != iVertPos)
    {
        yPt += si.nPos - iVertPos;
        ScrollWindow(0, iVertPos - si.nPos, NULL, NULL);
        //滚动所指定的窗体客户区域内容
        UpdateWindow();                     //更新父窗口
        ::UpdateWindow(GetParent()->m_hWnd); //更新预览窗口
    }
    CDialog::OnVScroll(nSBCode, nPos, pScrollBar);
}
void CPreView::OnHScroll(UINT nSBCode, UINT nPos, CScrollBar* pScrollBar)
{
    si.cbSize = sizeof(si);
    si.fMask = SIF_ALL;

    GetScrollInfo(SB_HORZ, &si) ;
    int iHorzPos = si.nPos ;

    switch(nSBCode)
    {
    case SB_LINELEFT:
        si.nPos -= 15;
        break;
    case SB_LINERIGHT:
        si.nPos += 15;
        break;
    case SB_PAGELEFT:
        si.nPos -= si.nPage;
        break;
    case SB_PAGERIGHT:
        si.nPos += si.nPage;
        break;
    case SB_THUMBTRACK:
        si.nPos = si.nTrackPos;
```

```
            break;
        }
    si.fMask = SIF_POS ;
    SetScrollInfo(SB_HORZ, &si, TRUE);
    GetScrollInfo(SB_HORZ, &si);

    if (si.nPos != iHorzPos)
    {
        xPt += si.nPos - iHorzPos;
        ScrollWindow(iHorzPos - si.nPos, 0, NULL, NULL);
        UpdateWindow();
    }
    CDialog::OnHScroll(nSBCode, nPos, pScrollBar);
}
```

运行程序，可以看到"打印预览"对话框可以使用滚动条了，如图9-11所示。

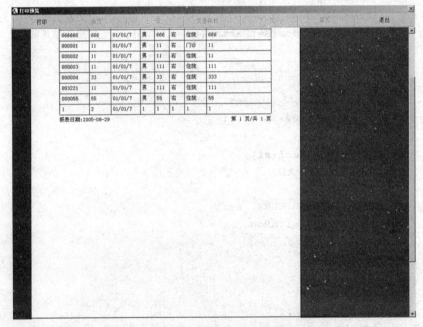

图9-11 "打印预览"对话框

实训9.3 添加鼠标滚动

实训9.3.1 与窗口有关的API函数

1. SetWindowLong()函数
（1）函数功能：该函数用于改变指定窗口的属性。
（2）函数原型：LONG SetWindowLong(HWN hWnd,int nlndex.LONG dwNewLong);
（3）参数：

1）hWnd：窗口句柄及间接声明的该窗口所属的类。

2）nIndex：给出了要设置零起点的偏移地址值。有效值为从 0～额外窗口存储空间的字节数-4。例如：如果指定了 12 位或更多的位字节的额外内存，则 32 位值的索引值应为第 3 个 32 位值的索引位 8。设置其他值，要指定下列中的一个值：
- GWL_EXSTYLE：设置一个新的扩展窗口风格。
- GWL_STYLE：设置一个新的窗口风格。
- GWL_WNDPROC：为窗口过程设置一个新的地址。
- GWL_HINSTANCE：设置一个新的应用程序实例句柄。
- GWL_ID：为窗口设置一个新的标识。
- GWL_USERDATA：设置与窗口有关的 32 位值。每个窗口都有一个对应的 32 位值，来提供创建该窗口的应用程序使用。

当 hWnd 参数标识了一个对话框时可使用下列值：
- DWL_DLGPROC：设置对话框过程的新地址。
- DWL_MSGRESULT：设置在对话框过程中处理的消息返回值。
- DWL_USER：设置新的额外信息，该信息仅为应用程序所有，例如句柄或指针。

3）dWNewLong：指定替换值。

（4）返回值：如果函数成功，返回值为给定的 32 位整数原来的值。如果函数失败，返回值为 0。若想获得更多的错误信息，请调用 GetLastError()函数。

2. SetClassLong()函数

（1）函数功能：该函数替换在额外类存储空间的指定偏移地址的 32 位长整型值或替换指定窗口所属类的 WNDCLASSEX 结构。

（2）函数原型：DWORD SetClassLong(HWND hWnd,int nIndex,LONG dwNewLong);

（3）参数：

1）hWnd：窗口句柄及间接声明的该窗口所属的类。

2）nIndex：指定将被替换的 32 位值。在额外类存储空间中设置 32 位值，应指定一个大于或等于 0 的偏移量。有效值的范围从 0～额外类的存储空间的字节数-4；例如，若指定了 12 位或多于 12 位的额外类存储空间，则应设为第 3 个 32 位整数的索引位 8。要设置 WNDCLASSEX 结构中的任何值，指定下列值之一：
- GCL_CBCLSEXTRA：设置与类相关尺寸的字节大小。设定该值不改变已分配的额外字节数。
- GCL_CBWNDEXTRA：设置与类中的每一个窗口相关尺寸的字节大小。设定该值不改变已分配的额外字节数。查看如何进入该内存，参看 SetWindowLong()函数。
- GCL_HERBACKGROUND：替换与类有关的背景刷子的句柄。
- GCL_HCURSOR：替换与类有关的光标的句柄。
- GCL_HICON：替换与类有关的图标的句柄。
- GCL_HMODULE：替换注册类的模块的句柄。
- GCL_STYLE：替换窗口类的风格位。
- CGL_MENUNAME：替换菜单名字符串的地址。该字符串标识与类有关的菜单资源。
- GCL_WNDPROC：替换与窗口类有关的窗口过程的地址。

3）dwNewLong：指定替换值。

（4）返回值：如果函数成功，返回值是指定的 32 位整数原来的值；如果未事先设定，返回值为 0。如果函数失败，返回值为 0。若想获得更多的错误信息，请调用 GetLastError 函数。

3. CallWindowProc()函数

（1）函数功能：该函数将消息信息传送给指定的窗口过程。

（2）函数原型：LRESULT CallWindowProc (WNDPROC lpPrevWndFunc, HWND hWnd, UINT Msg, WPARAM wParam, LPARAM IParam);

（3）参数：

1）lpPrevWndFunc：指向前一个窗口过程的指针。如果该值是通过调用 GetWindowLong() 函数，并将该函数中的 nIndex 参数设为 GWL_WNDPROC 或 DWL_DLGPROC 而得到的，那么它实际上要么是窗口或对话框的地址，要么是代表该地址的句柄。

2）hWnd：指向接收消息的窗口过程的句柄。

3）Msg：指定消息类型。取值如下：

- wParam：指定其余的、消息特定的信息。该参数的内容与 Msg 参数值有关。
- IParam：指定其余的、消息特定的信息。该参数的内容与 Msg 参数值有关。

（4）返回值：返回值指定消息处理结果，它与发送的消息有关。

（5）备注：使用函数 CallWindowProc()可进行窗口子分类。通常来说，同一类的所有窗口共享一个窗口过程。子类是一个窗口或者相同类的一套窗口，在其消息被传送到该类的窗口过程之前，这些消息是由另一个窗口过程进行解释和处理的。

SetWindowLong()函数通过改变与特定窗口相关的窗口过程，使系统调用新的窗口过程来创建子类，新的窗口过程替换了以前的窗口过程。应用程序必须通过调用 CallWindowProc() 函数来将新窗口过程没有处理的消息传送到以前的窗口过程中,这样就允许应用程序创建一系列窗口过程。

实训 9.3.2　鼠标滚动的实现

在这一实训中，将实现鼠标的滚动功能。操作如下：

（1）为类 CPreView 添加 WM_MOUSEWHEEL 消息。

（2）在 CPreView.h 文件中添加下面两个变量：

```
int iDeltaPerLine, iAccumDelta;
```

并为消息添加响应函数如下：

```
BOOL CPreView::OnMouseWheel(UINT nFlags, short zDelta, CPoint pt)
{
    //把鼠标滚动消息转换为窗口滚动条的消息
    if(iDeltaPerLine != 0)
    {
        iAccumDelta += zDelta;
        while(iAccumDelta >= iDeltaPerLine)
        {
            SendMessage(WM_VSCROLL, SB_LINEUP, 0);
```

```
            iAccumDelta -= iDeltaPerLine ;
        }

        while(iAccumDelta <= -iDeltaPerLine)
        {
            SendMessage(WM_VSCROLL, SB_LINEDOWN, 0) ;
            iAccumDelta += iDeltaPerLine;
        }
    }

    return CDialog::OnMouseWheel(nFlags, zDelta, pt);
}
```
（3）在 CPreParent.h 文件中添加如下代码：
```
static LRESULT CALLBACK ListProc(HWND hwnd, UINT uMsg,
    WPARAM wParam, LPARAM lParam);
static WNDPROC  wpListProc;
```
（4）在 CPreParent.cpp 文件的各函数实现前添加如下代码：
```
WNDPROC  CPreParent::wpListProc = NULL;
//截获父窗口的鼠标滚动消息发送给打印预览子窗口
LRESULT CALLBACK CPreParent::ListProc(HWND hwnd, UINT uMsg,
WPARAM wParam, LPARAM lParam)
{
    POINT   pt;
    RECT    rc;
    switch(uMsg)
    {
      case WM_MOUSEWHEEL:              //如果为鼠标滚动消息
        ::GetCursorPos(&pt);           //得到鼠标位置
        if(!IsWindow(hPrvWnd))         //是否在窗口区域内
            break;
        ::GetWindowRect(hPrvWnd, &rc); //得到预览子窗口尺寸
        if(::PtInRect(&rc, pt))        //鼠标位置是否在子窗口内
        {
            ::SendMessage(hPrvWnd, WM_MOUSEWHEEL,
                wParam, lParam);
                    //发送鼠标滚动消息给子窗口
            return 0;
        }
        break;
    }
    //如果不是鼠标滚动消息，则需要父窗口处理
    return CallWindowProc(wpListProc, hwnd, uMsg, wParam, lParam);
}
```
（5）在初始化函数中添加加粗的代码：
```
BOOL CPreParent::OnInitDialog()
{
```

```
            if(m_nCount<=0)
            {
                EndDialog(FALSE);
                return FALSE;
            }
            CDialog::OnInitDialog();
            wpListProc=(WNDPROC)::SetWindowLong(CList.m_hWnd, GWL_WNDPROC,
                (LONG)ListProc);
            //改变窗口的默认窗口处理函数，为窗口过程设置一个新的地址
            CList.MoveWindow(-1000, -1000, 10, 10, TRUE);
            m_hIcon=::LoadIcon(AfxGetApp()->m_hInstance,
    (LPCTSTR)ICON_PREVIEW);
            ::SetClassLong(this->m_hWnd, GCL_HICON, (LONG)m_hIcon);
            ShowWindow(SW_MAXIMIZE);
            //添加工具条
    ……
            return TRUE;
        }
```

实训 9.4　加入"页面跳转"对话框

"页面跳转"对话框主要用于多页打印时的预览，如图 9-12 所示。

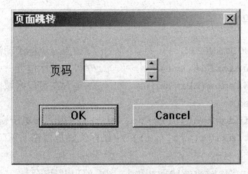

图 9-12　"页面跳转"对话框

实训 9.4.1　上下控件简介

上下控件是 Windows 中最常用的控件之一。它只不过是一对箭头，用户可单击它来增加或减少控件的设定值。通常，紧靠着上下控件有一个编辑控件，称为伙伴编辑控件或伙伴控件，用于显示用户输出的值。旋转按钮控件（Spin Button Control）又称为上下控件（Up Down Control），其主要功能是利用一对标有相反方向箭头的小按钮，通过单击它来在一定范围内改变当前的数值。旋转按钮控件的当前值通常显示在一个称为伙伴窗口（Buddy Window）的控件中，可以是一个编辑框等。旋转按钮也可以不在伙伴窗口的任何一侧。如果位于伙伴窗口的一侧，应适当减少伙伴窗口的宽度以容纳旋转按钮。

旋转按钮控件在 MFC 类库中被封装为 CSpinButtonCtrl 类，其操作主要是获取和设置旋转按钮的变化范围、当前数值、伙伴窗口、伙伴窗口显示当前数据的数值是十进制还是十六进制以及用户按住按钮时数值变化的加速度等。表 9-4 列出了其成员函数。

表 9-4　类 CSpinButtonCtrl 的成员函数

函数（方法）	说明
Create()	建立旋转按钮控件对象并绑定对象
SetBase()	设置基数
GetBase()	取得基数
SetBuddy()	设置伙伴窗口
GetBuddy()	取得伙伴窗口
SetPos()	设置当前位置
GetPos()	取得当前位置
SetRange()	设置上限下限值
GetRange()	取得上限下限值

实训 9.4.2　加入"页面跳转"对话框资源

打开 Bewa.dsw 文件，在工作区中单击 Resource View 标签，展开 Bewa resources 项，再选中 Dialog 项，在 Dialog 项上右击，在弹出的右键菜单中选择 Insert Dialog 项，添加对话框资源 DLG_SYS_PREGOTO。修改对话框标题为"页面跳转"，如图 9-13 所示。

图 9-13　Dialog Properties 对话框

添加如图 9-12 所示的控件，各控件属性如表 9-5 所示。

表 9-5　对话框资源中各控件属性

控件类型	资源 ID	标题	其他属性
按钮控件	BTN_OK	OK	默认属性
	BTN_CANCEL	Cancel	
静态控件	IDC_STATIC	页码	
编辑框控件	EDT_GOTO		
上下控件	SPIN_GOTO		

上下控件 SPIN_GOTO 具体属性如图 9-14 所示。

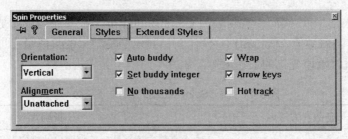

图 9-14 Spin Properties 对话框

同时，为新的对话框资源增加相应的类 CPreGoto。

为控件添加如表 9-6 所示的成员变量。

表 9-6 各控件增加的成员变量

资源 ID	Category	Type	成员变量名
SPIN_GOTO	Control	CSpinButtonCtrl	CSpinGoto
EDT_GOTO	Control	CEdit	CEdtGoto
EDT_GOTO	Value	int	vGoto

实训 9.4.3 代码实现

重载初始化函数：

```
BOOL CPreGoto::OnInitDialog()
{
    CDialog::OnInitDialog();
    CSpinGoto.SetRange(1, nMax);       //设置上下控件的范围
    CSpinGoto.SetPos(nCurPage);         //设置上下控件的当前值
    vGoto = nCurPage;
    UpdateData(FALSE);                  //将变量的值传递给控件显示出来
    return TRUE ;
}
```

两个按钮的映射函数如下：

```
void CPreGoto::OnOk()
{
    UpdateData();               //将控件的值传递给变量保存
    if(vGoto>nMax)              //如果设置的值大于最大页数，则跳到最大页数
        vGoto = nMax;
    if(vGoto<=0)                //如果设置的值小于等于零，则跳到第一页
        vGoto = 1;
    nGoto = vGoto;
    EndDialog(TRUE);            //结束对话框
}
void CPreGoto::OnCancel()
{
    EndDialog(FALSE);           //结束对话框
}
```

为编辑控件 EDT_GOTO 添加 EN_KILLFOCUS 消息，如图 9-15 所示。一旦控件丢失了输入焦点，就会发出这条消息。

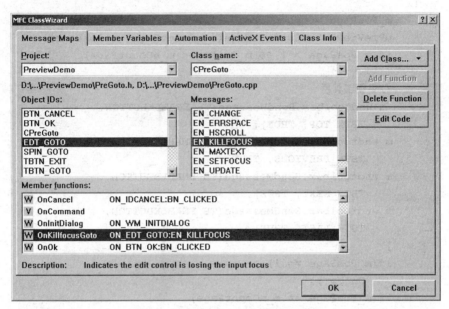

图 9-15　MFC ClassWizard 对话框

代码实现如下：

```
void CPreGoto::OnKillfocusGoto()
{
    //与单击"确定"按钮的代码一样
    UpdateData();
    if(vGoto>nMax)
        vGoto = nMax;
    if(vGoto<=0)
        vGoto = 1;
    UpdateData(FALSE);
}
```

为"打印预览"对话框的工具栏的"转到"按钮添加映射函数：

```
//转到
void CPreParent::OnGoto()
{
    int nPage = 1;
    int m = m_nCount-m_OneCount;
    int n = m/m_NextCount;
    nPage += n;
    n = m%m_NextCount;
    if(n>0)
    nPage++;
    CPreGoto cpg;
    cpg.nMax = nPage;
```

```
            cpg.nCurPage = m_PosPage;
            if(cpg.DoModal())
            {
                m_PosPage = cpg.nGoto;
                pPreView->SetCurrentPage(m_nCountPage, m_PosPage);
                if(m_PosPage > 1 && m_PosPage< m_nCountPage)
                {
                //更新工具栏
                 m_wndtoolbar.SendMessage(TB_ENABLEBUTTON,
                    TBTN_TOP, TRUE);
                m_wndtoolbar.SendMessage(TB_ENABLEBUTTON,
                    TBTN_PREVIOUS, TRUE);
                m_wndtoolbar.SendMessage(TB_ENABLEBUTTON,
                    TBTN_NEXT, TRUE);
                m_wndtoolbar.SendMessage(TB_ENABLEBUTTON,
                    TBTN_LAST, TRUE);
                }
                if(m_PosPage == 1)
                    OnTop();
                if(m_PosPage == m_nCountPage)
                    OnLast();
            }
            UpdatePreViewWnd();
        }
```

运行程序，如果需要打印的数据有多页的话，可以使用"页面跳转"对话框，这样就可以很方便地进行预览。

第 10 章　注册发行

为了保护软件开发者的权益，经常需要对软件进行加密限制，以防止未经许可的随意拷贝。当你辛辛苦苦做好了一个十分不错的程序，是否想把它发布出去成为共享软件呢？作为一个共享软件，注册码肯定是少不了的，可以通过判断程序是否注册来决定是否对功能和操作时间做一些限制。

为了确保注册码的唯一性，在注册源的采集上应当尽量选取一些唯一的、不易复制的软硬件信息作为原始信息。而硬件由于其不可复制性和物理唯一性成为了加密的首选目标，而且多数计算机配件在出厂时都有一个唯一的标识号，可以将其作为识别的依据。符合上述条件的标识号大致有硬盘的序列号、网卡的序列号、BIOS 中的主板序列号或主机出厂日期和标志等几种，考虑到硬件的通用性、实现起来的难易程度以及系统安全性等多种因素，以硬盘序列号和网卡序列号为佳。

（1）读 BIOS 信息。因指针对 BIOS 操作比较复杂，ROM BIOS 中 F000H～FFFFH 区域虽存有与硬件配置有关的信息、F000H:FFF5H～F000H:FFFFH 存有主机出厂日期和主机标志值等参数，但在 Windows 9x 的保护模式下实现编程是比较困难的。

（2）CPU 系列号。简单但仅 Windows 2000 适用。

（3）读网卡 ID。网卡的唯一性最好，也许不能保证每台计算机都装有网卡，但这种情况毕竟是少数。

（4）读硬盘系列号。

注册信息采集到后，关键的问题就是如何让用户将其返回给开发者。一种较简单的方法是把采集到的硬件信息简单加密后存放到一个文本中、再通过邮件或电话传送给开发者。

本章主要讲述注册发行，其中客户码也就是将采集到的硬件信息通过邮件发送给开发者。注册码采用的是网卡序列号和硬盘序列号的简单加密方法，并且提供了一个简单的加密程序供开发者根据客户码获得注册码，然后返还给使用者。至于将硬件信息加密成客户码，以及客户码加密成注册码的过程算法不进行深入的讨论了，如果想要有更深入的了解，可以参考相关书籍。

实训 10.1　读取网卡序列号

实训 10.1.1　NetBIOS 编程基础

NetBIOS 全称 NetWork Basic Input/Output System（网络基本输入/输出系统），该协议由 IBM 公司开发，主要用于数十台计算机组成的小型局域网。NetBIOS 协议是一种在局域网上的程序可以使用的应用程序编程接口（API），为程序提供了请求低级服务的统一命令集，作用是为了给局域网提供网络以及其他特殊功能，几乎所有的局域网都是在 NetBIOS 协议的基础上工作的。

在 Windows 操作系统中，默认情况下在安装 TCP/IP 协议后会自动安装 NetBIOS。比如在 Windows 2000/XP 中，当选择"自动获得 IP"后会启用 DHCP 服务器，从该服务器使用 NetBIOS 设置；如果使用静态 IP 地址或 DHCP 服务器不提供 NetBIOS 设置，则启用 TCP/IP 上的 NetBIOS。具体的设置方法如下：首先打开"控制面板"，双击"网络连接"图标，打开"本地连接属性"对话框。接着，在"常规"选项卡中选择"Internet 协议（TCP/IP）"，单击"属性"按钮。然后在打开的对话框中，单击"高级"按钮；在"高级 TCP/IP 设置"对话框中选择 WINS 选项卡，如图 10-1 所示。在"NetBIOS 设置"区域中就可以进行 NetBIOS 设置了。

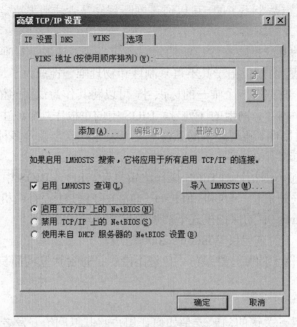

图 10-1　启用 NetBIOS 协议

前面介绍了 NetBIOS 的一些基本概念，接下来要讨论的是 NetBIOS 的设置，只有一个函数：

```
UCHAR Netbios(PNCB pNCB);
```

用于 NetBIOS 的所有函数声明、常数等均是在头文件 Nb30.h 内定义的。若想连接 NetBIOS 应用，唯一需要的是库 Netapi32.lib。该函数最重要的特征便是 pNCB 这个参数，它对应于一个指向某个网络控制块（NCB）的指针。在那个 NCB 结构中，包含为了执行一个 NetBIOS 命令相应的 NetBIOS 函数需要用到的全部信息。

NetBIOS 控制块（NCB）是所有 NetBIOS 应用程序都要用来访问 NetBIOS 服务的一个程序设计结构，并且是唯一的一个。设备驱动程序也使用类似的结构。NetBIOS 控制块的 NCB 结构如下：

```
typedef struct tagNCB {
    BYTE ncb_command;
    BYTE ncb_retcode;
    BYTE ncb_lsn;
    BYTE ncb_num;
    DWORD ncb_buffer;
```

```
            WORD ncb_length;
            BYTE ncb_callName[16];
            BYTE ncb_name[16];
            BYTE ncb_rto;
            BYTE ncb_sto;
            BYTE ncb_post;
            BYTE ncb_lana_num;
            BYTE ncb_cmd_cplt;
            BYTE ncb_reserved[14];
        } NCB, * PNCB;
```

下面介绍每一个字段的具体含义。

1. ncb_command 字段

每一个发往 NetBIOS 的 NCB 都代表一项要执行的动作，具体执行哪项动作，由 ncb_command 字段的取值决定。NetBIOS 命令的使用方式有两种：同步和异步，同步命令将阻止提交处理的执行，直到该命令执行完毕。异步命令由 NetBIOS 在内部排队，并不阻止执行。命令执行完后，最终的返回码存放在 NCB 结构的 ncb_cmd_cplt 字段中。

2. ncb_retcode 字段

命令提交给 NetBIOS 驱动程序后，该命令的成功与否即在该字段中反映出来。若 ncb_retcode 字段值为 00h，则表示命令成功。对于异步 NetBIOS 命令，它将立即在 ncb_retcode 字段中返回值 FFH，表明该命令已经排队，即将执行。命令执行完毕后，同 ncb_cmd_cplt 一样，ncb_retcode 将置成最终的返回码。

3. ncb_lsn 字段

同远程应用程序处理建立了会话后，NetBIOS 驱动程序将相应设置该字段（局部会话号）。在随后的通信中，若想同远程处理进行通信，本地处理只需在 NCB 结构中指明局部会话号，不再需要在 ncb_callname 字段中指定完整的远程处理逻辑名。单就一个适配器而言，工作站上和每一个处理一次至多能进行 254 个会话，只要指定相关的局部会话号，就能达到会话的目的。系统保留值为 0 和 255，不将它们作为局部会话号使用。

4. ncb_num 字段

工作站上的每一个处理最多可向名表中加进 254 个逻辑名。成功地将一个逻辑名加进局域网适配器的私有名表后，NetBIOS 将 ncb_num 字段值设置成该名在名表中的索引值（索引值称为名号），在以后同远程处理进行的非连接式通信中，可使用这个名号。名号 0 和 255 亦为系统保留，适配器的物理地址总在名表第 1 项（例如 Name_Number=1）中。

5. ncb_buffer 字段

该字段的值是要发送的数据缓冲区的地址，或者要在其中存放接收到的数据的缓冲区的地址。

6. ncb_length 字段

ncb_length 字段指定的是由 ncb_buffer 字段指定的缓冲区的长度。接收到一段数据时，NetBIOS 将相应设置该字段。

7. ncb_callname 字段

这是一个由应用程序设置的 16 字节字段，其值是远程处理的逻辑名。应用程序设置一个连接或者向远程处理发送一个数据表包的时候，进行相应的字段设置。所有的字节均有用。在远程驱动程序连接正期待着接收连接呼叫的本地处理时，NetBIOS 将填写该字段。因此，接收呼叫的处理能够找出远程呼叫方的名。

8. ncb_name 字段

这是由应用程序设置的 16 字节字段，其值是本地处理的逻辑名，应用程序设置一个连接或向远程处理发送一个数据表包时，进行相应的字段设置。所有的字节均有用。该字段的第一个字节不能是二进制 0 或"*"，另外，IBM 保留了前 3 个字节，所以前 3 个字节不能是"IBM"。第 16 个字节不能是 00H 到 1FH 之间的值。在局域网管理器环境下，最后一个字节（即第 16 个字节）有特殊的含义。

9. ncb_rto 字段

在期望从一个或数个远程处理接收到一个数据表包时，应用程序可在 ncb_rto（接收时间限制）字段中指定等待的最大时间。若超过了指定时间仍未接收到包，则 NetBIOS 驱动程序将在 ncb_retcode 字段中返回错误。若 ncb_rto 字段值为 00h，则表示阻止执行，直到本地处理接收到一个包为止。

10. ncb_sto 字段

ncb_sto（发送时间限制）字段类似于 ncb_rto 字段，但它指定的是 Send 等待 NetBIOS 连接式命令完成的时间。若超过了指定时间，则将返回错误。若 ncb_sto 字段值为 00h，则表示不为发送操作指定时间限制。此时，命令将阻止执行，直到成功地发送了一个包或 NetBIOS 层停止重试为止。

11. ncb_post 字段

在提交异步命令时，应用程序可以设置该字段。在 MS-DOS 中，应用程序将后处理例程的地址填在该字段中。所谓后处理例程，即命令执行完毕后 NetBIOS 驱动程序将要调用的例程。

12. ncb_lana_num 字段

因为一台工作站上可能有不止一个局域网网络适配器卡，所以，NCB 中相应的也有一个字段，用来指明应用程序想使用哪一个网络适配器。该字段称为 LAN 适配器号或 LANA 号，LANA 号从 0 开始。在像 Microsoft LAN Manager 这样的网络软件环境中，可以同时装入多个传输驱动程序（例如，TCP/IP、NetBIOS 或 XNS），其中每一个驱动程序都提供了一个 NetBIOS 接口。另外，一台工作站可能有不止一个 LAN 适配器卡，此时，ncb_lana_num 字段指定的是某一特定对，即应用程序想使用的传输驱动程序和 LAN 适配器卡。

13. ncb_cmd_cplt 字段

NetBIOS 驱动程序利用该字段来表明异步命令已完成。开始时，当应用程序提交一条异步命令时，NetBIOS 将该字段值设置为 FFH。待命令执行完毕后，再将最终值填入该字段。也就是说，提交了一条异步命令后，应用程序可以监视（轮询）该字段的取值，直到其值不再是 FFH 为止。

进行任何 NetBIOS 调用之前，不要一开始就填写结构内成员，而应先将这个 NCB 结构清零。

实训 10.1.2 获取网卡序列号

有了前面的基础，下面就可以利用 NetBIOS API 获取网卡 MAC 地址。

打开 CDlgpassword.h 文件添加如下结构:
```
typedef struct _ASTAT_
{
    ADAPTER_STATUS adapt;
    NAME_BUFFER    NameBuff [30];
}ASTAT, * PASTAT;
```
并在适当位置添加如下函数和变量声明:
```
public:
    void readwk(void);
    void getmac_one (int lana_num);
protected:
CString netcard;
```
打开 CDlgpassword.cpp 文件添加如下代码:
```
ASTAT Adapter;
void CDlgpassword::readwk()
{
    NCB ncb;
    UCHAR uRetCode;
    LANA_ENUM lana_enum;
    //清空 ncb 结构
    memset(&ncb,0,sizeof(ncb));
    ncb.ncb_command=NCBENUM;
    ncb.ncb_buffer=(unsigned char *) &lana_enum;
    ncb.ncb_length=sizeof(lana_enum);
    CString str;
    // 向网卡发送 NCBENUM 命令以获取当前机器的网卡信息，如有多少个网
    //卡、每张网卡的编号等
    uRetCode=Netbios(&ncb);
    str.Format( "The NCBENUM return code is: 0x%x \n", uRetCode );
     if (uRetCode==0)
      {
        str.Format("Ethernet Count is : %d\n\n",lana_enum.length);
        // 对每一张网卡，以其网卡编号为输入编号，获取其 MAC 地址
        for(int i=0; i< lana_enum.length; ++i)
        getmac_one(lana_enum.lana[i]);
      }
}
void CDlgpassword::getmac_one (int lana_num)
 {
    NCB ncb;
    UCHAR uRetCode;
    memset(&ncb,0,sizeof(ncb));
    ncb.ncb_command=NCBRESET;
```

```cpp
                //指定网卡号
                ncb.ncb_lana_num=lana_num;
                //首先对选定的网卡发送一个 NCBRESET 命令,以便进行初始化
                uRetCode=Netbios(&ncb);
                netcard.Format("The NCBRESET return code is:0x%x\n",uRetCode);
                //AfxMessageBox(str);
                memset(&ncb,0,sizeof(ncb));
                ncb.ncb_command=NCBASTAT;
                ncb.ncb_lana_num=lana_num;   //指定网卡号
                strcpy( (char *)ncb.ncb_callname,"*" );
                ncb.ncb_buffer=(unsigned char *)&Adapter;
                //指定返回的信息存放的变量
                ncb.ncb_length=sizeof(Adapter);
                //接着,可以发送 NCBASTAT 命令以获取网卡的信息
                uRetCode=Netbios(&ncb);
                netcard.Format("The NCBASTAT return code is:
                    0x%x \n",uRetCode);
                if(uRetCode == 0)
                {
                    //把网卡 MAC 地址格式化成常用的十六进制形式,如 0010-A4E4-5802
                    netcard.Format("%02X%02X%02X%02X%02X%02X%02X\n",
                        lana_num,          //网卡编号
                        //获得网卡序列号
                        Adapter.adapt.adapter_address[0],
                        Adapter.adapt.adapter_address[1],
                        Adapter.adapt.adapter_address[2],
                        Adapter.adapt.adapter_address[3],
                        Adapter.adapt.adapter_address[4],
                        Adapter.adapt.adapter_address[5]);
                }
                //弹出消息对话框,调试成功后可以将其删除
                AfxMessageBox(netcard);
            }
```

打开 stdafx.h 文件,在适当位置添加:

```cpp
#include "Nb30.h"
```

打开 CDlgpassword.cpp 文件并添加:

```cpp
#include "Nb30.h"
```

选择 Project | Settings 菜单项,会弹出 Project Settings 对话框,选中 Link 标签,在 Category 中选择 General,在 Object | library modules 中添加 netapi32.lib 文件,如图 10-2 所示。

运行程序,将弹出如图 10-3 所示的消息框。其中的 12 位十六进制数即机器的 48 位二进制网卡地址。读者可以通过网络命令验证一下:在计算机"开始"菜单中单击"运行",输入 cmd 回车后再输入命令 ipconfig /all。

显示 IP 地址、子网掩码和默认网关并且显示内置于本地网卡中的物理地址(MAC)。

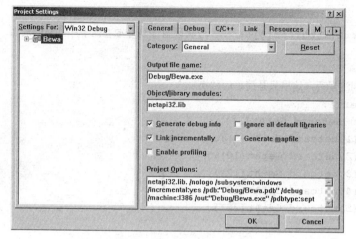

图 10-2 Project Settings 对话框

图 10-3 网卡序列号

实训 10.2 读取硬盘序列号和计算注册码

Windows API 函数中提供的下面这个函数可以非常简单地获取到指定磁盘驱动器的序列号：

```
GetVolumeInformation("C:\\",NULL,NULL,&dwIDESerial,NULL,NULL,NULL,NULL);
```

第一个参数设为"C:\\"，表示要读取 C 盘驱动器的序列号。之所以选择 C 盘，是因为不能保证用户有多个分区，而 C 盘却是每一个用户都具有的。该函数成功调用完毕后，在 DWORD 型的变量 dwIDESerial 中就存储了获取到的 32 位长的磁盘序列号。

实训 10.2.1 读取硬盘序列号和计算注册码

在 CDlgpassword.h 中添加函数声明：
```
public:
void getcode();
```
在 CDlgpassword.cpp 开头处添加如下代码：
```
extern CString regenum="";         //用于保存注册码
```
在 CDlgpassword.cpp 文件中添加如下代码：
```
void CDlgpassword::getcode()
{
    char buffer[10];                //转换字符串需要的缓冲区
    DWORD VolumeSerialNumber;
    //读硬盘系列号
    GetVolumeInformation("C:\\",NULL,0,&VolumeSerialNumber,
            NULL,NULL,NULL,0);
    ltoa(VolumeSerialNumber,buffer,10);    //转换为字符串
    //得到客户号,也可以对得到的网卡号和硬盘号加密后得到客户号,
    //这里只是普通的组合
    int j=0;
    for(int i=14;i<24;i++)
```

```cpp
        {
            netcard.Insert(i,buffer[j]);        //将硬盘序列号放在网卡序列号的后面
            j++;
        }
    //用自己的算法得到注册码,这里只是简单的转换
    netcard.MakeLower();
    regenum.Insert(0,netcard.GetAt(3));
    regenum.Insert(1,netcard.GetAt(5));
    regenum.Insert(2,netcard.GetAt(10));
    regenum.Insert(3,netcard.GetAt(12));
    regenum.Insert(4,netcard.GetAt(18));
    regenum.Insert(5,netcard.GetAt(22));
}
```

实训 10.2.2　显示客户号

为对话框资源添加"注册"按钮,ID 号为 IDC_BUTTON1,标题是"注册",并为"注册"按钮添加如下代码:

```cpp
void CDlgpassword::OnButton1()
{
    // TODO: Add your control notification handler code here
    //显示客户号
    netcard.MakeUpper();            //全部大写
    MessageBox("请将客户号:\n"+netcard+
        "\n发至邮箱:\n"+"bzlehri4198@163.com","注册须知");
    //显示注册须知消息框
}
```

在 CDlgpassword.cpp 文件中修改 OnInitDialog()函数如下:

```cpp
BOOL CDlgpassword::OnInitDialog()
{
    CDialog::OnInitDialog();
    // TODO: Add extra initialization here
    readwk();                   //得到网卡序列号
    getcode();                  //得到注册码
    return TRUE;// return TRUE unless you set the focus to a control
                // EXCEPTION: OCX Property Pages should return FALSE
}
```

在 CBewaApp.h 开头处添加如下代码:

```cpp
extern CString regenum=;
```

在 CBewaApp.cpp 文件中修改 InitInstance()函数如下:

```cpp
BOOL CBewaApp::InitInstance()
{
    AfxEnableControlContainer();
    ……
    if(dlgpass.DoModal()==IDOK)
    {
```

```
        //将此处改为如下代码
        if(strcmp(dlgpass.m_password,regenum))
            {
                AfxMessageBox("口令错误,
                    确定后将退出程序.",MB_OK|MB_ICONERROR);
                return FALSE;
            }
    ……
    return FALSE;
}
```

运行程序,在弹出的对话框中单击"注册"按钮,会弹出如图 10-4 所示的消息框。

图 10-4 "注册须知"消息框

实训 10.3 加密机

本节这个例子提供了一个简单的加密程序供开发者根据客户码来得到注册码,然后返还给使用者。程序运行后的结果如图 10-5 所示。

图 10-5 Encode 对话框

实训 10.3.1 添加对话框资源

首先创建工程:

(1)在 Visual C++集成开发环境中,单击 File | New 菜单项,弹出 New 对话框。

（2）在 Projects 选项卡中选择 MFC App Wizard(exe)，在 Project name 编辑框中输入 Encode，Location 项是可以自己选择的。

（3）单击 OK 按钮，在弹出的 MFC App Wizard Step-1 对话框中选择程序框架为单文档框架，即选中 Dialog based。

（4）单击 Finish 按钮，在弹出的 New Project Information 对话框中单击 OK 按钮后，进而等待创建完相应的工程。

为对话框添加控件，控件的各种属性和 ID 号如表 10-1 所示。

表 10-1　对话框资源 IDD_DIALOG10 的各控件和属性

控件类型	资源 ID	标题	其他属性
按钮控件	IDOK	确定	默认属性
	IDCANCEL	退出	
静态控件	IDC_STATIC	请输入客户号：	默认属性
	IDC_STATIC	注册码为：	
	IDC_STATIC1		
编辑框控件	IDC_EDIT1		默认属性

为控件添加变量如表 10-2 所示。

表 10-2　各控件增加的成员变量

资源 ID	Category	Type	成员变量名
IDC_EDIT1	Control	CEdit	m_code

实训 10.3.2　得到注册码

为"确定"按钮和"取消"按钮添加代码：

```
void CEncodeDlg::OnOK()
{
    // TODO: Add extra validation here
    UpdateData(TRUE);
    CString regenum="";
    CString netcard=m_code;
     netcard.MakeLower();                //全部小写
    //取客户码的其中几个字符作为注册码
     regenum.Insert(0,netcard.GetAt(3));
    regenum.Insert(1,netcard.GetAt(5));
    regenum.Insert(2,netcard.GetAt(10));
    regenum.Insert(3,netcard.GetAt(12));
    regenum.Insert(4,netcard.GetAt(18));
    regenum.Insert(5,netcard.GetAt(22));
    //显示注册码
    GetDlgItem(IDC_STATIC1)->SetWindowText(regenum);
}
```

```
void CEncodeDlg::OnCancel()
{
    // TODO: Add extra cleanup here
    CDialog::OnCancel();
}
```

填入客户号,单击"确定"按钮,可得到注册号,通过邮件发送给客户,如图 10-6 所示。

图 10-6　Encode 对话框

实训 10.4　注册发行

实训 10.4.1　动态注册数据源

本例程包含一个 Access 数据库文件,发行时需要包含这个文件,另外通过第 4 章的学习可以知道,如果在别的计算机上面能够使用这个文件,就必须先把这个数据库文件注册成对应的数据源,在第 4 章中所注册的数据源名字是"my data"。在这种情况下如果要在其他计算机上运行该程序,就需要用户手动注册数据源,并且注册的数据源名字必须是"my data"。这种情况大大地增加了用户的不便,也严重影响了程序的通用性。

为了使 ODBC 能与数据库一起工作,必须把数据库注册到 ODBC 驱动程序管理器,这项工作可以通过定义一个 DSN 或数据源名字来完成。通常只能手动打开系统控制面板,运行其中的 ODBC 数据源管理器,手工配置数据源,但是这项工作对用户而言过于复杂,所以必须考虑用程序替用户完成这些配置工作。

在发行之前,要实现动态注册数据源,即用户只要有可执行文件和数据库文件就能运行该程序,不需要用户注册数据源。动态注册数据源可以使用诸如 InstallShield 安装程序制作软件来实现,但毕竟缺少灵活性,程序员不能完全控制。事实上,可以自己编写一些程序实现此类功能,实现的方法有两种,一种方法是用程序修改 Windows 注册表,程序员可以用 Windows API 函数修改 HKEY_LOCAL_MACHINE\Software\ODBC 下的 ODBC.INI 中的键值,但是这种方法比较繁琐。另一种方法是在程序中使用 ODBC API 的方法,程序员在任何时候都可以用 Visual C++编写的程序调用这些 API 函数来设置 ODBC 数据源。

SQLConfigDataSource 函数用于在本地计算机上添加、删除和修改 ODBC 数据源名（DSN）入口。

该函数有 4 个参数：

（1）一个窗口句柄（hwnd）。

（2）配置类型（添加、删除或修改）（用户或系统）。

ODBC_ADD_DSN：加入一个新的用户数据源。

ODBC_CONFIG_DSN：修改一个存在的用户数据源。

ODBC_REMOVE_DSN：删除一个存在的用户数据源。

ODBC_ADD_SYS_DSN：增加一个新的系统数据源。

ODBC_CONFIG_SYS_DSN：修改一个存在的系统数据源。

ODBC_REMOVE_SYS_DSN：删除一个存在的系统数据源。

ODBC_REMOVE_DEFAULT_DSN：删除默认的数据源说明部分。

（3）数据库驱动程序名。

（4）连接参数信息串。

所有串参数必须以 CHR(0)结尾，连接参数信息串（第 4 个参数）必须是一个参数和值的分隔列表，分隔符是 CHR(0)。

SQLConfigDataSource API 函数返回一个整型值，该返回值可能是以下值之一：

- SQL_NO_DATA
- SQL_SUCCESS_WITH_INFO
- SQL_SUCCESS
- SQL_ERROR

如果 SQLConfigDataSource 返回 1 或-1，可以用 SQLInstallerError API 函数来获取错误信息。

如果一个 DSN 已经存在且调用 SQLConfigDataSource 来添加一个新的 DSN，原有的 DSN 将被覆盖。

需要注意的是，当使用 SQLConfigDataSource ODBC API 函数时必须声明包含系统的 odbcinst.h 头文件。

```
BOOL CBewaApp::InitInstance()
{
    AfxEnableControlContainer();
    ……
    CDlgpassword dlgpass;
    if(dlgpass.DoModal()==IDOK)
    {
        if(strcmp(dlgpass.m_password,regenum))
        {
AfxMessageBox("口令错误,
        确定后将退出程序.",MB_OK|MB_ICONERROR);
return FALSE;
        }
    }
```

```
    else
    return FALSE;
    //注册数据源
    if(!SQLConfigDataSource(NULL,ODBC_ADD_DSN,
        "Microsoft Access Driver (*.mdb)\0",
        "DSN=my data\0",
        "DBQ=c:\\database.mdb\0DEFAULTDIR=c:\\0"));
        {
         MessageBox(NULL,"请将文件 database.mdb 放入 C 盘根目录下,
                 否则无法创建数据源","使用须知",MB_OK);
         return FALSE;
        };
    ……
    return FALSE;
}
```

使用 SQLConfigDataSource 这个 API 函数的时候必须用到 odbccp32.dll,它是 Microsoft 提供的 32 位 ODBC 安装和管理的 DLL,如果是 16 位必须用到 odbcinst.dll。odbccp32.dll 有一个 import library,因此需要把这个 odbccp32.lib 库加入到工程项目中。打开 Project 系统菜单,选择 Add to Project 子菜单,在其中选择 Files 项,打开 VC 安装目录下的\vc\lib\目录,文件类型选择 Library Files(.lib),选择其中 odbccp32.lib 后单击 OK 按钮。

运行结果如图 10-7 所示。

图 10-7 "使用须知"消息框

实训 10.4.2 发行

前面所有调试程序用的是 Debug 版本,在工程下面会产生 Debug 文件夹。当发行的时候需要采用 Release 版本。打开 Build 系统菜单项,选择 Configurations 子菜单,会弹出 Configurations 对话框,如图 10-8 所示,高亮显示的是正在使用的设置。

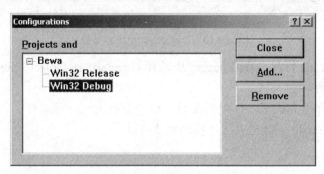

图 10-8 Configurations 对话框

打开 Build 系统菜单，选择 Set Active Project Configuration 子菜单，会弹出 Set Active Project Configuration 对话框，如图 10-9 所示。在这里可以更改设置为 Win32 Release，单击 OK 按钮。这时打开工程所在的文件夹会发现新建了一个空的 Release 文件夹。通过编译链接程序，在 Release 文件夹下就会得到一个可执行文件。这个文件就是最终要发行的程序。

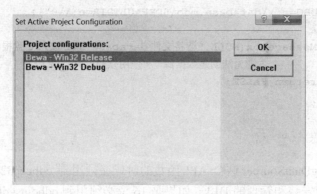

图 10-9　Set Active Project Configuration 对话框

打开 Project 系统菜单，选择 Settings 子菜单，会弹出 Project Settings 对话框，如图 10-10 所示，选择 General 标签，在这里可以设置连接 MFC 动态链接库的方式（静态或动态）。如果是动态链接，在软件发布时就必须加上 MFC 的 DLL。为了使自己的软件能够在所有的计算机上运行，可以设置 MFC 动态链接库为静态方式。

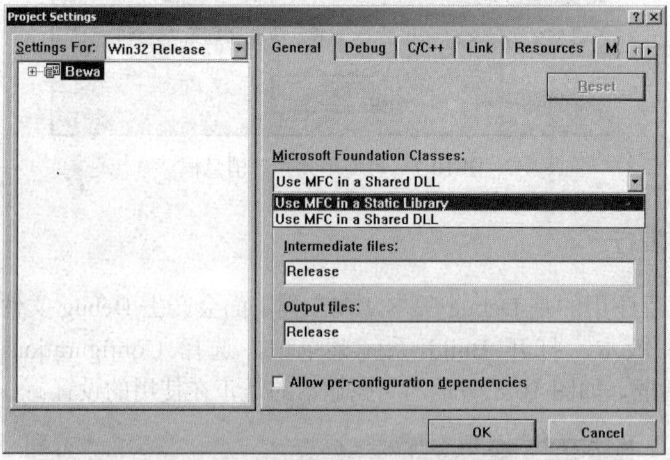

图 10-10　Project Settings 对话框

另外需要选中 Link 标签，在 Category 中选择 General，在 Object | library modules 栏目中添加 netapi32.lib 文件。

这样发行的工作就完成了，如果要在另一台计算机上运行该程序，只需把可执行文件与数据库文件 database.mdb 一起拷贝到计算机上就可以了。

第 11 章　Android Eclipse 工程概述

本章介绍 Android Eclipse 集成开发环境的使用和基于 Android、MFC 以及 Flash 三大技术的综合实训的项目需求。

实训 11.1　Android Eclipse 集成开发环境

Eclipse 是一个开放源代码的、基于 Java 的可扩展开发平台，是著名的跨平台的自由集成开发环境（IDE）。就其本身而言，它只是一个框架和一组服务，通过插件组件来构建开发环境，但是众多插件的支持使得 Eclipse 拥有着其他功能相对固定的 IDE 软件很难具有的灵活性。大多数 Android 工程师使用 Eclipse 作为开发 Android 的集成环境，其作用类似于 VC++。下载地址为 http://www.eclipse.org/。

下载完成后，直接解压至需要安装的路径即可完成安装，不需要繁琐的安装步骤，双击解压后的 eclipse.exe 即可启动 Eclipse 界面，在运行时需要选择工作区 Workspace，工作区是保存程序源代码和字节码文件的目录，可以保持默认也可以修改。

Eclipse 作为 Java 的集成开发环境，它包括菜单栏、工具栏、代码编辑器、包资源管理器、大纲以及各种观察窗口等，如图 11-1 所示。

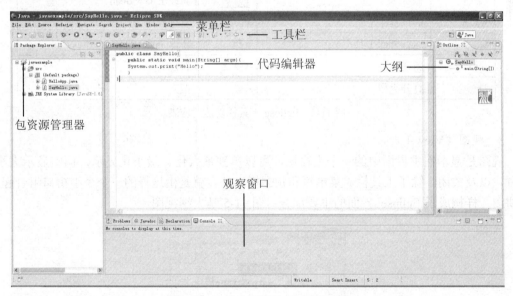

图 11-1　Eclipse 集成开发环境界面

1. 菜单栏

界面最上面的是菜单栏，菜单栏中包含菜单（如 File）和菜单项（如 File | New），菜单项下面则可能显示子菜单（如 Window | Show View | Console），如图 11-2 所示。

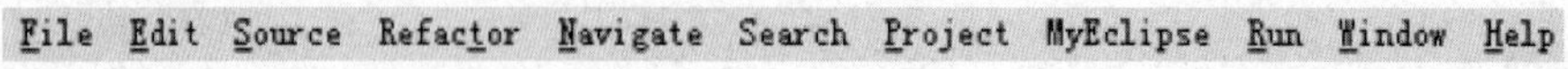

图 11-2　Eclipse 菜单栏

菜单栏包含了大部分的功能，然而和常见的 Windows 软件不同，Eclipse 的命令不能全部都通过菜单来完成。

2．工具栏

位于菜单栏下面的是工具栏，如图 11-3 所示。

图 11-3　Eclipse 工具栏

工具栏包含了最常用的功能。拖动工具栏上的虚线可以更改按钮显示的位置。图 11-4 列出了常见的 Eclipse 工具栏按钮及其对应的功能。

	新建文件或项目		保存
	打印		新建 UML 模型文件
	启动 AJAX 网络浏览器		新建 Web Service
	启动 Web Service 浏览器		发布 Java EE 项目到服务器
	启动/停止/重启服务器		启动 MyEclipse 网络浏览器
	打开项目或者文件所在目录		启动电子邮件软件发送文件
	截屏		新建 EJB 3 Bean
	调试程序		运行程序
	运行外部工具		新建 Java 项目
	新建包		新建类
	打开类型		搜索

图 11-4　Eclipse 工具栏功能对应表

3．视图（View）

视图是显示在主界面中的一个小窗口，可以单独最大化、最小化显示，调整显示大小和位置，以及关闭。除了工具栏、菜单栏和状态栏之外，就是由这样的一个个小窗口组合起来，像拼图一样构成了 Eclipse 界面的主要部分。图 11-5 是大纲视图。

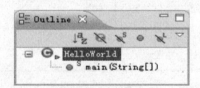

图 11-5　大纲视图

每个视图由关闭、最大化和最小化按钮，视图工具栏以及视图主体和边框组成。视图最顶部显示的是标题栏，拖动这个标题栏可以在主界面中移动视图的位置，单击标题栏则会切换显示对应视图的内容；双击标题栏或者单击最大化按钮可以让当前视图占据整个窗口。单击关闭按钮将会关闭当前的视图。单击最小化按钮可以最小化当前视图,此时当前视图会缩小为一个图标并显示在界面的上侧栏,或者右侧栏和状态栏上,如图 11-6 所示。

图 11-6 最小化视图显示

拖动工具栏上的虚线可以更改最小化视图显示的位置。单击 按钮可以恢复最小化之前的视图位置和大小,单击最小化后的图标可以暂时显示(术语叫做快速切换 Fast View)视图的完整内容。鼠标放在边框上并拖动可以调节视图的显示大小。单击视图上的工具栏按钮可以执行对应的功能,而单击 按钮则可以显示和当前视图相关联的功能菜单。当视图不小心关闭后,可以通过下列菜单再次打开:Window | Show View,如图 11-7 所示,可以选择要显示的视图。

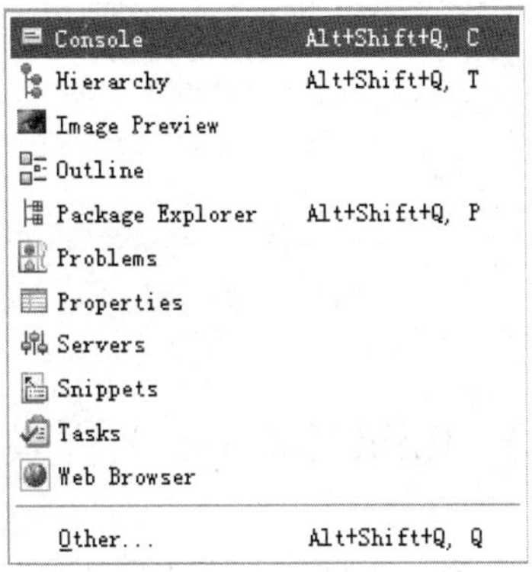

图 11-7 视图列表子菜单

常见的视图及其功能如表 11-1 所示。

表 11-1 常见视图及其功能列表

视图	功能	视图	功能
Package Explorer	Java 包结构	Hierarchy	类层次(继承关系)
Outline	大纲,显示成员等	Problems	错误、警告等信息
Tasks	任务如 TODO 标记	Web Browser	网络浏览器
Console	控制台,程序输出	Servers	服务器列表和管理
Properties	属性	Image Preview	图片预览
Snippets	代码片段		

4. 上下文菜单(Context Menu)

在界面的任何地方右击所弹出的菜单叫上下文菜单,它能方便地显示和鼠标所在位置的组件或者元素动态关联的功能。

5. 状态栏(Status Bar)

在界面的最底部显示的是状态栏,相对来说,Eclipse 的状态栏功能大大弱化了,它的主要功能都集中在视图中,如图 11-8 所示。

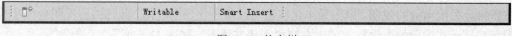

图 11-8 状态栏

6. 编辑器（Editor）

在界面的最中央会显示代码或者其他文本或图形文件编辑器。这个编辑器和视图非常相似，也能最大化和最小化，所不同的是会显示多个选项卡，也没有工具栏按钮，而且有一个很特殊的组件叫做隔条，如图 11-9 中的代码最左侧的蓝色竖条所示，隔条上会显示行号、警告、错误、断点等提示信息。编辑器里面的内容没有被修改时，会在选项卡上显示 * 号。

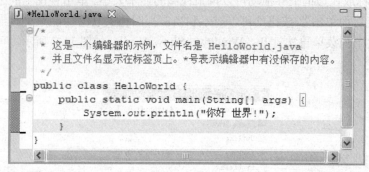

图 11-9 编辑器

实训 11.2　Android Eclipse 工程及其文件构成

以最简单的 HelloWorld 工程为例，Android 项目的目录结构如图 11-10 所示。

图 11-10 Android 项目结构

1. src 文件夹

顾名思义，src（source code）文件夹是放项目的源代码的。

新建一个简单的 HelloWorld 项目，系统生成了一个 HelloWorld.java 文件。它导入了两个类：android.app.Activity 和 android.os.Bundle，HelloWorld 类继承自 Activity 且重写了 onCreate 方法。

关于@Override：在重写父类的 onCreate 时，在方法前面加上@Override，系统可以帮助检查方法的正确性。

例如，public void onCreate(Bundle savedInstanceState){……}这种写法是正确的；

如果写成 public void oncreate(Bundle savedInstanceState){……}，编译器会报如下错误：The method oncreate(Bundle) of type HelloWorld must override or implement a supertype method，以确保正确重写 onCreate 方法（因为 oncreate 应该为 onCreate）。

如果不加@Override，则编译器将不会检测出错误，而是会认为新定义了一个方法 oncreate。

android.app.Activity 类：因为几乎所有的活动（activities）都是与用户交互的，所以 Activity 类关注创建窗口，可以用方法 setContentView(View)将自己的 UI 放到里面。然而活动通常以全屏的方式展示给用户，也可以以浮动窗口的方式或嵌入在另一个活动中来展示。有两个方法是几乎所有的 Activity 子类都能实现的：

onCreate(Bundle)：初始化活动（Activity），比如完成一些图形的绘制。最重要的是，在这个方法里通常用布局资源（layout resource）调用 setContentView(int)方法定义 UI，用 findViewById(int)方法在 UI 中检索需要编程交互的小部件（widgets）。setContentView 指定由哪个文件指定布局（main.xml），可以将这个界面显示出来，然后进行相关操作，这些操作会被包装成为一个意图，这个意图对应由相关的 activity 进行处理。

onPause()：处理当离开活动时要做的事情。最重要的是，用户做的所有改变应该在这里提交（通常 ContentProvider 保存数据）。

更多关于 Activity 类的详细信息将在以后的文章介绍，想要有更多的了解请参阅相关文档。

android.os.Bundle 类：从字符串值映射各种可打包的（Parceable）类型（Bundle 就是捆绑的意思，所以这个类是很好理解和记忆的）。该类提供了公有方法 public boolean containKey(String key)，如果给定的 key 包含在 Bundle 的映射中则返回 true，否则返回 false。该类实现了 Parceable 和 Cloneable 接口，所以它具有这两者的特性。

2. gen 文件夹

该文件夹下面有个 R.java 文件，R.java 是在建立项目时自动生成的，这个文件是只读模式的，不能更改。R.java 文件中定义了一个类——R，R 类中包含很多静态类，且静态类的名字都与 res 中的一个名字相对应，即 R 类定义该项目所有资源的索引。HelloWorld 项目的资源索引如图 11-11 所示。

通过 R.java 可以很快地查找需要的资源，另外编译器也会检查 R.java 列表中的资源是否被使用到，没有被使用到的资源不会编译进软件中，这样可以减少应用在手机占用的空间。

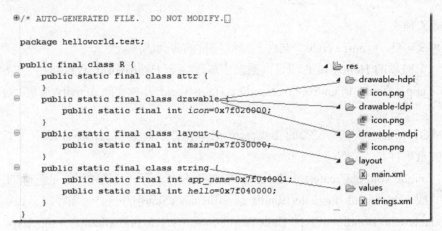

图 11-11　R.java 对应 res 文件夹

3. Android 2.3 文件夹

Android 2.3 文件夹下包含 android.jar 文件，这是一个 Java 归档文件，其中包含构建应用程序所需的所有 Android SDK 库（如 Views、Controls）和 API。通过 android.jar 将自己的应用程序绑定到 Android SDK 和 Android Emulator，这允许使用所有 Android 的库和包，且使应用程序在适当的环境中调试。例如上面的 HelloWorld.java 源文件中的：

```
import android.app.Activity;
import android.os.Bundle;
```

这两行代码就是从 android.jar 包导入的。

4. Assets

包含应用系统需要使用到的诸如 mp3、视频类的文件。

5. res 文件夹

res 文件夹是资源目录，包含项目中的资源文件并将编译进应用程序。向此目录添加资源时，会被 R.java 自动记录。新建一个项目，res 目录下会有 3 个子目录：drawabel、layout、values。

drawabel-*dpi：包含一些应用程序可以用的图标文件(*.png、*.jpg)；

layout：界面布局文件（main.xml）与 Web 应用中的 HTML 类型；

values：软件上所需要显示的各种文字。可以存放多个 *.xml 文件，还可以存放不同类型的数据，比如 arrays.xml、colors.xml、dimens.xml、styles.xml。

6. AndroidManifest.xml

项目的总配置文件，记录应用中所使用的各种组件。这个文件列出了应用程序所提供的功能，在这个文件中，可以指定应用程序使用到的服务（如电话服务、互联网服务、短信服务和 GPS 服务等）。另外，当新添加一个 Activity 的时候，也需要在这个文件中进行相应配置，只有配置好后，才能调用此 Activity。AndroidManifest.xml 将包含如下设置：application permissions、Activities、intent filters 等。

HelloWorld 项目的 AndroidManifest.xml 如下所示。

```
<?xml version="1.0" encoding="utf-8"?>
<manifest xmlns:android="http://schemas.android.com/apk/res/android"
    package="helloworld.test"
    android:versionCode="1"
```

```xml
            android:versionName="1.0">
    <application android:icon="@drawable/icon"
        android:label="@string/app_name">
    <activity android:name=".HelloWorld"
        android:label="@string/app_name">
            <intent-filter>
                <action android:name="android.intent.action.MAIN" />
                <category android:name="android.intent.category.LAUNCHER" />
            </intent-filter>
        </activity>
    </application>
</manifest>
```

关于 AndroidManifest.xml 先介绍到这里，在后面会一一介绍此系列的有关理论和技术知识。

7. Default.properties

记录项目中所需要的环境信息，比如 Android 的版本等。

HelloWorld 的 default.properties 文件代码如下所示，代码中的注释已经把 default.properties 解释得很清楚了：

```
# This file is automatically generated by Android Tools.
# Do not modify this file -- YOUR CHANGES WILL BE ERASED!
#
# This file must be checked in Version Control Systems.
#
# To customize properties used by the Ant build system use,
# "build.properties", and override values to adapt the script to your
# project structure.
# Indicates whether an apk should be generated for each density.
split.density=false
# Project target.
target=android-7
```

实训 11.3　无线团体放松应用程序框架简介

在本实训的后半部分，将创建一个无线团体放松应用程序。这个应用程序基于 Android、MFC 和 Flash 三大技术开发而成，涵盖了教材中提及的所有知识点，包括：Android 开发环境介绍、Android 主要控件使用、SQLite3 数据库使用、Android 绘图库、Android 网络编程、手机无线组网、Visual C++、MFC 网络编程以及 MFC 控制 Flash 等知识点，本应用程序可以作为巩固所学知识的综合示例。

无线团体放松系统的编写主要是针对心理培训机构中需要同时采集并显示多个用户的生理指标并引导他们进行放松而设计的。使用者通过佩戴采集设备并通过手机查看实时的放松数据，多个手机终端通过网络同时将数据汇集到 MFC 控制端，方便心理咨询师进行管理。

无线团体放松系统的 Android 客户端主界面如图 11-12 所示。

图 11-12　应用实例的主界面

使用系统之前需要进行用户注册，单击"注册"按钮进入注册界面，如图 11-13 所示。

图 11-13　应用实例的注册界面

在注册界面中填写注册信息并确认无误后，单击"注册"按钮，系统会将用户信息注册到 SQLite3 数据库中，以后打开应用程序就可以使用刚才的用户信息进行登录了。

注册成功后返回主界面，单击"登录"按钮即可进入登录界面，如图 11-14 所示。

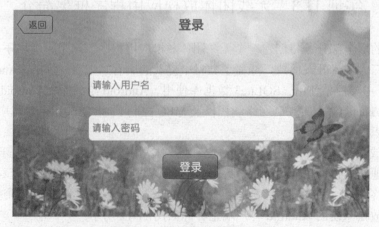

图 11-14　应用实例的登录界面

输入刚才注册的用户名和密码，即可进入系统的数据采集界面，如图 11-15 所示。

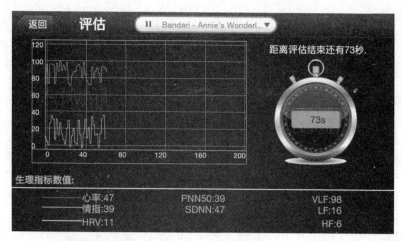

图 11-15　应用实例的数据采集界面

在数据采集界面中，系统采用随机数模拟生成"心率""PNN50""SDNN""HRV""HF""LF""VLF"和"情指"等心理咨询领域专业的评测数据，并实时地绘制出心率曲线、HRV 曲线和情绪指数曲线，方便使用者直观地观察自己的放松数据。在应用的上方，用户可以自由选择系统内置的音乐进行播放，以便达到放松的目的。

无线团体放松系统的服务端采用 MFC 框架开发，可以同时接收并显示 24 个 Android 客户端传送过来的生理指标数据。

首先打开 MFC 管理程序，其主界面如图 11-16 所示。

图 11-16　MFC 管理程序界面

然后登录 Android 客户端程序，Android 会在后台模拟 24 个用户通过网络发送随机的心理参数给 MFC 服务端，MFC 服务端接收到数据后的显示界面如图 11-17 所示。

图 11-17　MFC 管理程序接收 Android 数据界面

MFC 服务端会同步显示 24 个模拟的 Android 客户端发送过来的数据，每 3s 刷新一次，单击任何一个用户图标，即可观看用户的心理参数曲线，如图 11-18 所示。

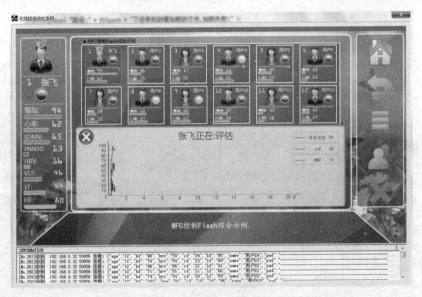

图 11-18　MFC 管理程序查看数据曲线界面

其中，MFC 的界面通过 Flash 制作生成.swf 文件后供 MFC 播放使用。

通过这个综合示例，读者可以学习到 Android、MFC 和 Flash 相关的知识，可以作为巩固所学知识的例子来进行研究学习。

从第 12 章开始，就来创建这个无线团体放松应用程序。

第 12 章 注册登录界面设计

本章的任务是创建一个新的 Android 工程,并利用 Eclipse 提供的控件完成注册登录界面的设计。

实训 12.1 新建 Android 工程

下面利用 Eclipse 的应用程序向导来创建一个 Android 工程,其作用相当于 MFC 的 AppWizard。

(1)在 Eclipse 的启动界面中,选择 File | New | Android Application Project,在弹出的 New Android Application 对话框中的 Application Name 中输入应用名称 Client,其他选项默认,如图 12-1 所示。

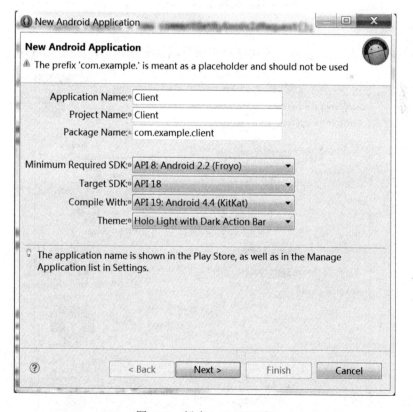

图 12-1 新建 Android 工程

(2)单击 Next 按钮,在弹出的对话框中取消选中 Create Project in Workspace 复选框,然后单击 Browse…按钮选择项目的保存路径,如图 12-2 所示。

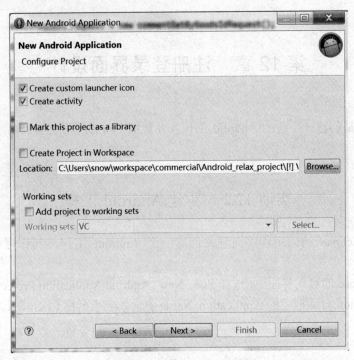

图 12-2 新建 Android 工程

（3）单击 Next 按钮，在弹出的对话框中保持默认配置即可，如图 12-3 所示。

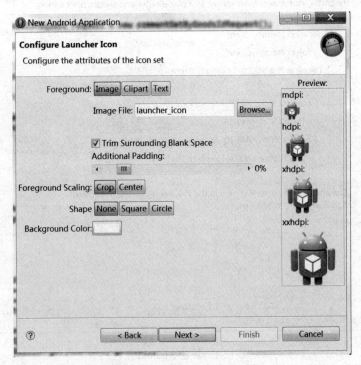

图 12-3 新建 Android 工程

（4）单击 Next 按钮，在弹出的对话框中保持默认配置即可，如图 12-4 所示。

第 12 章 注册登录界面设计

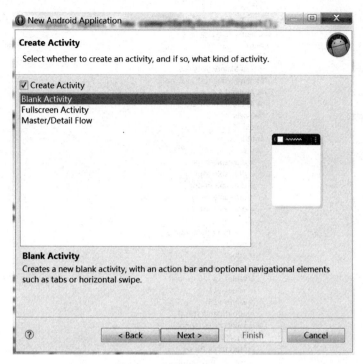

图 12-4　新建 Android 工程

（5）单击 Next 按钮，在弹出的对话框中保持默认配置，如图 12-5 所示。

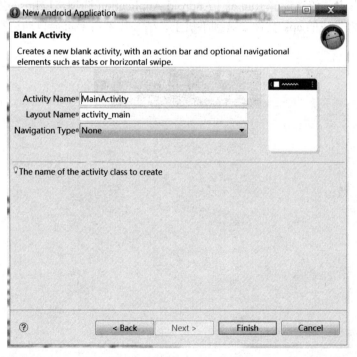

图 12-5　新建 Android 工程

（6）单击 Finish 按钮，即可完成 Android 工程的创建，其项目结构如图 12-6 所示。

图 12-6　Android 工程项目结构

至此，整个应用程序的基本框架已经建立完毕。用数据线将手机连接到电脑上，然后在 Client 文件夹上右击，依次选择 Run as | Android Application 选项，Eclipse 会自动完成应用程序的编译，然后将生成的 .apk 文件安装到手机上，稍等片刻后手机会自动运行该应用程序，如图 12-7 所示。

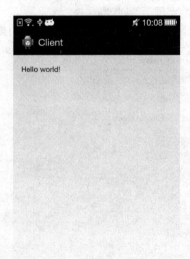

图 12-7　实训 12.1 运行结果

实训 12.2　启动界面设计

在本节的实训中，为无线团体放松系统 Android 客户端设计启动界面。

具体的操作步骤如下：

（1）在 Eclipse 界面右侧的项目结构中，依次展开 res | layout 文件夹，此时 layout 文件夹下只有默认创建的 activity_main.xml 布局文件，如图 12-8 所示。

图 12-8　Android 项目结构

（2）在 layout 文件夹上右击，依次选择 New | Android XML File，在弹出的对话框中的 File 中输入文件名 activity_login，其他选项保持默认，如图 12-9 所示。

图 12-9　创建 xml 布局文件

（3）单击 Finish 按钮，此时 layout 文件夹下会生成上一步中创建的 activity_login.xml 文件，如图 12-10 所示。

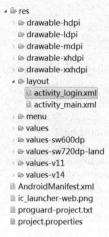

图 12-10　Android 项目结构

（4）双击 activity_login.xml 文件，Eclipse 的编辑框中会弹出该 xml 的布局文件，如图 12-11 所示。在图 12-11 的右侧可以实时地预览我们所创建的布局界面在手机上的显示效果，方便我们对界面进行设计和调整，在这里还可以方便地选择不同的手机分辨率和横竖屏显示方式来模拟预览界面在不同设备上的显示效果，从而方便地进行屏幕适配。在图 12-11 的左侧，显示了 Android 应用程序框架为我们提供的诸多控件，例如 TextView、Button、EditText、ImageButton、LinearLayout、RelativeLayout 等。我们可以通过简单的将左侧的控件拖到右侧的预览图上便捷地完成 Android 应用程序的设计。

图 12-11　Android 布局文件编辑界面

（5）依次从图 12-11 的界面左侧拖动 1 个 TextView 和 2 个 Button 控件到右侧的预览图中，然后单击图 12-11 中的按钮，选择 landscape 将界面横屏显示，如图 12-12 所示。

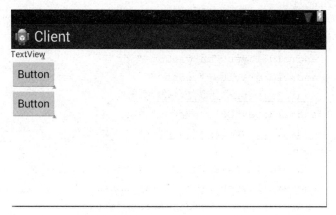

图 12-12　Android 布局文件编辑界面

（6）单击图 12-11 中下方的 activity_login.xml 选项卡，在 Eclipse 中的编辑区将显示布局文件的代码，如图 12-13 所示。

MainActivity.java　activity_login.xml

```
<?xml version="1.0" encoding="utf-8"?>
<LinearLayout xmlns:android="http://schemas.android.com/apk/res/android"
    android:layout_width="match_parent"
    android:layout_height="match_parent"
    android:orientation="vertical" >

    <TextView
        android:id="@+id/textView1"
        android:layout_width="wrap_content"
        android:layout_height="wrap_content"
        android:text="TextView" />

    <Button
        android:id="@+id/button1"
        android:layout_width="wrap_content"
        android:layout_height="wrap_content"
        android:text="Button" />

    <Button
        android:id="@+id/button2"
        android:layout_width="wrap_content"
        android:layout_height="wrap_content"
        android:text="Button" />

</LinearLayout>
```

图 12-13　Android 布局文件的实现

（7）在图 12-13 中代码的基础上做修改，最后的代码如下：

```
<?xml version="1.0" encoding="utf-8"?>
<LinearLayout  xmlns:android="http://schemas.android.com/apk/res/android"
        android:id="@+id/linearLayout1"
        android:layout_width="fill_parent"
        android:layout_height="fill_parent"
        android:gravity="center"
```

```xml
        android:orientation="vertical"
        android:background="@drawable/mainback" >
        <TextView
            android:layout_width="fill_parent"
            android:layout_height="wrap_content"
            android:layout_marginTop="5dp"
            android:gravity="center"
            android:text="无线团体放松系统"
            android:textColor="#000"
            android:textSize="30dp" />
        <Button
            android:id="@+id/main_login_btn"
            android:layout_width="wrap_content"
            android:layout_height="wrap_content"
            android:background="@drawable/btn_style_green"
            android:gravity="center"
            android:paddingLeft="130dp"
            android:paddingRight="130dp"
            android:layout_marginTop="15dp"
            android:text="登录"
            android:scaleX="0.8"
            android:textColor="#ffffff"
            android:textSize="18sp"/>
        <Button
            android:id="@+id/main_regist_btn"
            android:layout_width="wrap_content"
            android:layout_height="wrap_content"
            android:layout_marginTop="20dp"
            android:background="@drawable/btn_style_white"
            android:gravity="center"
            android:paddingLeft="130dp"
            android:paddingRight="130dp"
            android:text="注册"
            android:scaleX="0.8"
            android:textColor="#000000"
            android:textSize="18sp"/>
    </LinearLayout>
```

（8）将"实训 12-2"文件夹下的"图片资源"文件夹下的所有图片拷贝到 res | drawable-hdpi 文件夹下。

（9）在 drawable 文件夹上右击，依次选择 New | Android XML File，在弹出的对话框中的 File 中输入文件名 btn_style_green，其他选项保持默认，如图 12-14 所示。

（10）使用同样的方法创建 btn_style_white.xml，此时的项目结构如图 12-15 所示。

第 12 章 注册登录界面设计

图 12-14 创建 btn_style_green.xml

图 12-15 Android 项目结构

（11）双击 btn_style_green.xml，在 xml 代码编辑区中输入以下代码：

```xml
<?xml version="1.0" encoding="UTF-8"?>
<selector
  xmlns:android="http://schemas.android.com/apk/res/android">
    <item android:state_enabled="false" android:drawable="@drawable/btn_style_one_disabled" />
    <item android:state_focused="true" android:state_pressed="true" android:drawable="@drawable/btn_style_one_pressed" />
    <item android:state_focused="false" android:state_pressed="true" android:drawable="@drawable/btn_style_one_pressed" />
    <item android:state_focused="true" android:drawable="@drawable/btn_style_one_focused" />
    <item android:state_focused="false" android:drawable="@drawable/btn_style_one_normal" />
</selector>
```

（12）双击 btn_style_white.xml，在 xml 代码编辑区中输入以下代码：

```xml
<?xml version="1.0" encoding="UTF-8"?>
```

```
        <selector
          xmlns:android="http://schemas.android.com/apk/res/android">
            <item android:state_enabled="false" android:drawable="@drawable/btn_style_one_disabled" />
            <item android:state_focused="true" android:state_pressed="true" android:drawable="@drawable/btn_style_two_pressed" />
            <item android:state_focused="false" android:state_pressed="true" android:drawable="@drawable/btn_style_two_pressed" />
            <item android:state_focused="true" android:drawable="@drawable/btn_style_two_focused" />
            <item android:state_focused="false" android:drawable="@drawable/btn_style_two_normal" />
        </selector>
```

（13）双击项目结构中的 activity_login.xml，此时编辑区中的界面预览图如图 12-16 所示。至此，我们已经完成了登录界面的设计，接下来就可以在 Activity 中使用这个设计好的界面了。

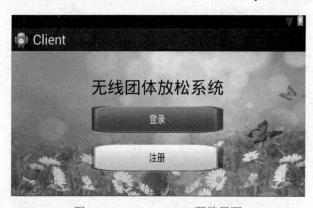

图 12-16　activity_login 预览界面

（14）在右侧的项目结构中单击 src 文件夹下的 MainActivity.java 文件，将 setContentView(R.layout.activity_main);改为 setContentView(R.layout.activity_login);。MainActivity 中的代码如图 12-17 所示。

```java
package com.example.client;

import android.os.Bundle;
import android.app.Activity;
import android.view.Menu;

public class MainActivity extends Activity {

    @Override
    protected void onCreate(Bundle savedInstanceState) {
        super.onCreate(savedInstanceState);
        setContentView(R.layout.activity_login);
    }
}
```

图 12-17　MainActivity.java 代码

（15）打开 AndroidManifest.xml 文件，增加如下代码：
　　android:screenOrientation="landscape"

```
android:theme="@android:style/Theme.Black.NoTitleBar.Fullscreen"
```
将应用程序改为横屏显示并不显示标题栏。

（16）用数据线将手机连接到电脑上，然后在 Client 文件夹上右击，依次选择 Run as | Android Application 选项，Eclipse 会自动完成应用程序的编译，然后将生成的.apk 文件安装到手机上，稍等片刻后手机会自动运行该应用程序，如图 12-18 所示。

图 12-18　实训 12.2 运行结果

实训 12.3　设计注册界面

下面为无线团体放松系统 Android 客户端创建注册界面。

（1）在 layout 文件夹上右击，依次选择 New | Android XML File，在弹出的对话框中的 File 中输入文件名 register，Root Element 选择 RelativeLayout，其他选项保持默认，如图 12-19 所示。

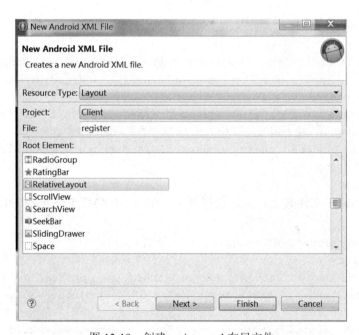

图 12-19　创建 register.xml 布局文件

（2）从控件列表中依次拖动 1 个 RelativeLayout 控件、2 个 Button 控件、1 个 TextView 控件、5 个 EditText 控件和 1 个 Spinner 控件到右侧的预览界面中，并用鼠标将这些控件排列成如图 12-20 所示。

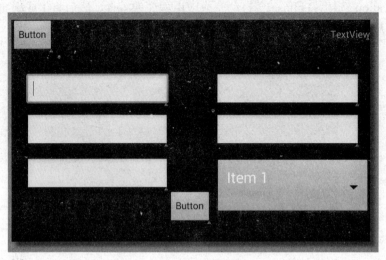

图 12-20　调整 register.xml 的布局

（3）双击打开 register.xml 文件，在 Eclipse 生成的 register.xml 的基础上参照 "实训 12-3" 工程中的 register.xml 修改布局代码。

（4）将 "实训 12-3" 文件夹下的 "图片资源" 文件夹中的图片拷贝到 res | drawable-hdpi 文件夹下。

（5）在 drawable 文件夹上右击，选择 New | Android XML File 创建 login_editbox.xml。代码如下：

```
<?xml version="1.0" encoding="UTF-8"?>
<selector
  xmlns:android="http://schemas.android.com/apk/res/android">
    <item android:state_focused="true"   android:drawable="@drawable/login_edit_pressed" />
    <item android:state_focused="false" android:state_pressed="true" android:drawable="@drawable/login_edit_pressed" />
    <item android:state_focused="false" android:drawable="@drawable/login_edit_normal" />
</selector>
```

（6）在 drawable 文件夹上右击，选择 New | Android XML File 创建 title_btn_back.xml。代码如下：

```
<?xml version="1.0" encoding="UTF-8"?>
<selector
  xmlns:android="http://schemas.android.com/apk/res/android">
    <item android:state_focused="true"  android:drawable="@drawable/mm_title_back_focused" />
    <item android:state_pressed="true"  android:drawable="@drawable/mm_title_back_pressed" />
```

```
                <item android:state_selected="true" android:drawable="@drawable/mm_
title_back_pressed" />
                <item android:drawable="@drawable/mm_title_back_normal" />
</selector>
```
此时 register.xml 的预览图如图 12-21 所示。

图 12-21　register.xml 的界面预览

（7）在项目右侧的 com.example.client 文件夹上右击，选择 New | Class，在弹出的对话框中的 Name 编辑框中输入 RegisterActivity，如图 12-22 所示。

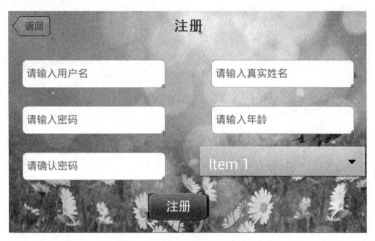

图 12-22　创建 RegisterActivity

（8）修改 RegisterActivity.java 的代码如下：
```java
public class RegisterActivity extends Activity implements OnClickListener {
    @Override
    public void onCreate(Bundle savedInstanceState) {
        super.onCreate(savedInstanceState);
        setContentView(R.layout.register);
        Button back = (Button)findViewById(R.id.register_reback_btn);
        back.setOnClickListener(this);
    }
    @Override
    public void onClick(View v) {
        // TODO Auto-generated method stub
        int id = v.getId();
        if(id == R.id.register_reback_btn){
            Intent intent = new Intent(RegisterActivity.this, MainActivity.class);
            startActivity(intent);
        }
    }
}
```

（9）打开 MainActivity.java，增加如下代码：
```java
//注册按钮
Button registerButton = (Button) findViewById(R.id.main_regist_btn);
//按钮监听
registerButton.setOnClickListener(new OnClickListener() {
    @Override
    public void onClick(View arg0) {
        Intent intent = new Intent();
        intent.setClass(MainActivity.this, RegisterActivity.class);
        startActivity(intent);
    }
});
```

这段代码的功能是当单击启动界面的"注册"按钮时，可以跳转到注册界面。

（10）打开 AndroidManifest.xml 文件，增加如下代码：
```xml
<activity
    android:name="com.example.client.RegisterActivity"
    android:theme="@android:style/Theme.Black.NoTitleBar.Fullscreen"
    android:screenOrientation="landscape" >
</activity>
```

其作用是声明 RegisterActivity，让 Android 可以找到我们设计的注册界面。

（11）用数据线将手机连接到电脑上，然后在 Client 文件夹上右击，依次选择 Run as | Android Application 选项，Eclipse 会自动完成应用程序的编译，然后将生成的.apk 文件安装到手机上，稍等片刻后，手机会自动运行该应用程序，在启动界面中单击"注册"按钮可以跳转到注册界面，如图 12-23 所示，单击"返回"按钮可以返回启动界面。

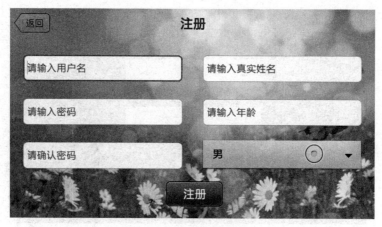

图 12-23　注册界面运行界面

实训 12.4　登录界面设计

下面为无线团体放松系统 Android 客户端创建登录界面。

（1）在 layout 文件夹上右击，依次选择 New | Android XML File，在弹出的对话框中的 File 中输入文件名 login，Root Element 选择 RelativeLayout，其他选项保持默认，如图 12-24 所示。

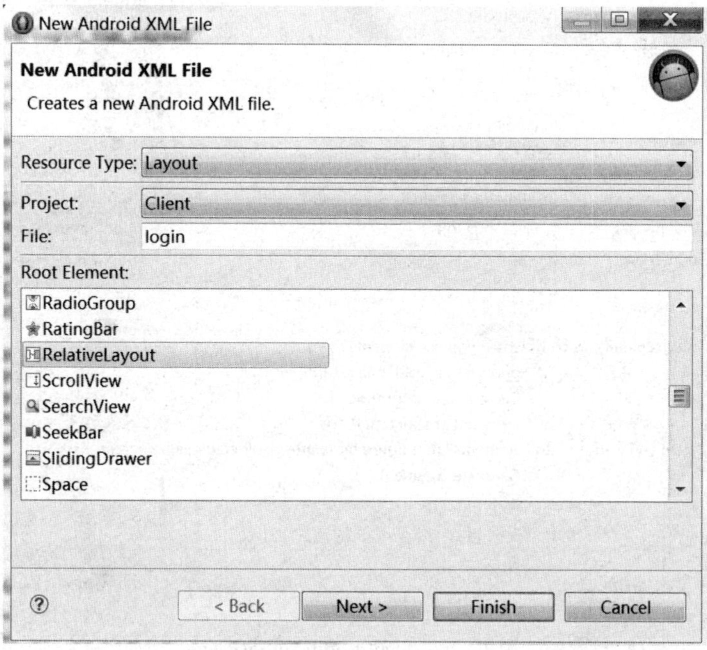

图 12-24　创建 login.xml

（2）从控件列表中依次拖动 1 个 RelativeLayout 控件、2 个 Button 控件、1 个 TextView 控件和 2 个 EditText 控件到右侧的预览界面中，并用鼠标将这些控件排列成如图 12-25 所示。

图 12-25　login.xml 界面布局

（3）双击打开 login.xml 文件，在 Eclipse 生成的 login.xml 的基础上参照"实训 12-4"工程中的 login.xml 修改布局代码。

（4）在项目右侧的 com.example.client 文件夹上右击，选择 New | Class，在 Name 输入框中输入 LoginActivity，如图 12-26 所示。

图 12-26　创建 LoginActivity.java

（5）修改 LoginActivity.java 的代码如下：

```
public class LoginActivity extends Activity implements OnClickListener {
    @Override
```

```java
    public void onCreate(Bundle savedInstanceState) {
        super.onCreate(savedInstanceState);
        setContentView(R.layout.login);
        Button back = (Button)findViewById(R.id.login_reback_btn);
        back.setOnClickListener(this);
    }
    @Override
    public void onClick(View v) {
        // TODO Auto-generated method stub
        int id = v.getId();
        if(id == R.id.login_reback_btn){
            Intent intent = new Intent(LoginActivity.this, MainActivity.class);
            startActivity(intent);
        }
    }
}
```

（6）打开 MainActivity.java，增加如下代码：

```java
// 登录按钮
Button loginButton = (Button) findViewById(R.id.main_login_btn);
// 按钮监听
loginButton.setOnClickListener(new OnClickListener() {
    @Override
    public void onClick(View arg0) {
        Intent intent = new Intent();
        intent.setClass(MainActivity.this, LoginActivity.class);
        startActivity(intent);
    }
});
```

这段代码的功能是实现单击启动界面的"登录"按钮时跳转到登录界面。

（7）打开 AndroidManifest.xml 文件，增加如下代码：

```xml
<activity
    android:name="com.example.client.LoginActivity"
    android:theme="@android:style/Theme.Black.NoTitleBar.Fullscreen"
    android:screenOrientation="landscape" >
</activity>
```

其作用是声明 LoginActivity，让 Android 可以找到我们设计的登录界面。

（8）用数据线将手机连接到电脑上，然后在 Client 文件夹上右击，依次选择 Run as | Android Application 选项，Eclipse 会自动完成应用程序的编译，然后将生成的.apk 文件安装到手机上，稍等片刻后，手机会自动运行该应用程序，在启动界面中单击"登录"按钮就可以跳转到登录界面，如图 12-27 所示。单击"返回"按钮就可以返回启动界面。

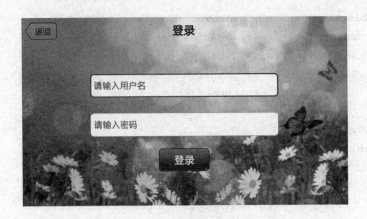

图 12-27 登录界面

在这一章中我们完成了启动界面、注册界面和登录界面的设计。在第 13 章中,将利用这几个界面,结合 SQLite3 数据库来实现用户的注册登录功能。

第 13 章　SQLite3 数据库

本章介绍 SQLite3 数据库的使用。SQLite 3 为嵌入式系统上的一个开源数据库管理系统，它支持标准的关系型数据库查询语句 SQL 语法，支持事务（Transaction），预设的语句（statement）类似于其他 DBMS 的存储过程（stored proc）。在 Andrioid 平台上大约只需要 250KB 的内存空间，很适合应用于智能手机这样的性能及内存受限的嵌入式设备。

实训 13.1　使用 SQLite3 完成注册功能

（1）在项目右侧的 com.example.client 文件夹上右击，选择 New | Class，在 Name 中输入 SqlHelper，如图 13-1 所示。

图 13-1　创建 SqlHelper.java

（2）打开 SqlHelper.java，输入以下代码：
```
public class SqlHelper extends SQLiteOpenHelper{
    String createUserTable = "create table user_info(_id int auto_increment,username char(20)," + "password char(20),realname char(20),age char(20),sex char(20),primary key('_id'));";
    String insertStr = "insert into user_info(_id,username,password,realname,age,sex) values(?,?,?,?,?,?)";
```

```java
            public SqlHelper(Context context, String name, CursorFactory factory,
int version){
                super(context, name, factory, version);
                // TODO Auto-generated constructor stub
            }
            @Override
            public void onCreate(SQLiteDatabase db) {
                // TODO Auto-generated method stub\
                int _id = 0;
                db.execSQL(createUserTable);
                db.execSQL(insertStr, insertValue);
            }
            @Override
            public void onUpgrade(SQLiteDatabase db, int oldVersion, int newVersion){
                // TODO Auto-generated method stub
            }
        }
```

SqlHelper.java 定义了数据库的辅助类，包含数据库的创建和插入操作，其中：

```
            String    createUserTable   =   "create    table   user_info(_id    int
auto_increment,username char(20)," + "password char(20),realname char(20),age
char(20),sex char(20),primary key('_id'));"
```

为 sql 语句，定义了用户表的结构。用户表包含了用户名（username 字段）、用户密码（password 字段）、真实姓名（realname 字段）、用户年龄（age 字段）以及用户性别（sex 字段）等信息。

代码：db.execSQL(createUserTable);可以完成创建数据库表的功能。

代码：String insertStr = "insert into user_info(_id,username,password,realname,age,sex) values(?,?,?,?,?,?)";定义了数据库的插入结构，向数据库中插入数据的操作如下：

```java
            String[] insertValue = { "0", "admin", "admin", "snow", "21", "男" };
            db.execSQL(insertStr, insertValue);
```

（3）打开 RegisterActivity.java 文件，添加以下代码：

```java
        //下拉列表框设置
        mSexSpinner = (Spinner)findViewById(R.id.spinnerSex);
        String[] items = {"男", "女"};
        ArrayAdapter<String> _Adapter = new ArrayAdapter<String>(this,
            android.R.layout.simple_spinner_dropdown_item, items);
            mSexSpinner.setAdapter(_Adapter);
            mSexSpinner.setOnItemSelectedListener(new OnItemSelectedListener() {
                @Override
                public void onItemSelected(AdapterView<?> parent, View view, int
position, long id) {
                    String str = parent.getItemAtPosition(position).toString();
                    mSexString = str;
                }
                @Override
                public void onNothingSelected(AdapterView<?> parent) {
                    // TODO Auto-generated method stub
```

                }
            });
这段代码的作用是初始化 Spinner 控件，为 Spinner 控件添加"男""女"两个选项，供用户进行选择。

（4）修改 RegisterActivity.java 文件，添加以下代码：
```
db = new SqlHelper(getApplicationContext(), "store.db", null, 1);
sDatabase = db.getWritableDatabase();
```
这段代码的作用是创建数据库辅助类 db，数据库的名字定义为"store.db"，读者也可以自定义。sDatabase 为数据库实例，用来对数据库进行操作。

（5）修改 RegisterActivity.java 文件，添加以下代码：
```
Button register01 = (Button)findViewById(R.id.register_btn);
register01.setOnClickListener(this);
```
这段代码的作用是为"注册"按钮添加事件响应。

在 onClick()函数中添加"注册"按钮的响应操作代码如下：
```
if(id == R.id.register_btn) {
    int ageValue = 0;
    if (!mAgeEditText.getText().toString().equals("")
        && this.isNumeric(mAgeEditText.getText().toString()) ) {
        ageValue = Integer.valueOf(mAgeEditText.getText().toString());
    }
    if (userName01.getText().toString().equals("")
        || password01.getText().toString().equals("")
        || password02.getText().toString().equals("")
        || mRealnameEditText.getText().toString().equals("")
        || mAgeEditText.getText().toString().equals("")) {
        Toast.makeText(this, "请填写完整信息!", Toast.LENGTH_SHORT).show();
    } else if (!password01.getText().toString()
    .equals(password02.getText().toString())) {
    Toast.makeText(this, "两次密码输入不一致!", Toast.LENGTH_SHORT).show();
    } else if (ageValue <= 0 || ageValue > 100
        || !this.isNumeric(mAgeEditText.getText().toString())) {
    Toast.makeText(this, "请输入合法的年龄!", Toast.LENGTH_SHORT).show();
    } else if (mRealnameEditText.getText().toString().length() < 2
        || mRealnameEditText.getText().toString().length() > 4) {
        Toast.makeText(this, "请输入合法的中文姓名(2 到 4 个汉字)!",
                    Toast.LENGTH_SHORT).show();
    } else if ( !isChinese(mRealnameEditText.getText().toString()) ) {
        Toast.makeText(this, "请输入真实的中文姓名!",
                    Toast.LENGTH_SHORT).show();
    }else {
        this.register();
    }
}
```
这段代码的作用是对用户的输入进行验证，确保用户输入的合法性。如果用户的输入无

误,将调用 register()函数进行注册,register()函数的定义如下:

```java
private void register() {
    String ename = userName01.getText().toString();
    String epass = password01.getText().toString();
    String realname = mRealnameEditText.getText().toString();
    String age = mAgeEditText.getText().toString();
    // 查询语句
    String selectStr = "select username from user_info";
    Cursor select_cursor = sDatabase.rawQuery(selectStr, null);
    select_cursor.moveToFirst();
    String string = null;
    do {
        try {
            string = select_cursor.getString(0);
        } catch (Exception e) {
            // TODO: handle exception
            string = "";
        }
        if (string.equals(ename)) {
        Toast.makeText(this, "用户名已存在,请另设用户名!",
                    Toast.LENGTH_SHORT).show();
            select_cursor.close();
            break;
        }
    } while (select_cursor.moveToNext());
    // 没有重名注册开始
    if (!string.equals(ename)) {
        // 定义ID
        int id1 = 0;
        String select = "select max(_id) from user_info";
        Cursor seCursor = sDatabase.rawQuery(select, null);
        try {
            seCursor.moveToFirst();
            id1 = Integer.parseInt(seCursor.getString(0));
            id1 += 1;
        } catch (Exception e) {
        // TODO: handle exception
        id1 = 0;
    }
    sDatabase.execSQL("insert into user_info values('" + id1 + "','"
        + ename + "','" + epass + "','" + realname + "','"
        + age + "','" + mSexString + "')"
    );
    Toast.makeText(RegisterActivity.this, "注册成功!", 2000).show();
    Intent intent = new Intent(this, LoginActivity.class);
    this.startActivity(intent);
    seCursor.close();
    }
}
```

（6）用数据线将手机连接到电脑上，然后在 Client 文件夹上右击，依次选择 Run as | Android Application 选项，Eclipse 会自动完成应用程序的编译，然后将生成的.apk 文件安装到手机上，稍等片刻后手机会自动运行该应用程序，在启动界面中单击"注册"按钮进入注册界面，输入用户信息后单击"注册"按钮，如果用户输入无误，将显示"注册成功！"，如图 13-2 和图 13-3 所示。

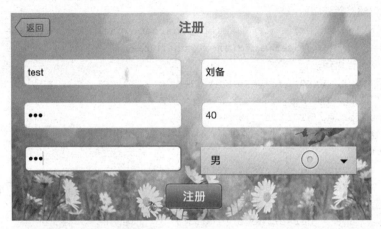

图 13-2　注册界面输入信息

图 13-3　提示注册成功

实训 13.2　使用 SQLite3 完成登录功能

（1）打开 LoginActivity.java 文件，添加以下代码：
```
SqlHelper db = new SqlHelper(getApplicationContext(), "store.db", null, 1);
sDatabase = db.getWritableDatabase();
```
这两行代码用于创建数据库实例。

（2）打开 LoginActivity.java 文件，添加以下代码，为"登录"按钮添加单击事件：
```
Button loginButton = (Button)findViewById(R.id.login_login_btn);
loginButton.setOnClickListener(this);
```

在 onClick()函数中添加如下代码，以响应单击事件。

```java
//获得用户名
String i = use.getText().toString();
//登录
if (id == R.id.login_login_btn) {
    String userName = "", userPw = "", realname = "", age = "", sex = "";
    //编写数据库语句
    String select_sql = "select username,password,realname,age,sex from 
            user_info where username = '" + i + "'";
    //执行语句
    Cursor cursor = sDatabase.rawQuery(select_sql, null);
    //返回一个布尔值，判断一个游标是否为空
    cursor.moveToFirst();
    //将从数据中取出的用户名和密码赋值给两个字符串变量
    try {
        userName = cursor.getString(0);
        userPw = cursor.getString(1);
        realname = cursor.getString(2);
        age = cursor.getString(3);
        sex = cursor.getString(4);
    } catch (Exception e) {
        // TODO: handle exception
        userName = "";
        userPw = "";
    }
    //判断用户名是否为空,if 是很自然的
    if (i.equals("")) {
        Toast.makeText(this, "用户名不能为空!", Toast.LENGTH_SHORT).show();
    }
    //判断密码是否为空
    else if (password.getText().toString().equals("")) {
        Toast.makeText(this, "密码不能为空! ", Toast.LENGTH_SHORT).show();
    }
    //判断用户名和密码是否正确
    else if (!(use.getText().toString().equals(userName) && password
            .getText().toString().equals(userPw))) {
        Toast.makeText(this, "用户名或密码错误，请重新输入! ",
                Toast.LENGTH_SHORT).show();
    }
    //全部正确跳转到操作界面
    else {
        //已登录
        UserInfo.getInstance().setIsLogin(true);
        //保存用户信息
        UserInfo.getInstance().setUsername(userName);
        UserInfo.getInstance().setRealname(realname);
```

```
            UserInfo.getInstance().setAge(age);
            UserInfo.getInstance().setSex(sex);
            cursor.close();
            Intent intent = new Intent(LoginActivity.this, EvaluateActivity.class);
            startActivity(intent);
            Toast.makeText(LoginActivity.this, "登录成功!",
                    Toast.LENGTH_LONG).show();
        }
    }
```

当用户单击"登录"按钮时,这段代码将使用用户输入的用户名通过 SQL 的 select 语句从数据库中获取用户数据,如果从数据库中取出的数据和用户输入的用户名和密码相匹配,则提示登录成功,跳转到数据检测界面,并保存用户的登录信息。

(3) 在项目右侧的 com.example.client 文件夹上右击,选择 New | Class,在 Name 编辑框中输入 UserInfo,如图 13-4 所示。

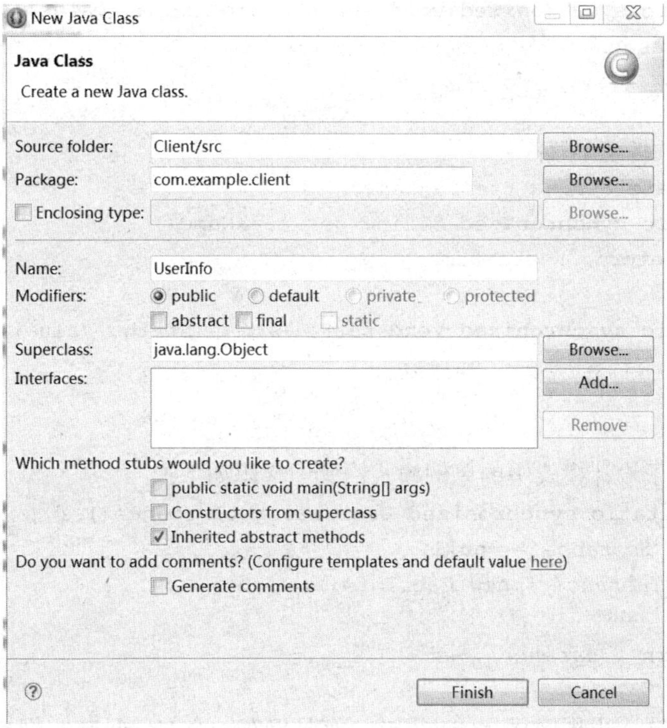

图 13-4 创建 UserInfo.java

(4) 打开 UserInfo.java,输入以下代码:

```
    public class UserInfo {
        private static UserInfo _instance;
        private UserInfo (){}
        public static synchronized UserInfo getInstance() {
            if (_instance == null) {
                _instance = new UserInfo();
            }
```

```java
        return _instance;
    }
    //是否登录
    private boolean _isLogin;
    public synchronized boolean getIsLogin() {
        return _isLogin;
    }
    public synchronized void setIsLogin(boolean value) {
        _isLogin = value;
    }
    //用户名
    private String _username;
    public synchronized String getUsername() {
        return _username;
    }
    public synchronized void setUsername(String value){
        _username = value;
    }
    ......
    //正在进行的项目
    private String _realaxName;
    public synchronized String getRelaxName() {
        return _realaxName;
    }
    public synchronized void setRelaxName(String value) {
        _realaxName = value;
    }
}
```

UserInfo 使用了设计模式中的单例模式，其中代码如下：

```java
    public static synchronized UserInfo getInstance() {
        if (_instance == null) {
            _instance = new UserInfo();
        }
        return _instance;
    }
```

确保在 Android 应用程序运行的过程中，有且仅有一个 UserInfo 实例被创建，即保证了用户数据的唯一性。在登录事件中，通过调用以下代码：

```java
    //已登录
    UserInfo.getInstance().setIsLogin(true);
    //保存用户信息
    UserInfo.getInstance().setUsername(userName);
    UserInfo.getInstance().setRealname(realname);
    UserInfo.getInstance().setAge(age);
    UserInfo.getInstance().setSex(sex);
```

来保存用户数据，以供程序的其他模块使用。

（5）在项目右侧的 com.example.client 文件夹上右击，选择 New | Class，在 Name 编辑框中输入 EvaluateActivity，如图 13-5 所示。

图 13-5　创建 EvaluateActivity.java

（6）修改 EvaluateActivity.java 的代码如下：

```java
public class EvaluateActivity extends Activity implements OnClickListener {
    @Override
    public void onCreate(Bundle savedInstanceState) {
        super.onCreate(savedInstanceState);
        setContentView(R.layout.evaluate);
        Button back = (Button)findViewById(R.id.back_btn);
        back.setOnClickListener(this);
    }
    @Override
    public void onClick(View v) {
        // TODO Auto-generated method stub
        int id = v.getId();
        if(id == R.id.back_btn){
            this.finish();
        }
    }
}
```

（7）在 layout 文件夹上右击，依次选择 New | Android XML File，在弹出的对话框中的 File 中输入 evaluate，Root Element 选择 ScrollView，其他选项保持默认，如图 13-6 所示。

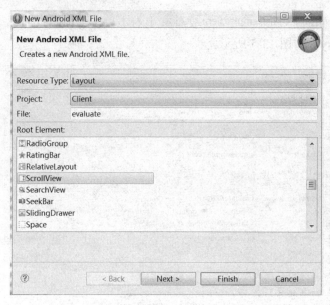

图 13-6　创建 evaluate.xml

（8）从控件列表中依次拖动 1 个 RelativeLayout 控件、1 个 Button 控件和 1 个 TextView 控件到右侧的预览界面中，并用鼠标将这些控件排列成如图 13-7 所示。

图 13-7　调整 evaluate.xml 布局

（9）双击打开 evaluate.xml 文件，在 Eclipse 生成的 evaluate.xml 的基础上参照"实训 13-2"工程中的 evaluate.xml 修改布局代码。

（10）将"实训 13-2"文件夹下的"图片资源"文件夹中的图片拷贝到 res | drawable-hdpi 文件夹下。

（11）用数据线将手机连接到电脑上，然后在 Client 文件夹上右击，依次选择 Run as | Android Application 选项，Eclipse 会自动完成应用程序的编译，然后将生成的.apk 文件安装到手机上，稍等片刻后手机会自动运行该应用程序，在启动界面中单击"登录"按钮可以跳转到登录界面，如图 13-8 所示。在登录界面中输入注册的用户信息，单击"登录"按钮，如果输入正确将提示登录成功并跳转到数据界面，如图 13-9 所示。

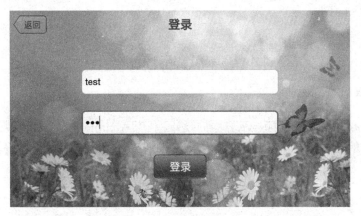

图 13-8　输入登录信息

图 13-9　登录成功

第 14 章 Android 绘图库

本章的任务是完成生理指标显示界面的设计，利用 Android 图表库完成数据曲线的绘制以及完成一个简单的音乐播放器，模拟心理咨询时的放松评测功能。

实训 14.1 生理指标显示界面设计

生理指标显示界面设计的步骤如下：

（1）打开 evaluate.xml 的设计界面，从控件列表中依次拖动 1 个 ImageButton 控件、5 个 View 控件和 11 个 TextView 控件到右侧的预览界面中。切换到 evaluate.xml 的代码界面，在 Eclipse 生成的 evaluate.xml 的基础上参照 "实训 14-1" 工程中的 evaluate.xml 修改布局代码。

代码修改成功后界面的预览效果如图 14-1 所示。其中心率、情指、HRV、PDNN50 及 SDNN 等数据都是心理咨询放松时需要的专业数据，其采集和计算过程过于复杂，不在本书的讨论范围之内。本书将利用随机数生成这些数据，降低读者的学习负担。

图 14-1 生理指标显示界面

（2）将 "实例 14-1" 文件夹下 "图片资源" 文件夹中的图片拷贝到 res | drawable- xhdpi 文件夹下。

（3）打开 EvaluateActivity.java，添加如下代码，完成定时器的创建以及生理指标数据的生成：

```
private Timer timer1s;
private int timeCount = 300;

Handler mHandler = new Handler() {
    @Override
    public void handleMessage(Message msg) {
        super.handleMessage(msg);
```

```
        }
    };
    //定时器:每隔1s更新一次曲线
    timer1s = new Timer();
    timer1s.schedule(new TimerTask(){
        @Override
        public void run() {
            mHandler.post(mRunnable1s);
        }
    }, 1000, 1000);
    private Runnable mRunnable1s = new Runnable() {
        @Override
        public void run() {
            mHandler.sendEmptyMessage(1);
            if (timeCount >= 0) {
                mTimeMention.setText("距离评估结束还有" +
                                Integer.toString(timeCount) + "秒.");
                mTimeTextView.setText(Integer.toString(timeCount--) + "s");
                EvaluateActivity.this.updateIndexs();
                if (timeCount < 0) {
                    //测评结束
                    new AlertDialog.Builder(EvaluateActivity.this)
                    .setTitle("确认")
                    .setMessage("恭喜您完成测评!")
                    .setPositiveButton("确定", new
                                DialogInterface.OnClickListener() {
                        @Override
                        public void onClick(DialogInterface arg0, int arg1) {
                            EvaluateActivity.this.finish();
                        }
                    })
                    .show();
                }
            }
        }
    };
```

这段代码的作用是创建一个定时器,每秒执行一次,当时间大于300s后停止执行。

定时器每秒执行一次 EvaluateActivity.this.updateIndexs()函数更新生理指标数据,并将数据保存起来。updateIndexs()函数实现如下:

```
    private void updateIndexs() {
        int randHrv = (int)(Math.random() * 40);
        int randXv = 40 + (int)(Math.random() * 30);
        int randQz = 70 + (int)(Math.random() * 30);
        int randSdnn = (int)(Math.random() * 100);
        int randPnn50 = (int)(Math.random() * 100);
        int randHF = (int)(Math.random() * 100);
```

```
        int randLF = (int)(Math.random() * 100);
        int randVLF = (int)(Math.random() * 100);
        mXVTextView.setText("心率:" + String.valueOf(randXv));
        mSDNNTextView.setText("SDNN:" + String.valueOf(randSdnn));
        mHRVTextView.setText("HRV:" + String.valueOf(randHrv));
        mPNN50TextView.setText("PNN50:" + String.valueOf(randPnn50));
        mQZTextView.setText("情指:" + String.valueOf(randQz));
        mVLFTextView.setText("VLF:" + String.valueOf(randVLF));
        mLFTextView.setText("LF:" + String.valueOf(randLF));
        mHFTextView.setText("HF:" + String.valueOf(randHF));
        RelaxData.getInstance().setXV( randXv );
        RelaxData.getInstance().setQZ( randQz );
        RelaxData.getInstance().setSDNN( randSdnn );
        RelaxData.getInstance().setHRV( randHrv ) ;
        RelaxData.getInstance().setPNN50( randPnn50 );
        RelaxData.getInstance().setHF( String.valueOf(randHF) );
        RelaxData.getInstance().setLF( String.valueOf(randLF) ) ;
        RelaxData.getInstance().setVLF( String.valueOf(randVLF) );
    }
```

这段代码通过 Math.random()函数随机生成一个 0~100 的数用来更新各个生理指标，并将其保存到单例模式 RelaxData 中。

（4）在项目右侧的 com.example.client 文件夹上右击，选择 New | Class，在 Name 输入框中输入 RelaxData，如图 14-2 所示。

图 14-2　创建 RelaxData.java

打开 RelaxData.java，输入以下代码：

```
public class RelaxData {
    private static RelaxData _instance;
```

```java
        private RelaxData (){}
        public static synchronized RelaxData getInstance() {
            if (_instance == null) {
                _instance = new RelaxData();
            }
            return _instance;
        }
        //心率
        private int _xv;
        public synchronized int getXV() {
            return _xv;
        }
        public synchronized void setXV(int value) {
            _xv = value;
        }
        ......
        //HF
        private String _hf = "0.00";
        public synchronized String getHF() {
            return _hf;
        }
        public synchronized void setHF(String value) {
            _hf = value;
        }
    }
```

RelaxData 类是一个单例模式，用于保存程序运行过程中的生理指标数据，供程序的各个模块使用。

（5）用数据线将手机连接到电脑上，然后在 Client 文件夹上右击，依次选择 Run as | Android Application 选项，Eclipse 会自动完成应用程序的编译，然后将生成的.apk 文件安装到手机上，稍等片刻后手机会自动运行该应用程序，登录后即可看到生理指标显示界面的运行效果，如图 14-3 所示。

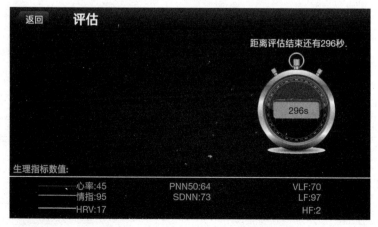

图 14-3　生理指标显示界面运行效果

实训14.2 绘制生理指标曲线图

android-charts 是一套基于 Java 和 Android 开发的图形图表控件。大大方便了 Android 开发人员进行图表绘制的工作。

目前该套图表主要包括以下组件：

- 网格图（gird chart）。
- 线图（line charts），包含单线图和多线图。
- 柱状图（stick charts），包含基本柱状图和特殊柱状图，支持显示均线。
- K 线或蜡烛线图（candle stick-chart）支持显示均线。
- 饼图（pie chart or pizza chart）包括基本饼图和分割饼图。
- 雷达图或蛛网图（radar chart or spider web chart）包含面积雷达图。

使用 android-charts 库进行生理指标曲线绘制的过程如下：

（1）将"实训 14-2"文件夹下的"android-charts 库源码"拷贝到 src 文件夹下，此时项目结构如图 14-4 所示。

图 14-4　添加 android-charts 库之后的项目结构

Cn.limc.androidcharts 包下的 java 文件为 android-charts 库的实现源代码，库的实现方法不在本书的讨论范围之内，读者只需要学会如何利用已有的库进行开发即可，感兴趣的读者也可以对库的源代码进行阅读、理解，有条件的读者甚至可以对库的源代码进行修改，完成库的自定义。

（2）打开 evaluate.xml 的代码，找到如下代码：

```
<View
    android:id="@+id/machart"
    android:layout_gravity="left"
```

```
android:layout_marginLeft="5dip"
android:layout_width="320dp"
android:layout_height="180dp" />
```
将其修改为：
```
<cn.limc.androidcharts.view.LineChart
    android:id="@+id/machart"
    android:layout_gravity="left"
    android:layout_marginLeft="5dip"
    android:layout_width="320dp"
    android:layout_height="180dp" />
```
此时 evaluate.xml 的预览效果如图 14-5 所示。

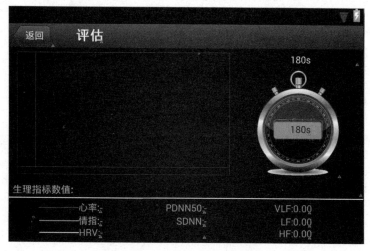

图 14-5　evaluate.xml 的预览效果

（3）打开 EvaluateActivity.java，添加如下代码：
```
LineChart machartCapture;
List<LineEntity> lines;
LineEntity lineQZ;
LineEntity lineXV;
LineEntity lineHRV;
```
在 onCreate()函数中添加 android-charts 库的初始化代码：
```
DrawData.clearIndexs();
initMAChart();
```
android-charts 初始化函数代码如下：
```
private void initMAChart() {
    this.machartCapture = (LineChart)findViewById(R.id.machart);
    lines = new ArrayList<LineEntity>();
    //心率曲线
    lineXV = new LineEntity();
    lineXV.setTitle("lineXV");
    lineXV.setLineColor(Color.RED);
    lineXV.setLineData(DrawData.drawXV());
```

```java
        lines.add(lineXV);
        //QZ 曲线
        lineQZ = new LineEntity();
        lineQZ.setTitle("lineQZ");
        lineQZ.setLineColor(Color.CYAN);
        lineQZ.setLineData(DrawData.drawQZ());
        lines.add(lineQZ);
        //HRV 曲线
        lineHRV = new LineEntity();
        lineHRV.setTitle("lineHRV");
        lineHRV.setLineColor(Color.YELLOW);
        lineHRV.setLineData(DrawData.drawHRV());
        lines.add(lineHRV);
        List<String> ytitle=new ArrayList<String>();
        ytitle.add("0");ytitle.add("20");ytitle.add("40");ytitle.add("60");
        ytitle.add("80");ytitle.add("100");ytitle.add("120");
        List<String> xtitle=new ArrayList<String>();
        xtitle.add("0");xtitle.add("40");xtitle.add("80");
        xtitle.add("120");xtitle.add("160");xtitle.add("200");
        machartCapture.setAxisXColor(Color.LTGRAY);
        machartCapture.setAxisYColor(Color.LTGRAY);
        machartCapture.setBorderColor(Color.LTGRAY);
        //设置背景为透明
        machartCapture.setBackgroundColor(Color.TRANSPARENT);
        machartCapture.setAxisMarginTop(10);
        machartCapture.setAxisMarginBottom(30);
        machartCapture.setAxisMarginLeft(30);
        machartCapture.setAxisYTitles(ytitle);
        machartCapture.setAxisXTitles(xtitle);
        //不显示坐标线
        machartCapture.setDisplayCrossXOnTouch(false);
        machartCapture.setDisplayCrossYOnTouch(false);
        //纵轴标题大小
        machartCapture.setLatitudeFontSize(16);
        //横轴标题大小
        machartCapture.setLongitudeFontSize(16);
        machartCapture.setLongitudeFontColor(Color.WHITE);
        machartCapture.setLatitudeColor(Color.GRAY);
        machartCapture.setLatitudeFontColor(Color.WHITE);
        machartCapture.setLongitudeColor(Color.GRAY);
        //校验大小：不在范围内不显示
        machartCapture.setMaxValue(255);
        machartCapture.setMinValue(0);
        machartCapture.setMaxPointNum(DrawData.FIGURE_LENGTH);
        machartCapture.setDisplayAxisXTitle(true);
        machartCapture.setDisplayAxisYTitle(true);
```

```
                machartCapture.setDisplayLatitude(true);
                machartCapture.setDisplayLongitude(true);
                //为 chart1 增加均线
                machartCapture.setLineData(lines);
        }
```

这段代码对 android-charts 图表库进行了初始化,定义了曲线图的横纵坐标和显示方式等,并创建了 3 条数据曲线,分别用来显示心率曲线、HRV 曲线和情绪曲线。

最后在 mRunnable1s 的定义中添加如下代码,让定时器每秒更新生理指标曲线:

```
            lineXV.setLineData(DrawData.drawXV());
            lineQZ.setLineData(DrawData.drawQZ());
            lineHRV.setLineData(DrawData.drawHRV());
            machartCapture.setLineData(lines);
            machartCapture.setTouchPoint(new PointF(0.5f, 0.5f));
            machartCapture.notifyEvent(machartCapture);
```

(4)在项目右侧的 com.example.client 文件夹上右击,选择 New | Class,在 Name 编辑框中输入 DrawData,如图 14-6 所示。

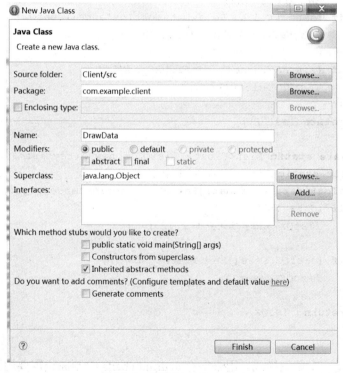

图 14-6 创建 DrawData.java

打开 DrawData.java,输入以下代码:

```
public class DrawData {
    //曲线图的最大值(最大点数)
    public static final int FIGURE_LENGTH = 200;
    public static void clearIndexs() {
        listXV = new ArrayList<Float>();
```

```java
            listQZ = new ArrayList<Float>();
            listHRV = new ArrayList<Float>();
        }
        private static List<Float> listXV = new ArrayList<Float>();
        public static List<Float> drawXV() {
            float data = (float)(RelaxData.getInstance().getXV());
            if (data != 0) {
                listXV.add( data * 2.125f );
            }
            if (listXV.size() == FIGURE_LENGTH) {
                listXV.clear();
            }
            return listXV;
        }
        private static List<Float> listHRV = new ArrayList<Float>();
        public static List<Float> drawHRV() {
            float data = (float)(RelaxData.getInstance().getHRV());
            //情指不为 0 时才绘制
            if (data != 0 && RelaxData.getInstance().getQZ() != 0) {
                listHRV.add( data * 2.125f );
            }
            if (listHRV.size() == FIGURE_LENGTH) {
                listHRV.clear();
            }
            return listHRV;
        }
        private static List<Float> listQZ = new ArrayList<Float>();
        public static List<Float> drawQZ() {
            float data = (float)(RelaxData.getInstance().getQZ());
            if (data != 0) {
                listQZ.add( data * 2.125f );
            }
            if (listQZ.size() == FIGURE_LENGTH) {
                listQZ.clear();
            }
            return listQZ;
        }
    }
```

DrawData 类是一个单例模式，用来保存 android-charts 绘制曲线需要用到的数据。这些数据通过随机函数每秒生成一组不同的数据，累计保存在 List 数据结构中。android-charts 通过调用函数 setLineData()来设置曲线的数据列表，从而实现曲线的绘制功能。

（5）用数据线将手机连接到电脑上，然后在 Client 文件夹上右击，依次选择 Run as | Android Application 选项，Eclipse 会自动完成应用程序的编译，然后将生成的.apk 文件安装到手机上，稍等片刻后手机会自动运行该应用程序，登录成功后进入到生理指标显示界面即可看到曲线的绘制效果，如图 14-7 所示。

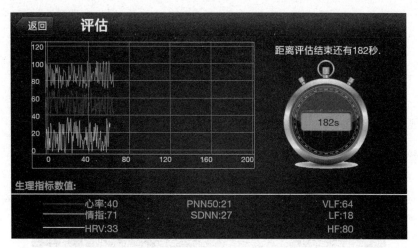

图 14-7 生理指标曲线绘制运行效果

实训 14.3 音乐播放器的实现

本节将实现一个简单的音乐播放器,并提供几首内置的音乐供读者进行选择性播放。以下是音乐播放器的实现过程:

(1) 打开 evaluate.xml,添加如下代码:

```
<ImageButton
    android:id="@+id/btnBgCtrl"
    android:layout_width="wrap_content"
    android:layout_height="wrap_content"
    android:scaleX="1.0"
    android:scaleY="1.0"
    android:layout_centerVertical="true"
    android:layout_marginLeft="180dip"
    android:background="#00000000"
    android:src="@drawable/bg_pause" />
<Spinner
    android:id="@+id/btnBgDrowdown"
    style="@style/spinner_style"
    android:layout_width="180dp"
    android:layout_height="27dp"
    android:layout_centerVertical="true"
    android:layout_marginLeft="218dip" />
```

此时 evaluate.xml 的预览效果如图 14-8 所示。

(2) 将"实训 14-3"文件夹下的"图片资源"拷贝到 res|drawable-xhdpi 文件夹下。

(3) 打开 res|values 文件夹下的 styles.xml,添加以下代码:

```
<style name="spinner_style">
    <item name="android:background">@drawable/spinner_selector</item>
    <item name="android:paddingLeft">0dip</item>
</style>
```

图 14-8　evaluate.xml 预览效果

（4）在 drawable 文件夹上右击，选择 New | Android XML File，在弹出的对话框中输入 spinner_selector，Root Element 选择 selector，如图 14-9 所示。

图 14-9　创建 spinner_selector.xml

（5）打开 spinner_selector.xml，输入以下代码：

```xml
<?xml version="1.0" encoding="utf-8"?>
<selector xmlns:android="http://schemas.android.com/apk/res/android" >
    <item android:state_pressed="true"
        android:drawable="@drawable/bg_drowdown_press" /><!--按下时效果-->
    <item android:state_pressed="false"
        android:drawable="@drawable/bg_drowdown" /><!--默认效果-->
</selector>
```

（6）打开 EvaluateActivity.java，添加以下代码：
在 onCreate()函数中添加音乐的初始化代码 **this**.initBgMusic();
initBgMusic()函数定义如下：

```java
private void initBgMusic() {
    mBgMusicSpinner = (Spinner)findViewById(R.id.btnBgDrowdown);
    mBgMusicButton = (ImageButton)findViewById(R.id.btnBgCtrl);
    ArrayAdapter<String> adapter = new
            ArrayAdapter<String>(EvaluateActivity.this,
                    R.layout.simple_spinner_item);
    //资源文件
    String bg[] = getResources().getStringArray(R.array.bg_music);
    for (int i = 0; i < bg.length; i++) {
        adapter.add(bg[i]);
    }
    adapter.setDropDownViewResource(
        android.R.layout.simple_spinner_dropdown_item);
    mBgMusicSpinner.setAdapter(adapter);
    mBgMusicSpinner.setOnItemSelectedListener(
        new OnItemSelectedListener() {
        @Override
        public void onItemSelected(AdapterView<?> parent,
            View view, int position, long id) {
            String str = parent.getItemAtPosition(position).toString();
            //切换背景音乐
            //系统会自动调用一次，造成音乐自动播放
            if (!mIsFirst) {
                BgMusic.getInstance().
                    changeMusicEnv("/bgmusic/" + str + ".mp3", position);
                mBgMusicButton.setImageResource(R.drawable.bg_pause);
            }
            mIsFirst = false;
        }
        @Override
        public void onNothingSelected(AdapterView<?> parent) {
            // TODO Auto-generated method stub
        }
    });
    //开始播放背景音乐
    if (BgMusic.getInstance().isFirst()) {
        BgMusic.getInstance().start("/bgmusic/" + bg[0] + ".mp3");
    }
    //初始化
    if (BgMusic.getInstance().isPlaying()) {
        mBgMusicButton.setImageResource(R.drawable.bg_pause);
    }
    else {
```

```java
            mBgMusicButton.setImageResource(R.drawable.bg_play);
        }
        //设置当前曲目
        mBgMusicSpinner
            .setSelection(BgMusic.getInstance().getMusicIndex());
        //控制按钮
        mBgMusicButton.setOnClickListener(new OnClickListener() {
            @Override
            public void onClick(View arg0) {
                // TODO Auto-generated method stub
                if (BgMusic.getInstance().isPlaying()) {
                    mBgMusicButton.setImageResource(R.drawable.bg_play);
                }
                else {
                    mBgMusicButton.setImageResource(R.drawable.bg_pause);
                }
                BgMusic.getInstance().togglePlay();
            }
        });
    }
```

这段代码会从 SD 卡中获取事先存放到手机上的 mp3 文件并播放，当用户单击 Spinner 控件时可以切换音乐。

（7）在项目右侧的 com.example.client 文件夹上右击，选择 New | Class，在 Name 编辑框中输入 BgMusic，如图 14-10 所示。

图 14-10　创建 BgMusic.java

打开 BgMusic.java，输入以下代码：

```java
public class BgMusic {
    private static BgMusic _instance = null;
    private BgMusic() {}
    public static BgMusic getInstance() {
        if (null == _instance) {
            _instance = new BgMusic();
        }
        return _instance;
    }
    private MyMediaplayer mBgPlayer;
    private boolean mIsFirst = true;
    private int mMusicIndex;
    public void start(String musicpath) {
        mBgPlayer = new MyMediaplayer(musicpath);
        mBgPlayer.setOnCompletionListener(new OnCompletionListener() {
            @Override
            public void onCompletion(MediaPlayer mp) {
                //继续播放当前音乐
                mp.start();
            }
        });
        mMusicIndex = 0;
        mIsFirst = false;
    }
    public boolean isFirst() {
        return mIsFirst;
    }
    public void togglePlay() {
        mBgPlayer.togglePlay();
    }
    public void stop() {
        mBgPlayer.playStop();
    }
    public void pause() {
        mBgPlayer.pause();
    }
    public boolean isPlaying() {
        return mBgPlayer.isPlaying();
    }
    public int getMusicIndex() {
        return mMusicIndex;
    }
    public void changeMusicEnv(String musicpath, int musicIndex) {
        mBgPlayer.release();
        mBgPlayer = new MyMediaplayer(musicpath);
```

```
                mBgPlayer.setOnCompletionListener(new OnCompletionListener() {
                    @Override
                    public void onCompletion(MediaPlayer mp) {
                        //继续播放当前环境音乐
                        mp.start();
                    }
                });
                mMusicIndex = musicIndex;
            }
        }
```

BgMusic 类实现了音乐的播放、暂停和停止等操作。

（8）在项目右侧的 com.example.client 文件夹上右击，选择 New | Class，在 Name 编辑框中输入 MyMediaplayer，如图 14-11 所示。

图 14-11 创建 MyMediaplayer.java

打开 MyMediaplayer.java，输入以下代码：

```
    public class MyMediaplayer extends MediaPlayer{
        public MyMediaplayer(String path) {
            super();
            Log.i("MYmusicPlayer","Ini");
            try {
                this.setDataSource(this.getSDPath() + path);
                this.prepare();
                this.start();
            } catch (IOException e) {
                // TODO: handle exception
            }
```

```java
            // TODO Auto-generated constructor stub
        }
        public boolean togglePlay() {
            if (this.isPlaying()) {
                this.pause();
            } else {
                this.start();
            }
            return true;
        }
        public boolean playStop() {
            this.stop();
            try {
                this.prepare();
            } catch (IOException e) {
                // TODO: handle exception
            }
            return true;
        }
        public boolean destroy() {
            this.release();
            return true;
        }
        private String getSDPath() {
            File sdDir = null;
            //判断sd卡是否存在
            boolean sdCardExist = Environment.getExternalStorageState()
                        .equals(android.os.Environment.MEDIA_MOUNTED);
            if (sdCardExist) {
                //获取根目录
                sdDir = Environment.getExternalStorageDirectory();
            }
            return sdDir.toString();
        }
    }
```

MyMediaplayer 类主要用于从 SD 卡中读取文件和销毁资源等。

（9）在 res|values 文件夹上右击，选择 New|Android XML File，在弹出的对话框中输入 arrays，如图 14-12 所示。

打开 arrays.xml，输入以下代码：

```xml
<?xml version="1.0" encoding="utf-8"?>
<resources>
    <string-array name="bg_music">
        <item >Bandari - Annie\'s Wonderland</item>
        <item >Bandari - One Day in Spring</item>
        <item >Bandari - Snowdreams</item>
        <item >Bandari - Your Smile</item>
```

```
            <item >李闰珉 - 雨的印记</item>
            <item >George Winston - 卡农钢琴曲</item>
        </string-array>
</resources>
```

图 14-12　创建 arrays.xml

将"实训 14-3"文件夹下的 bgmusic 文件夹拷贝到 SD 卡根目录下，bgmusic 文件夹中存放的就是系统内置的音乐。arrays.xml 定义了 Spinner 下拉控件的选项，读者如果需要替换内置的音乐，需要将音频文件拷贝到 bgmusic 文件夹下并修改 arrays.xml 文件。

（10）在 res | values 文件夹上右击，选择 New | Android XML File，在弹出的对话框中输入 simple_spinner_item，如图 14-13 所示。

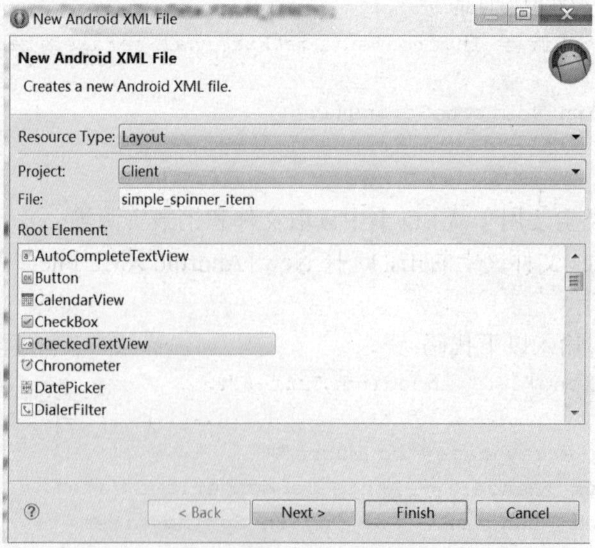

图 14-13　创建 simple_spinner_item.xml

打开 simple_spinner_item.xml 文件，输入以下代码：

```xml
<?xml version="1.0" encoding="utf-8"?>
<CheckedTextView xmlns:android="http://schemas.android.com/apk/res/android"
    android:id="@android:id/text1"
    android:paddingLeft="5dip"
    android:paddingRight="20dip"
    android:gravity="center_vertical"
    android:layout_gravity="center"
    android:textColor="#808080"
    android:textSize="12sp"
    android:singleLine="true"
    android:layout_width="fill_parent"
    android:layout_height="wrap_content"
/>
```

simple_spinner_item.xml 定义了 Spinner 控件的样式。

（11）用数据线将手机连接到电脑上，然后在 Client 文件夹上右击，依次选择 Run as | Android Application 选项，Eclipse 会自动完成应用程序的编译，然后将生成的.apk 文件安装到手机上，稍等片刻后手机会自动运行该应用程序，登录系统，在生理指标界面上可以看到播放器的 Spinner 控件并听到内置的背景音乐正在播放，如图 14-14 所示。

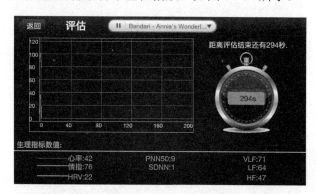

图 14-14　添加了音乐播放器的生理指标界面

当单击图 14-14 中的 Spinner 控件时，会弹出选择列表，用户可以选择不同的音乐进行播放，如图 14-15 所示。

图 14-15　音乐列表界面

第 15 章 Android 网络编程

本章将介绍如何利用 Android 网络编程的相关知识把 Android 客户端的生理指标数据发送给 MFC 服务端。

实训 15.1 Android 网络编程

（1）在项目右侧的 com.example.client 文件夹上右击，选择 New | Class，在 Name 编辑框中输入 NetWork，如图 15-1 所示。

图 15-1 音乐列表界面

打开 NetWork.java，输入以下代码：

```java
public class NetWork {
    private String TAG = NetWork.class.getSimpleName();
    private static NetWork _instance = null;
    private NetWork() {}
    public static NetWork getInstance() {
        if (null == _instance) {
            _instance = new NetWork();
        }
        return _instance;
    }
```

```java
private final String IP_ADDR = "192.168.0.5:60006";
......
public void start() {
    if (!isConnecting) {
        StrictMode
            .setThreadPolicy(new StrictMode.ThreadPolicy.Builder()
            .detectDiskReads()
            .detectDiskWrites()
            .detectNetwork()   // or .detectAll() for all detectable problems
            .penaltyLog()
            .build());
        StrictMode.setVmPolicy(new StrictMode.VmPolicy.Builder()
            .detectLeakedSqlLiteObjects()
            .penaltyLog()
            .penaltyDeath()
            .build());
        if (mTimerNetwork == null) {
            //每3s向PC发送一次生理指标
            mTimerNetwork = new Timer();
            mTimerNetwork.schedule(new TimerTask(){
                @Override
                public void run() {
                    mHandler.post(mRunnableNetwork);
                }
            }, 3000, 3000);
        }
        if (mTimerCheckConnect == null) {
            //每秒重新检查连接
            mTimerCheckConnect = new Timer();
            mTimerCheckConnect.schedule(new TimerTask(){
                @Override
                public void run() {
                    mHandler.post(mRunnableCheckConnect);
                }
            }, 1000, 1000);
        }
        //尝试连接服务器
        Log.i(TAG, "尝试连接服务器  ");
        if (mThreadClient == null) {
            mThreadClient = new Thread(mRunnable);
            mThreadClient.start();
        }
    }
}
//每秒检查网络连接
private Runnable mRunnableCheckConnect = new Runnable() {
    public void run() {
```

```java
            if (!isConnecting && isFirstConnecting) {
                //尝试连接服务器
                Log.i(TAG, "尝试连接服务器 ");
                isFirstConnecting = false;
                mThreadClient = new Thread(mRunnable);
                mThreadClient.start();
            }
        }
    };
    //线程:监听服务器发来的消息
    private Runnable mRunnable = new Runnable() {
        @Override
        public void run() {
            String msgText = IP_ADDR;
            if(msgText.length() <= 0) {
                recvMessageClient = "IP不能为空! \n";//消息换行
                Message msg = new Message();
                msg.what = 1;
                mHandler.sendMessage(msg);
                return;
            }
            int start = msgText.indexOf(":");
            if( (start == -1) || (start+1 >= msgText.length()) ) {
                recvMessageClient = "IP地址不合法\n";//消息换行
                Message msg = new Message();
                msg.what = 1;
                mHandler.sendMessage(msg);
                return;
            }
            String sIP = msgText.substring(0, start);
            String sPort = msgText.substring(start+1);
            int port = Integer.parseInt(sPort);
            Log.d("gjz", "IP:"+ sIP + ":" + port);
            if (!isConnecting){
                try {
                    //连接服务器
                    mSocketClient = new Socket(sIP, port);   //portnum
                    //取得输入、输出流
                    mBufferedReaderClient
                        = new BufferedReader(new InputStreamReader
                                 (mSocketClient.getInputStream()));
                    mPrintWriterClient
                        = new PrintStream(mSocketClient.getOutputStream(), true);
                    //已经连接
                    isConnecting = true;
                    isFirstConnecting = true;
                    recvMessageClient = "已经连接 server!\n";//消息换行
```

```java
                    Message msg = new Message();
                    msg.what = 1;
                    mHandler.sendMessage(msg);
                    //break;
                }
                catch (Exception e) {
                    recvMessageClient = "连接IP异常:"
                        + e.toString() + e.getMessage() + "\n";//消息换行
                    NetWork.this.interruptNetwork("连接异常:中断线程");
                    Message msg = new Message();
                    msg.what = 1;
                    mHandler.sendMessage(msg);
                    return;
                }
            }
        }
    };
}
```

NetWork 是使用单例模式来实现的，主要功能是每秒进行一次网络连接尝试，且连接成功后每 3s 发送一次数据给服务端。

其中：

```java
private final String IP_ADDR = "192.168.0.5:60006";
```

定义了要连接的服务器的 IP 地址和端口号，IP 地址为 192.168.0.5，端口号为 60006。IP 地址和端口号信息在服务端的编程中要和客户端一致。

（2）打开 EvaluateActivity.java，在 onCreate()函数中添加 NetWork. getInstance(). start();即可启动网络连接并发送数据。

将推出按钮以及 300s 定时器到时的函数调用改为执行 exit()函数

```java
private void exit() {
    timer1s.cancel();
    NetWork.getInstance().stop();
    this.finish();
}
```

确保退出时销毁定时器和 NetWork 单例。

（3）用数据线将手机连接到电脑上，然后在 Client 文件夹上右击，依次选择 Run as | Android Application 选项，Eclipse 会自动完成应用程序的编译。然后将生成的.apk 文件安装到手机上，稍等片刻后手机会自动运行该应用程序，登录系统进入生理指标显示界面，英文网络是在后台执行的，所以应用程序的界面没有任何变化，但打开 Eclipse 的 Logcat，可以观察到如图 15-2 所示的信息。由于此时 MFC 服务端并未开启，所以网络暂时无法成功连接。

```
NetWork                  尝试连接服务器
gjz                      IP:192.168.0.5:60006
dalvikvm                 null clazz in OP_INSTANCE_OF, single-stepping
```

图 15-2 Logcat 网络连接信息

实训 15.2 JSON 数据传输

在 Android 开发中，Android 客户端如果要和服务器端交互，一般都会采用 JSON 数据格式进行。FastJson 是一个 JSON 处理工具包，包括"序列化"和"反序列化"两部分，FastJson 是一个用 Java 语言编写的高性能、功能完善的 JSON 库。

一个 JSON 库涉及的最基本功能就是序列化和反序列化。FastJson 支持 JavaBean 的直接序列化。可以使用 com.alibaba.fastjson.JSON 这个类进行序列化和反序列化。FastJson 采用独创的算法，将解析的速度提升到极致，超过所有 JSON 库。

FastJson 速度最快，具有极快的性能，超越了其他 Java JSON 解析器。

FastJson 功能强大，完全支持 JavaBean、集合、Map、日期、Enum，支持范型，支持默认；无依赖。

FastJson API 入口类是 com.alibaba.fastjson.JSON，常用的序列化操作都可以用 JSON 类上的静态方法直接完成。

使用 FastJson 传输数据的步骤如下：

（1）将"实训 15-2"文件夹下的"fastjson 库"文件夹下的 fastjson-1.1.15.jar 拷贝到 libs 文件夹下。

（2）在项目右侧的 com.example.client 文件夹上右击，选择 New | Class，在 Name 输入框中输入 FastJsonTools，如图 15-2 所示。

图 15-2 创建 FastJsonTools.java

打开 FastJsonTools.java，输入以下代码：

```
public class FastJsonTools {
```

```java
    public static String createJsonString(Object object){
        String jsonString = "";
        try {
            jsonString = JSON.toJSONString(object);
        } catch (Exception e) {
            // TODO: handle exception
        }
        return jsonString;
    }
    // Map
    private static Map<String,Object> _map;
    public static String createJsonString(String key, String value){
        //create 新建
        _map = new HashMap<String,Object>();
        _map.put(key, value);

        String jsonString = "";
        try {
            jsonString = JSON.toJSONString(_map);
        } catch (Exception e) {
            // TODO: handle exception
        }
        return jsonString;
    }
    public static String addJsonString(String key, String value){
        //add 添加
        _map.put(key, value);
        String jsonString = "";
        try {
            jsonString = JSON.toJSONString(_map);
        } catch (Exception e) {
            // TODO: handle exception
        }
        return jsonString;
    }
    public static String paddingString(String str) {
        String paddingStr = "";
        for (int i = 0; i < (240 - str.getBytes().length); i++) {
            paddingStr += "-";
        }
        return addJsonString("pad", paddingStr);
    }
}
```

FastJsonTools 类的功能是创建 JSON 字符串。

（3）打开 NetWork.java，在 mRunnableNetwork()函数中添加如下代码：

```
// 模拟发送 24 次
```

```java
            String str = "";
            if (!UserInfo.getInstance().getIsLogin()) {
                for (int i = 1; i <= 24; i++) {
                    FastJsonTools.createJsonString("type", "indexs" );
                    FastJsonTools.addJsonString("qz", "-1" );
                    FastJsonTools.addJsonString("xv", "0" );
                    FastJsonTools.addJsonString("sdnn", "0" );
                    FastJsonTools.addJsonString("pnn50", "0" );
                    FastJsonTools.addJsonString("hrv", "0" );
                    FastJsonTools.addJsonString("pd", "0" );
                    FastJsonTools.addJsonString("vlf", "0.00" );
                    FastJsonTools.addJsonString("lf", "0.00" );
                    FastJsonTools.addJsonString("hf", "0.00" );
                    ......
                    str = FastJsonTools.addJsonString("id", String.valueOf(i));
                    String sendString = FastJsonTools.paddingString(str);
                    NetWork.this.sendtoServer(sendString);
                }
            } else {
                //用户1不模拟
                FastJsonTools.createJsonString("type", "indexs" );
                ......
                FastJsonTools.addJsonString("vlf", RelaxData.getInstance().getVLF() );
                FastJsonTools.addJsonString("lf", RelaxData.getInstance().getLF() );
                FastJsonTools.addJsonString("hf", RelaxData.getInstance().getHF() );
                str = FastJsonTools.addJsonString("id", "1");
                String sendString = FastJsonTools.paddingString(str);
                NetWork.this.sendtoServer(sendString);
                for (int i = 2; i <= 24; i++) {
                    int randNum = (int)(Math.floor(Math.random() * 50));
                    FastJsonTools.createJsonString("type", "indexs" );
                    FastJsonTools.addJsonString("qz", String.valueOf( randNum + i ));
                    FastJsonTools.addJsonString("xv", String.valueOf( randNum + i + 5 ));
                    ......
                    String sex = (i % 2 == 0) ? "男" : "女";
                    FastJsonTools.addJsonString("sex", sex );
                    str = FastJsonTools.addJsonString("id", String.valueOf(i));
                    sendString = FastJsonTools.paddingString(str);
                    NetWork.this.sendtoServer(sendString);
                }
            }
```

这段代码使用随机数模拟了24个用户向服务端发送生理指标数据。服务端通过使用"id"对用户进行区分。

第 16 章　无线组网与 MFC 网络编程

本章介绍如何组建一个无线局域网以及利用 MFC 网络编程的相关知识实现无线团体放松系统，达到使用 MFC 服务端接收多个 Android 客户端数据的需求。

实训 16.1　无线组网

通常在进行 socket 网络编程的时候，客户端需要指定服务器的 IP 地址才能进行 socket 的创建以及后续的数据通信，在通常的实验中，一般会使用 127.0.0.1 作为服务器的 IP 地址，即服务器和客户端运行在同一台计算机上，这样可以减少实验的成本。但是在实际的产品运行时，服务器往往需要租用或者自行搭建，即服务器和客户端运行在不同的计算机系统上。

在本实训教材中，将实现一个手机通过无线局域网进行网络通信的综合性实验，客户端是 Android 智能手机，服务器是无线局域网内的一台计算机，在这种情况下，不能使用 127.0.0.1 作为服务器的 IP 地址，而是应该通过一定的技术手段为局域网内的计算机配置固定 IP 来进行网络通信。

为无线局域网内的计算机配置固定 IP 的方法如下：

（1）查看计算机 MAC 地址。单击计算机左下角的"开始"按钮，弹出搜索程序和文件框，如图 16-1 所示；在搜索程序和文件的输入框内输入 cmd，如图 16-2 所示。

图 16-1　搜索程序和文件框　　　　　　　图 16-2　在输入框中输入 cmd

在弹出的命令控制台界面中输入 ipconfig /all 命令，如图 16-3 所示。

图 16-3　在命令控制台中输入 ipconfig /all 命令

按回车键，控制台会显示出命令结果，其中物理地址这一行即为本机的 MAC 地址，图中的计算机 MAC 地址为 B8-E8-56-34-E3-42。因为每台计算机的网卡的 MAC 地址都是唯一的，因此每台计算机返回的结果都不一样，如图 16-4 所示。

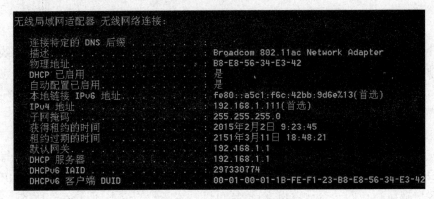

图 16-4　命令返回结果界面

（2）登录路由器。打开浏览器，在地址栏上输入 192.168.1.1，如图 16-5 所示。

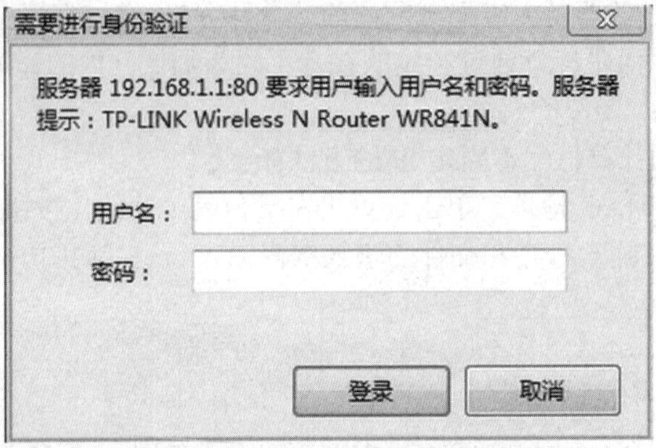

图 16-5　登录路由器界面

输入用户名、密码（默认全部为 admin），如图 16-6 所示。

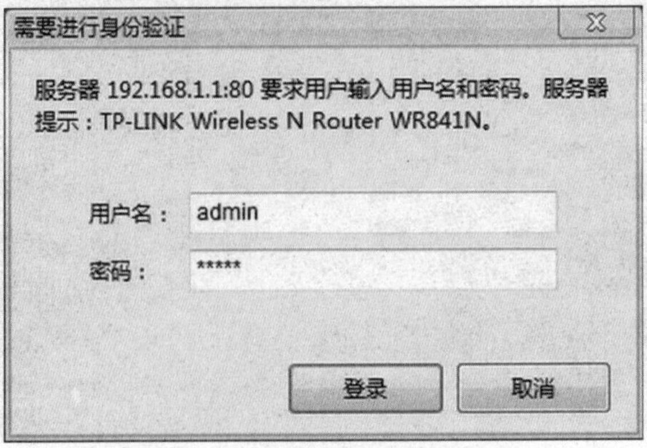

图 16-6　输入路由器账号和密码

（3）选择左边菜单的"DHCP 服务器｜静态地址分配"，如图 16-7 所示。

图 16-7　选择静态地址分配

（4）进入静态地址分配主界面，如图 16-8 所示。

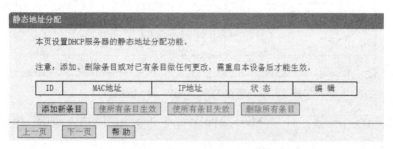

图 16-8　静态地址分配主界面

（5）单击"添加新条目"按钮，进入添加新条目界面，输入步骤（1）中查询到的 MAC 地址，并设置一个 IP 地址（IP 地址可以任意设定，如 192.168.1.100 等），状态选择"生效"，单击"保存"按钮，如图 16-9 所示。

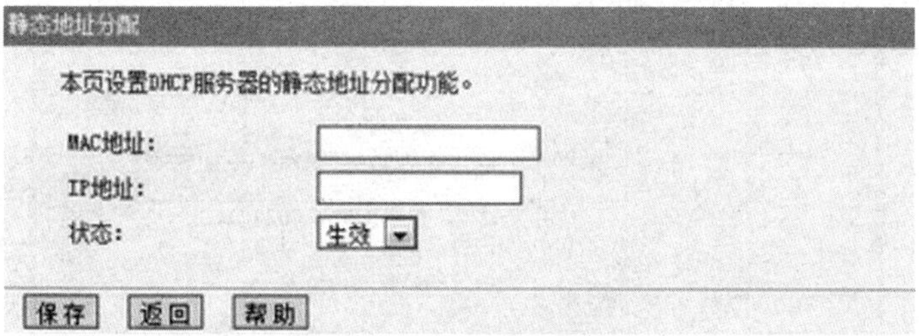

图 16-9　添加新条目界面

（6）根据提示，单击重启路由器，完成固定 IP 的设置。

至此，一个无线局域网服务器环境已经搭建成功，智能手机上的 Android 客户端可以通过设定好的固定 IP 来访问局域网内的服务器，并进行网络通信。

实训 16.2　MFC 界面设计

首先用 AppWizard 来创建一个基于对话框的应用程序。

（1）在 Visual C++ 6.0 的启动界面中，选择 File 菜单中的 New... Ctrl+N，在弹出的 New 对话框中单击 Projects 标签。选中 MFC AppWizard [exe] 项，在 Location: 编辑框中单击"..."按钮定位

到读者希望存放工程的目录，在右上方的 Project name: 编辑框中输入工程名称 Server，如图 16-10 所示。

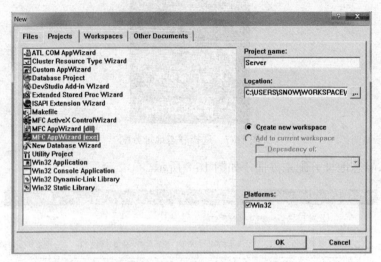

图 16-10　新建 MFC AppWizard 应用程序

（2）单击 OK 按钮，打开 MFC AppWizard-Step 1 对话框，如图 16-11 所示，选中 Dialog based 单选按钮。

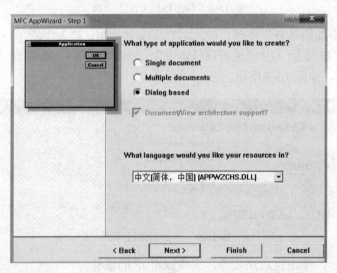

图 16-11　MFC AppWizard 第一步：指定应用程序风格

（3）单击 Next> 按钮，打开 MFC AppWizard-Step 2 对话框，在图 16-12 所示的 Please enter a title for your dialog: 编辑框中输入标题栏的名称：无线团体放松系统。

（4）单击 Next> 按钮，打开 MFC AppWizard-Step 3 对话框，在这里选择系统默认的选项，如图 16-13 所示。

（5）单击 Next> 按钮，在 MFC AppWizard-Step 4 中显示出将帮助用户创建的类及属性。在这个基于对话框的应用中只创建两个类。一个是应用类 CServerApp，另一个是对话框类 CServerDlg，如图 16-14 所示。

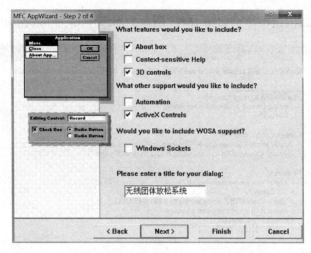

图 16-12　MFC AppWizard 第二步：指定数据库支持选项

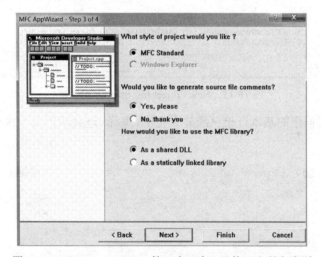

图 16-13　MFC AppWizard 第三步：窗口风格、注释和类型

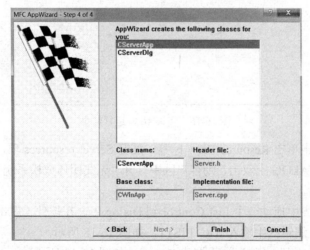

图 16-14　MFC AppWizard 第四步：应用程序的各种类

（6）单击 Finish 按钮，弹出如图 16-15 所示的 New Project Information 对话框。

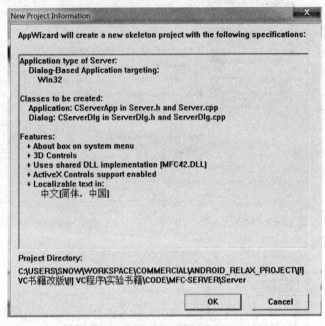

图 16-15 New Project Information 对话框

至此，整个应用程序的基本框架已经建立完毕。编译、连接后的第一次运行结果如图 16-16 所示。

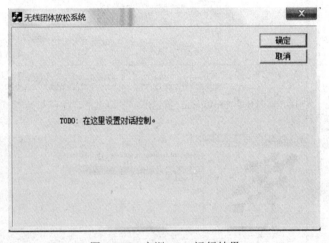

图 16-16 实训 16.2 运行结果

（7）在工作区中单击 Resource View 标签，展开 Server resources 项，再展开 Dialog 项，在 IDD_SERVER_DIALOG 上双击，则客户区中打开"无线团体放松系统"对话框的资源编辑器，如图 16-17 所示。

（8）从空间列表中拖动一个 List Control 到 Dialog 中，在控件上右击选择 Properties，在 General 选项卡的 ID 编辑框中输入 IDC_LIST1，如图 16-18 所示。

切换到 Styles 选项卡，将 View 设置为 Report，如图 16-19 所示。

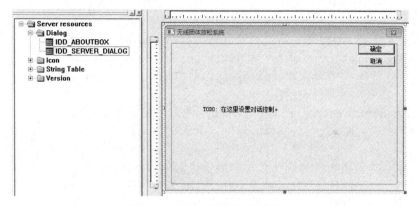

图 16-17　打开对话框资源编辑器

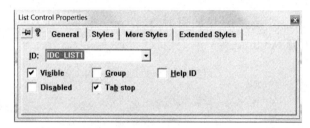

图 16-18　编辑 List 控件属性

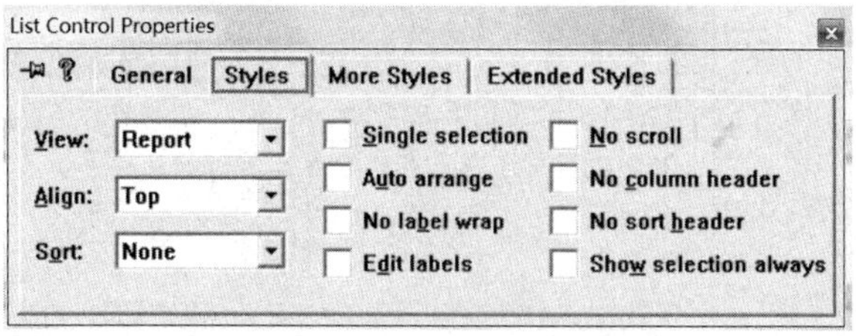

图 16-19　编辑 List 控件属性

此时，资源编辑器界面如图 16-20 所示。

图 16-20　资源编辑器

（9）打开ServerDlg.h，在CServerDlg类中定义以下函数：
```
inline void AddInformation(const CString strInfo) {
    CListCtrl* pList = (CListCtrl*)GetDlgItem(IDC_LIST1);
    pList->InsertItem(0, strInfo);
}
```
（10）打开ServerDlg.cpp，在OnInitDialog()函数中输入以下代码：
```
CListCtrl* pList = (CListCtrl*)GetDlgItem(IDC_LIST1);
pList->SetExtendedStyle(LVS_EX_FULLROWSELECT | LVS_EX_GRIDLINES);
pList->InsertColumn(0, "INFORMATION", LVCFMT_LEFT, 1024);
this->AddInformation("test message1.");
this->AddInformation("test message2.");
this->AddInformation("test message3.");
this->AddInformation("test message4.");
```
（11）编译、运行程序，运行结果如图16-21所示。底部的列表控件主要用于输出程序运行过程中的调试信息和从Android客户端处接收到的数据。

图 16-21　运行结果

实训 16.3　MFC 网络编程

Windows 的设计目的是提供一个安全的、健壮的操作系统，能够运行各种各样的应用程序来为成千上万的用户服务。在处理大量用户并发请求时，如果采用一个用户一个线程的方式，那将造成 CPU 在成千上万的线程间进行切换，后果是不可想象的。而 IOCP（I/O 完成端口）模型则完全不会如此处理，它的理论是并行的线程数量必须有一个上限。也就是说，同时发出 500 个客户请求，不应该允许出现 500 个可运行的线程。目前来说，IOCP 是在 Windows 系统下性能最好的 I/O 模型，同时它也是最复杂的内核对象，避免了大量用户并发时原有模型采用的方式，极大地提高了程序的并行处理能力。

在无线团体放松系统中,服务端需要同时接收 24 个 Android 用户的数据,考虑到系统的扩展性以及为了让读者接触到最新的服务端编程技术,本系统采用了 Windows 系统下性能最好的网络模型来编写服务端,即完成端口网络模型。

使用 IOCP 只用遵循如下几个步骤:

(1) 调用 CreateIoCompletionPort()函数创建一个完成端口,保存该完成端口的句柄。

(2) 根据系统中的处理器个数来创建工作者(Worker)线程,有多少个处理器就创建多少个 Worker 线程。

(3) 创建 Socket 连接:完成端口网络模型中创建 Socket 连接有两种实现方式:一种是和别的编程模型一样,需要启动一个独立的线程,专门用来 accept(接受)客户端的连接请求;另一种是用性能更高、更好的异步 AcceptEx()请求。

(4) 每当有客户端连入的时候,调用 CreateIoCompletionPort()函数,把新连入的 Socket 与目前的完成端口绑定在一起。

(5) 客户端连入之后,可以在这个 Socket 上提交一个网络请求,例如 WSARecv(),然后系统就会执行接收数据的操作。

(6) 此时,我们预先准备的几个 Worker 线程需要分别调用 GetQueuedCompletionStatus()函数扫描完成端口的队列里是否有网络通信的请求存在(例如读取数据和发送数据等),一旦有数据请求送达,就将这个请求从完成端口的队列中取出,继续执行本线程中后面的处理代码,处理完毕之后,再继续投递下一个网络通信的请求,如此循环。

采用 accept 方式的流程示意图如图 16-22 所示。

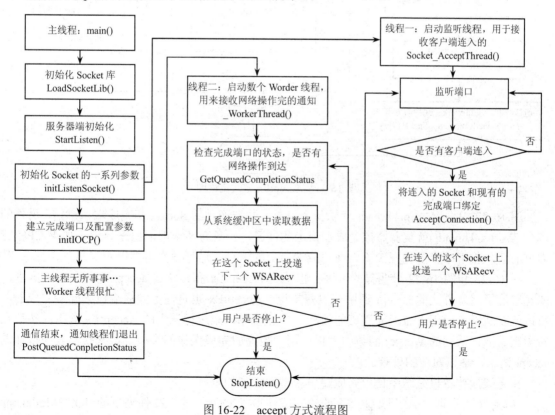

图 16-22 accept 方式流程图

采用 AcceptEx 方式的流程示意图如图 16-23 所示。

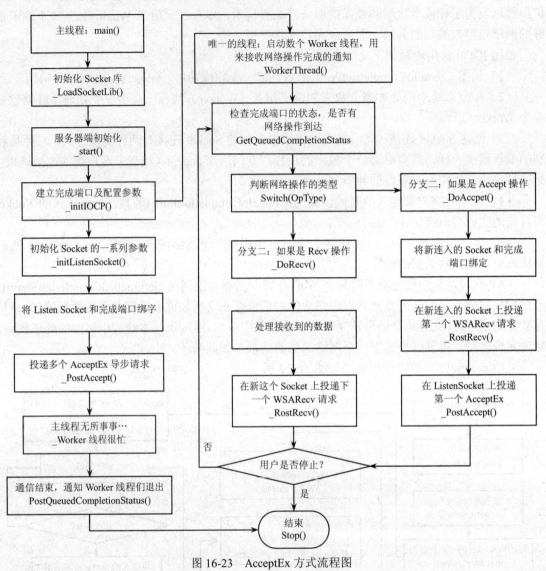

图 16-23　AcceptEx 方式流程图

图 16-22 中由_AcceptThread()负责接入连接,并把连入的 Socket 和完成端口绑定,另外的多个_WorkerThread()就负责监控完成端口上的情况,一旦有请求就取出来处理,如果 CPU 有多核的话,就可以多个线程轮流处理完成端口上的信息,运行效率可以得到提高。

图 16-23 和图 16-22 最明显的区别,也就是 AcceptEx 和传统的 accept 之间最大的区别,就是取消了阻塞方式的 accept 调用。也就是说,AcceptEx 也是通过完成端口来异步完成的,所以就取消了专门用于 accept 连接的线程,用完成端口来进行异步的 AcceptEx 调用;然后在检索完成端口队列的 Worker 函数中,根据用户投递的完成操作的类型,再来找出其中投递的 accept 请求,加以对应的处理。

在无线团体放松系统中使用完成端口模型的步骤如下:

(1)将"实训 16-3"文件夹下的"完成端口(IOCP)库"文件夹下的 IOCPModel.cpp

和 IOCPModel.h 拷贝到 Server 工程目录下，并使用 VC6 将这两个文件添加到当前工程中；

（2）打开 IOCPModel.h，找到如下配置：

```
//默认端口
#define DEFAULT_PORT           60006
//默认 IP 地址
#define DEFAULT_IP             _T("127.0.0.1")
```

其中 DEFAULT_PORT 配置了服务端的端口号，在 Android 客户端中请求的服务端端口必须和这里定义的一致；DEFAULT_IP 定义为_T("127.0.0.1")，表示使用本机地址。在实训 16-1 中，配置了路由器，给充当服务器的计算机配置了一个固定的 IP 地址，笔者设置的是 192.168.0.5，读者可以使用相同配置或者分配其他的固定 IP。无论如何，Android 客户端中请求的 IP 地址必须是路由器中配置的固定 IP。

（3）打开 IOCPModel.cpp，添加以下函数：

```
void CIOCPModel::_ShowMessage(const CString szFormat,...) const {
    //根据传入的参数格式化字符串
    CString    strMessage;
    va_list    arglist;
    //处理变长参数
    va_start(arglist, szFormat);
    strMessage.FormatV(szFormat,arglist);
    va_end(arglist);
    //在主界面中显示
    CServerDlg* pMain = (CServerDlg*)m_pMain;
    if( m_pMain!=NULL ) {
        pMain->AddInformation(strMessage);
        TRACE( strMessage+_T("\n") );
    }
}
```

此函数主要用于在主界面 Dialog 中输出信息。

（4）打开 ServerDlg.cpp，在 OnInitDialog()函数中添加网络初始化函数：

```
//绑定主界面指针(为了方便在界面中显示信息 )
m_IOCP.SetMainDlg(this);
//初始化 Socket 库
if( false == m_IOCP.LoadSocketLib() ) {
    AfxMessageBox(_T("加载 Winsock 2.2 失败，服务器端无法运行！"));
    PostQuitMessage(0);
}
//启动服务器
if( false == m_IOCP.Start() ) {
    AfxMessageBox(_T("服务器启动失败！"));
    return false;
}
```

编译运行，运行结果如图 16-24 所示，说明完成端口网络模型初始化成功。关于完成端口的具体实现，读者可以结合相关资料和实训中的 IOCP 源代码进行学习，在本系统中，读者只需要利用已有的 IOCP 库完成系统功能即可。

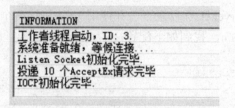

图 16-24　完成端口初始化信息

（5）此时单击右上角的"关闭"按钮，会弹出异常，这是因为退出程序时没有释放掉完成端口所占用的资源而导致的。解决方法如下：

1）按 Ctrl+W 组合键打开 ClassWizard，Class name 和 Object IDs 都选择 CServerDlg，Messages 选择 WM_CLOSE，如图 16-25 所示。

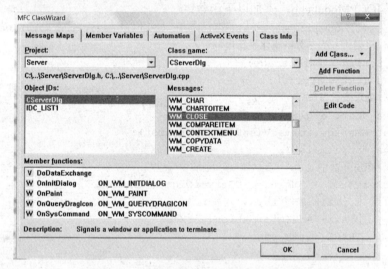

图 16-25　使用 ClassWizard 添加退出函数

2）单击 Add Function 按钮，Member functions 选择 OnClose，如图 16-26 所示。

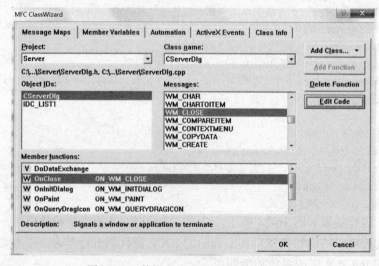

图 16-26　使用 ClassWizard 添加退出函数

3）在 ClassWizard 自动添加的 OnClose()函数中添加如下代码：
```
void CServerDlg::OnClose() {
    //TODO: Add your message handler code here and/or call default
    //关闭网络连接
    m_IOCP.Stop();
    CDialog::OnClose();
}
```
添加成功后重新编译运行工程，此时再单击"退出"按钮就不会弹出异常了。

实训 16.4　接收 JSON 数据

JSON 是一个轻量级的数据定义格式，比起 XML 易学易用，而扩展功能不比 XML 差多少，用它进行数据交换是一个很好的选择。

JSON 的全称为 JavaScript Object Notation，顾名思义，JSON 是用于标记 JavaScript 对象的，详情参考 http://www.json.org/。

本节选择第三方库 JsonCpp 来解析 JSON。JsonCpp 是比较出名的 C++解析库，在 JSON 官网也是首推的。

下面介绍利用 JsonCpp 库来接收 Android 客户端传过来的 JSON 数据的步骤：

（1）将"实训 16-4"文件夹下的"JsonCpp 库"文件夹下的文件拷贝到 Server 工程目录下，并添加到 VC6 工程中，添加完成后项目结构如图 16-27 所示。

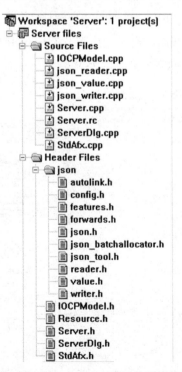

图 16-27　添加 JsonCpp 库后的项目结构

（2）编译链接工程，会弹出如图 16-28 所示的错误。

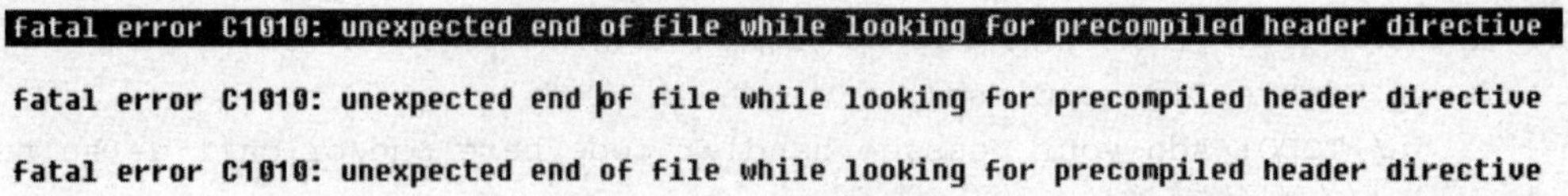

fatal error C1010: unexpected end of file while looking for precompiled header directive

fatal error C1010: unexpected end of file while looking for precompiled header directive

fatal error C1010: unexpected end of file while looking for precompiled header directive

图 16-28 编译链接错误

选择菜单栏的 Project | Setting，切换到 C/C++选项卡，Category 选择 Precompiled Headers，选择 Not using precompiled headers 单选按钮，如图 16-29 所示。

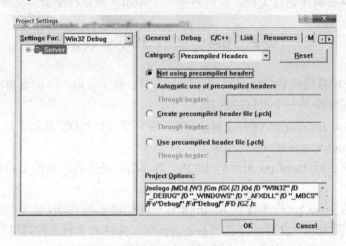

图 16-29 项目设置

单击 OK 按钮后重新编译工程，此时可以正确编译。

（3）选择 File | New，在弹出的对话框中选择 C++ Source File，选中 Add to project 复选框，在 File 中输入"RelaxData.cpp"，如图 16-30 所示。

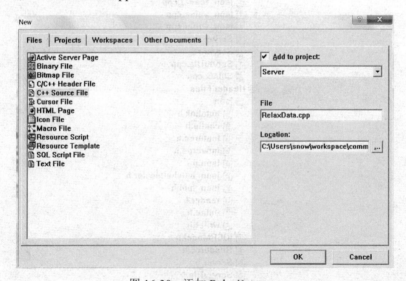

图 16-30 添加 RelaxData.cpp

（4）选择 File | New，在弹出的对话框中选择 C/C++ Header File，勾选 Add to project 复选框，在 File 输入"RelaxData.h"，如图 16-31 所示。

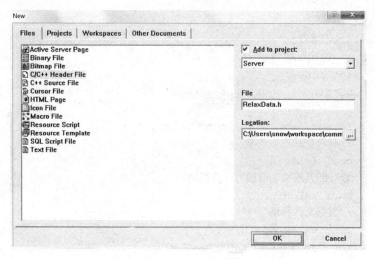

图 16-31　添加 RelaxData.h

（5）选择 File | New，在弹出的对话框中选择 C/C++ Header File，勾选 Add to project 复选框，在 File 中输入"Constant.h"，如图 16-32 所示。

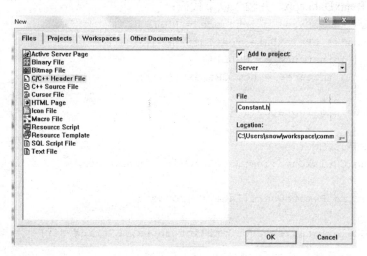

图 16-32　添加 Constant.h

（6）打开 RelaxData.h，输入以下代码：

```
class CRelaxData {
public:
    ~CRelaxData();
    static CRelaxData* getInstance();
    CString getJsonData(int index);
    void setJsonData(int index, CString str);
    CString getRealname(int index);
    void setRealname(int index, CString str);
    CString getSex(int index);
    void setSex(int index, CString str);
    ......
```

```cpp
        private:
            CRelaxData();
            struct UsersRelaxData{
                int index;
                CString jsondata, realname, sex, age;
                //生理指标
                int qz, xv, sdnn, pnn50, hrv, pd;
                //是否登录
                bool isLogin;
                //（断开连接之前视为一次登录）
                bool reLoginFlag;
                //数据文件目录
                CString datapath;
            } RemoteUsers[REMOTE_USERS_NUM];
        };
```

CRelaxData 主要定义了大小为 24 的 RemoteUsers 结构体，用来保存 24 个 Android 客户端的数据。

（7）打开 RelaxData.cpp，并输入以下代码：

```cpp
        static CRelaxData* g_instance = NULL;
        CRelaxData* CRelaxData::getInstance(){
            if (g_instance == NULL){
                g_instance = new CRelaxData();
            }
            return g_instance;
        }
        //JSON 格式数据
        CString CRelaxData::getJsonData(int index)
        {
            return RemoteUsers[index].jsondata;
        }
        void CRelaxData::setJsonData(int index, CString str)
        {
            RemoteUsers[index].jsondata = str;
        }
        ……
```

RelaxData.cpp 是 RelaxData 类的实现部分，完成了生理指标数据的存储。

（8）打开 Constant.h，输入以下代码：

```cpp
        //网络客户端用户数
        static const int REMOTE_USERS_NUM = 24;
```

REMOTE_USERS_NUM 定义了 Android 客户端的个数，本实训系统暂时只支持同时接收 24 个 Android 客户端的数据。

（9）打开 ServerDld.cpp，输入以下代码：

```cpp
        #include "json/json.h"
        using namespace Json;
```

在_DoRecv()函数中添加：

```
//JSON 解析
char recvStr[256 + 1];
sprintf(recvStr, "%s", unicodeStr);
this->_JsonParse(recvStr);
```
_JsonParse()函数定义如下：
```
int CIOCPModel::_JsonParse(const char *str){
    Json::Reader reader;
    Json::Value json_object;
    if (!reader.parse(str, json_object)){
        return 0;
    }
    int id = atoi( json_object["id"].asCString() );
    int index = id - 1;
    CString qz = json_object["qz"].asCString();
    if (qz.Compare("-1") == 0){
        //设置未登录
        CRelaxData::getInstance()->setIsLogin(index, false);
        CRelaxData::getInstance()->setReLoginFlag(index, true);
        json_object["id"] = Json::Value("-");
        Json::FastWriter writer;
        string out = writer.write(json_object);
        CString jsonStr = CString(out.c_str());
        CRelaxData::getInstance()->setJsonData(index, jsonStr);
    } else{
        //设置已登录
        CRelaxData::getInstance()->setIsLogin(index, true);
        CString jsonStr = CString(str);
        CRelaxData::getInstance()->setJsonData(index, jsonStr);
    }
    CRelaxData::getInstance()->setRealname(index, json_object["name"].asCString());
    ......
    return 1;
}
```

这段代码的主要功能是将 Android 客户端发送过来的 JSON 数据解码并保存到对应的数据结构中。

（10）编译、运行代码，运行结果如图 16-33 所示。可以观察到列表控件中打印的数据正是 Android 客户端中定义的 JSON 格式数据，说明 MFC 服务端接收 JSON 数据成功。

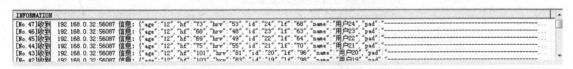

图 16-33　运行结果

第 17 章　MFC 和 Flash 的交互

本章介绍如何使用 MFC 播放 Flash 文件，并将从 Android 客户端处接收到的数据显示在 Flash 文件中供用户查看，方便对 24 个 Android 客户端进行管理。

实训 17.1　MFC 播放 Flash

在 MFC 中播放 Flash 的步骤如下：

（1）将"实训 17-1"文件夹下的"ShockwaveFlash 控件"文件夹中的 Flash32_18_0_0_209.ocx 复制到 Server 工程的根目录下，按住 Shift 键右击，选择在此处打开命令窗口，在命令行中输入：regsvr32 Flash32_18_0_0_209.ocx，按下回车键会提示控件注册成功，如图 17-1 所示。

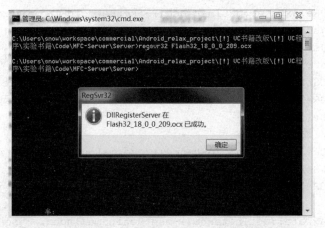

图 17-1　注册 ShockwaveFlash 控件

（2）进入资源编辑器，右击选择 Insert ActiveX Control，在弹出的对话框中选择 Shockwave Flash Object，单击 OK 按钮即可将 ShockwaveFlash 控件插入资源编辑器，如图 17-2 所示。

（3）将 ShockwaveFlash 控件拖动到对话框中，并调整大小，如图 17-3 所示。

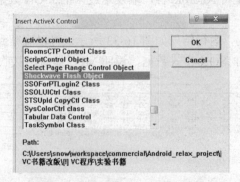

图 17-2　插入 ShockwaveFlash 控件

图 17-3　调整 ShockwaveFlash 控件大小

（4）按 Ctrl+W 组合键打开 ClassWizard，切换到 Member Variables 选项卡，选择 Shockwave Flash，单击 Add Variable 按钮，此时弹出一个对话框，单击"确定"按钮，如图 17-4 所示。

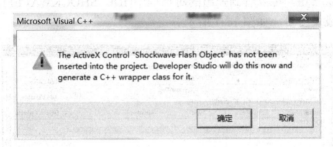

图 17-4　Add Variable 步骤一

（5）在弹出的对话框中保持默认，单击 OK 按钮，如图 17-5 所示。单击 OK 按钮后会在 Server 工程根目录下产生 ShockwaveFlash.cpp 和 ShockwaveFlash.h 两个文件，这两个文件的作用是定义了 ShockwaveFlash 控件的接口类，提供对控件的控制功能。

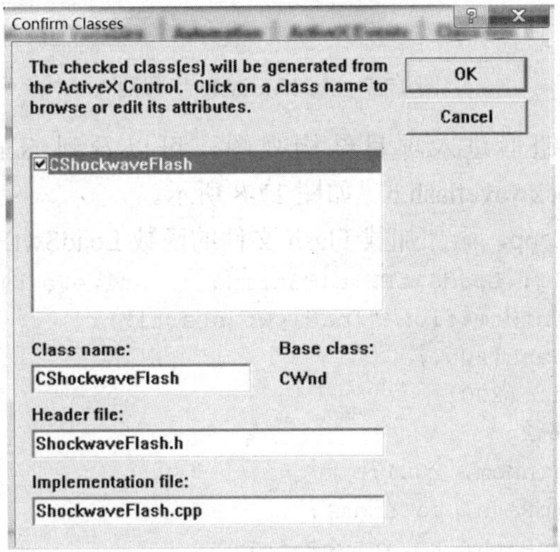

图 17-5　Add Variable 步骤二

（6）在弹出的对话框中的 Member variable name 编辑框中输入 m_flash，如图 17-6 所示。在程序中使用 m_flash 成员变量来控制 ShockwaveFlash 控件。

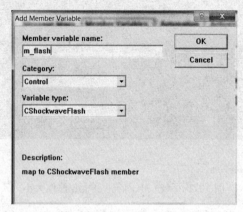

图 17-6　Add Variable 步骤三

（7）单击 OK 按钮，可以看到弹出的对话框中 IDC_SHOCKWAVEFLASH1 控件已经成功添加了 m_flash 成员变量，如图 17-7 所示。

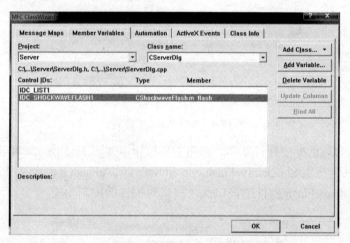

图 17-7　Add Variable 步骤四

（8）单击 OK 按钮后进入项目结构视图，可以看到 Server 工程中已经添加了 shockwaveflash.cpp 和 shockwaveflash.h，如图 17-8 所示。

（9）打开 ServerDlg.cpp，添加加载 Flash 文件的函数 LoadSwfFile()：

```
void CServerDlg::LoadSwfFile(CString relativePath) {
    this->AddInformation("load swf start!");
    char tempPath[200];
    char pathnam[200];
    //获得当前路径
    _getcwd(pathnam, 200);
    strcpy(tempPath, pathnam);
    strcat(tempPath, relativePath);
    CFileFind filefind;
```

```
        CString filpath = tempPath;
        if ( !filefind.FindFile(filpath) ) {
            AfxMessageBox( "路径:" + filpath + "下没有找到需加载的文件,加载失败!" );
            PostQuitMessage(0);
        }
        m_flash.LoadMovie(0, tempPath);
        m_flash.Play();
        this->AddInformation("load swf end!");
    }
```

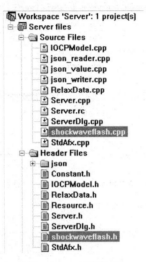

图 17-8　工程结构

（10）把"实训 17-1"文件夹下的"flash"文件夹拷贝到 Server 工程的根目录下。

（11）在 OnInitDialog()函数中添加如下代码：

```
    LoadSwfFile("\\flash\\menu_data.swf");
```

（12）编译、运行工程，运行结果如图 17-9 所示，可以看到 MFC 已经可以成功地加载 Flash 文件并能播放了。

图 17-9　实训 17-1 运行结果

实训 17.2　MFC 和 Flash 的交互

MFC 和 Flash 交互的步骤如下：

（1）按 Ctrl+W 组合键打开 ClassWizard，Object IDs 选择 IDC_SHOCKWAVEFLASH1，Messages 选择 FSCommand，如图 17-10 所示。

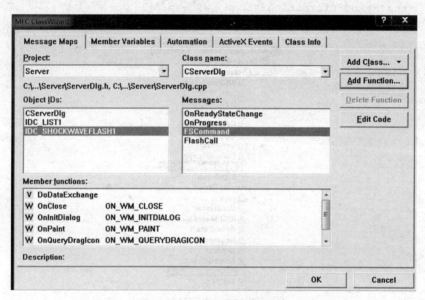

图 17-10　添加消息映射函数

（2）在弹出的对话框中保持默认选项，单击 OK 按钮，如图 17-11 所示。

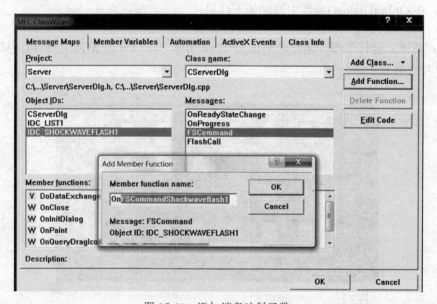

图 17-11　添加消息映射函数

（3）可以看到 Member Function 已经添加成功，单击 OK 按钮即可，如图 17-12 所示。

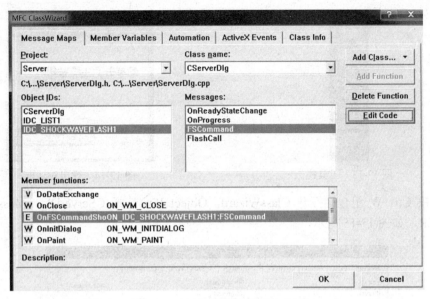

图 17-12　添加消息映射函数成功

（4）打开 ServerDlg.cpp，在刚才生成的 OnFSCommandShockwaveflash1()函数中输入以下代码：

```
void CServerDlg::OnFSCommandShockwaveflash1(LPCTSTR command, LPCTSTR args) {
    // TODO: Add your control notification handler code here
    CString com = command;
    CString canshu = args;
    if (com == "onButtonHome") {
        MessageBox("您单击了'主页'按钮.");
    }
    if (com == "onButtonBack") {
        MessageBox("您单击了'后退'按钮.");
    }
    if (com == "onButtonData") {
        MessageBox("您单击了'数据'按钮.");
    }
    if (com == "onButtonLogout") {
        MessageBox("您单击了'注销'按钮.");
    }
    if (com == "onButtonExit") {
        MessageBox("您单击了'退出'按钮.");
    }
}
```

当用户在界面中对 Flash 控件操作时，MFC 会调用 OnFSCommandShockwaveflash1()函数来响应 Flash 操作。添加以上代码后，单击 Flash 界面右侧的工具栏，如图 17-13 所示，会弹出不同的对话框，当出现如图 17-14 所示的对话框时，就证明 MFC 和 Flash 交互成功了。

图 17-13 工具栏

图 17-14 弹出对话框

（5）按 Ctrl+W 组合键打开 ClassWizard，Object IDs 选择 CServerDlg，Messages 选择 WM_TIMER，如图 17-15 所示。

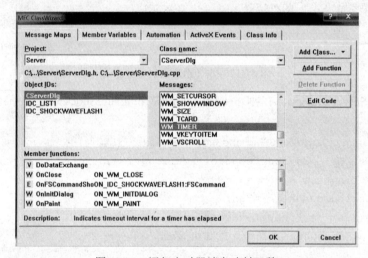
图 17-15 添加定时器消息映射函数

（6）单击 Add Function 按钮，可以看到 Member functions 中生成了 OnTimer 函数，单击 OK 按钮即可，如图 17-16 所示。

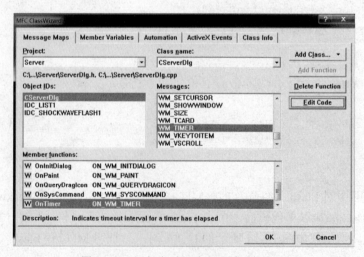
图 17-16 添加定时器消息映射函数成功

(7) 打开 ServerDlg.cpp，在 OnInitDialog()函数中添加定时器的初始化代码如下：
```
SetTimer(0, 1000, NULL);
```
(8) 在 OnTimer()函数中输入以下代码：
```
void CServerDlg::OnTimer(UINT nIDEvent) {
    // TODO: Add your message handler code here and/or call default
    //1秒定时器
    if ( nIDEvent == 0 ) {
        //发送(24个客户端信息)给flash
        for (int i = 0; i < REMOTE_USERS_NUM; i++) {
            char varname[30];
            sprintf(varname, "_root.users_mc.json_user%d", i+1);
            m_flash.SetVariable(varname,
                CRelaxData::getInstance()->getJsonData(i));
        }
        UpdateData(FALSE);
    }
    CDialog::OnTimer(nIDEvent);
}
```

在定时器中调用 m_flash.SetVariable(varname, CRelaxData::getInstance()->getJsonData(i)); 函数将从 Android 客户端处接收到的数据发送给 Flash 文件。

(9) 编译、运行工程，并启动 Android 客户端，如图 17-17 所示。可以看到 Flash 中正确显示了 Android 客户端模拟生成的 24 个用户的数据。

图 17-17　Flash 显示 24 个 Android 客户端的数据成功

单击任意一个用户的图标，可以查看该用户的生理参数曲线，如图 17-18 所示。

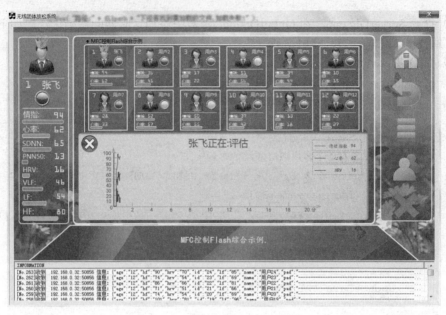

图 17-18　查看用户的生理指标曲线

实训 17.3　Flash 脚本简介

动作脚本就是 Flash 为程序提供的各种命令，运算符以及对象，使用动作脚本时必须将其附加在按钮、影片剪辑或者帧上，从而使单击按钮和按下键盘键之类的事件发生时触发这些脚本，以便实现所需的交互性。

在无线团体放松系统中，MFC 和 Flash 的交互正是通过 Flash 的动作脚本完成的。

把 Flash 嵌入自己的程序后，用户在 Flash 动画上操作，利用 Flash 动画通知程序来了解用户进行了什么操作。Flash 脚本中的命令 FSCommand(command,args)可以用来向外部发送消息。

FSCommand 命令有两个参数，都是字符串，开发者可以在 Flash 脚本中指定任意的字符串。

比如用户按下 Flash 动画的一个按钮就发送 FSCommand("bt","bt1")消息，按下另一个按钮就发送 FSCommand("bt","bt2")消息，而程序收到 FSCommand 消息后就通过两个参数的不同字符串来判断用户按下的是哪个按钮。

在 MFC 中如何才能接收这个消息呢？前面讲到，Shockwave Flash Object 插入程序后就可以像一个普通的 Windows 控件那样使用它了。要让它接收并处理这个消息，当然是使用 MFC 的类向导进行消息映射了。做法如下：

（1）添加消息处理函数。在主菜单中选择"查看 | 类向导"，在弹出的对话框中选择消息映射，在左边的列表框中选择刚插入程序的 Shockwave Flash Object 控件 id，右边选择 FSCommand，单击 Add Function 按钮，这样就添加了一个 FSCommand 消息处理函数了。它的形式为：void CPlayFlashDlg::OnFSCommandShockwaveflash1(LPCTSTR command, LPCTSTR args);。函数有两个参数，就是 Flash 的 Action Script 中 FSCommand 语句中的两个参数。其实并不一定两个参数都用到，Flash 脚本中可以只使用一个参数，这样函数就只要对第一个参数进行处理就行了。

（2）编写消息处理代码。在刚添加的 FSCommand 消息处理函数中，对两个参数进行处理。其实就是做字符串比较的操作，根据是什么字符串来判断用户进行了什么操作。

例如在无线团体放松系统中：

在单击 Flash 界面中的主页按钮时调用脚本 FSCommand("onButtonHome")；然后在 MFC 中的 OnFSCommandShockwaveflash1()函数里添加以下代码：

```
if (com == "onButtonHome") {
    MessageBox("您单击了'主页'按钮.");
}
```

判断参数来响应按钮动作，完成 MFC 和 Flash 的交互。

在实际开发过程中，Flash 文件一般由专门的 Flash 动画制作人员完成，不在程序员的任务范畴之内，在本书中不再对完整的 Flash 的知识进行体系的介绍和讨论。在本书配套的源代码中，读者可以在"实训代码"文件夹下的"实训完整工程"中找到 Flash 工程的 fla 源代码，感兴趣的读者可以自行借助 Flash 的相关资料进行研究。

参考文献

[1] 谭浩强．C 程序设计（第二版）．北京：清华大学出版社，1999．

[2] 钱能．C++程序设计教程（第 2 版）．北京：清华大学出版社，2002．

[3] 侯俊杰．深入浅出 MFC．武汉：华中理工大学出版社，2002．

[4] [美] David J.Kruglinski．Visual C++技术内幕．潘爱民译．北京：清华大学出版社，2001．

[5] [美] David J.Kruglinski．Programming Visual C++6.0 技术内幕．希望图书创作室译．北京：希望电子出版社，1999．

[6] [美] Gregory.K．Visual C++6.0 开发使用手册．前导工作室译．北京：机械工业出版社，1999．

[7] 曾玉明．Visual C++ .NET——深入 Windows 编程．北京：电子工业出版社，2002．

[8] 王险峰．Windows 环境下的多线程编程原理与应用．北京：清华大学出版社，2002．

[9] 杨浩广．Visual C++ 6.0 数据库开发学习教程．北京：北京大学出版社，2000．

[10] 席庆，张春林．Visual C++ 6.0 实用编程技术．北京：中国水利水电出版社，1999．

[11] 王华等．Visual C++ 6.0 编程实例与技巧．北京：机械工业出版社，1999．

[12] 穆学宗等．Visual C++4.2 编程实践指要．北京：中国铁道出版社，1997．

[13] 李国徽．编程实例技巧．武汉：华中理工大学出版社，1999．

[14] 杨晓鹏．Visual C++ 7.0 实用编程技术．北京：中国水利水电出版社，2002．

[15] 李松等．最新 Visual C++ 6.0 程序设计教程．北京：冶金工业出版社，2001．

[16] 胡峪．Visual C++ 编程技巧与示例．西安：西安电子科技大学出版社，2000．

[17] 彭忠良．从 MFC 到.NET 类库．北京：机械工业出版社，2003．

[18] [美] Dave Maclean，[印]Satya Komatineni．精通 Android 4．曾少宁，杨越译．北京：人民邮电出版社，2013．

[19] [英] Reto Meier．Android 4 高级编程．佘建伟，赵凯译．北京：清华大学出版社，2013．

[20] 韩超．Android 经典应用程序开发．北京：电子工业出版社，2011．

[21] E2ECloud 工作室．深入浅出 Google Android．北京：人民邮电出版社，2009．

[22] 扶松柏．Android 开发从入门到精通．北京：北京希望电子出版社，2012．

[23] 李刚．疯狂 Android 讲义．北京：电子工业出版社，2011．

[24] 王世江等．Google Android SDK 开发范例大全（第 2 版）．北京：人民邮电出版社，2010．

[25] 邓凡平．深入理解 Android．北京：机械工业出版社，2012．

[26] [美] Ed Burnette．Android 基础教程（第 3 版）．北京：人民邮电出版社，2011．

[27] 梁伟．Visual C++网络编程经典案例详解．北京：清华大学出版社，2010．

[28] 曹铭．FLASH MX 宝典．北京：电子工业出版社，2003．

[29] 陈青．Flash MX 2004 标准案例教材．北京：人民邮电出版社，2006．

[30] 梁建武．Visual C++程序设计教程（第二版）．北京：中国水利水电出版社，2015．

[31] 梁建武．Visual C++程序设计实验指导与实训．北京：中国水利水电出版社，2006．